"十三五"职业教育系列教材

AutoCAD 2017 中文版实用教程

主　编　杨小军

副主编　及秀琴　李东方

编　写　陆源源　周勇平　于淑静

主　审　沈旗伟

中国电力出版社

CHINA ELECTRIC POWER PRESS

内 容 提 要

本书为"十三五"职业教育系列教材。

全书共分 14 章，主要包括 AutoCAD 2017 基础知识，设置 AutoCAD 2017 的绘图环境，控制图形显示和绘制二维图形，图形编辑与图形的对象特性，向图形中添加文字和表格，尺寸标注，图块和块属性，零件图的绘制，装配图的绘制，三维造型基础，三维实体造型，曲面造型，三维图形的消隐、视觉样式和渲染，图形打印等。本书主要突出 AutoCAD 2017 中文版的应用，并结合实际的教学体会，通过绘图实例讲解绘图命令和编辑命令及其他的知识，这样会使初学者和教学过程变得轻松。本书还由浅入深地介绍了工程制图中常用图样的绘制步骤，并且应用工程制图中的最新标准，这会给予有一定 AutoCAD 应用基础的用户一个参考、借鉴，达到提高的目的。

本书可作为普通高等院校及高职高专院校计算机类、机械类等专业教材，也可作为各类 CAD 培训教材，还可作为工程技术人员学习 AutoCAD 的参考书。

图书在版编目（CIP）数据

AutoCAD 2017 中文版实用教程 / 杨小军主编. —北京：中国电力出版社，2018.2（2024.8重印）
"十三五"职业教育系列教材
ISBN 978-7-5198-1546-2

Ⅰ. ①A… Ⅱ. ①杨… Ⅲ. ①AutoCAD 软件–职业教育–教材 Ⅳ. ①TP391.72

中国版本图书馆 CIP 数据核字（2017）第 310436 号

出版发行：中国电力出版社
地　　址：北京市东城区北京站西街 19 号（邮政编码 100005）
网　　址：http://www.cepp.sgcc.com.cn
责任编辑：冯宁宁（010-63412537）
责任校对：李　楠
装帧设计：张　娟
责任印制：吴　迪

印　　刷：北京九州迅驰传媒文化有限公司
版　　次：2018 年 2 月第一版
印　　次：2024 年 8 月北京第七次印刷
开　　本：787 毫米×1092 毫米　16 开本
印　　张：23.75
字　　数：581 千字
定　　价：58.00 元

AutoCAD 在机械、建筑等各个行业，得到广泛的普及和应用。为满足社会的需要，各高校都开设了 AutoCAD 课程，尤其是高校中所有工科类学生，在学习了工程制图的基本知识之后，将 AutoCAD 的讲授作为必不可少的教学内容。它给学生后继课程的学习，如课程设计、毕业设计等提供了最基本的应用工具。对于工科类学生，学好 CAD 的知识，并能灵活应用，这将为他们走向社会开辟了一个广阔的发展前景。

本书主要为高校学生和教师学习、讲授 AutoCAD 而编写。根据多年的教学经验，结合绘图实例的讲解，介绍绘图命令、编辑命令等 AutoCAD 的内容，在编写形式上有一定的突破，更利于学生的学习和理解。根据书中的实例上机练习，就会较为轻松地掌握应用方法。教师在课堂讲授时，结合实例讲解，会更好地提高学生学习的兴趣，收到好的教学效果。在书中还列举了一些有代表性的实例，应用到一些绘图技巧，同一类型的图形可以用不同的方法绘制，使学习者有一个比较，进而逐步提高绘图速度。

随着 AutoCAD 版本的不断升级，该教材进行了修订。现在介绍的是 AutoCAD 2017 版本。本书是在 2003 年第一版（江苏高校精品教材）、2005 年第二版、2007 年第三版、2010 年第四版的基础上，根据版本升级和使用的情况修订而成。本书与第四版比较：介绍了 AutoCAD 2017 中文版的基本功能和使用方法，并将 AutoCAD 2017 新增功能在有关章节中作了介绍和应用举例。还考虑到新老用户的使用习惯，除了介绍新版本的使用界面，也介绍了经典界面的创建方法，并在教材中将两者同时介绍并进行对比。书中所配二维码为例题讲解视频，使读者轻松掌握绘图技巧方法，有助于提高绘图速度。其他相关资源可微信关注公众号"中国电力教材服务"申请。

本书修改后的特点是：以培养学生实际能力为目的，在每一章节的开始明确学习目标和学习内容，使学习者更加有的放矢，提高学习效率。

学完本书的内容后，基本上能达到绘制较复杂的零件图和装配图的全部内容；还可以进行中等复杂三维造型，并由三维造型创建正交视图。

本书中每一章可作为 2 学时的教学内容，对于课时较少的安排，可根据实际情况进行取舍。

本次修改还包括《AutoCAD 2017 上机指导与实训》，对其中的相关内容作了适当的调整，对上一版本中存在的错误进行了修正。修改后会更加方便学生上机训练和参加 AutoCAD 认证考试，符合高等职业类学生就业的要求。

本书由杨小军（连云港职业技术学院）、及秀琴（连云港职业技术学院）编写。及秀琴编写第 1 章～第 9 章，杨小军编写第 10 章～第 14 章、附录。陆源源（连云港职业技术学院）参与了第 7 章～第 9 章编写；周勇平（连云港职业技术学院）参与了第 10 章～第 12 章编写；于淑静（连云港职业技术学院）参与了第 13 章、第 14 章编写，还参与了本书的资料搜集、整理、编写工作。李东方（山东省潍坊商业学校）也参与了部分编写。

本书由沈旗伟担任主审，同时，本书在编写过程中得到许多同行的帮助，也引用借鉴了相关专家的教材、著作，在此一并致谢。

限于编者水平，书中难免有疏漏之处，希望广大读者批评指正。

编 者

2017 年 9 月

目　　录

第1章　AutoCAD 2017 基础知识

学习目标

（1）绘制平面图形。

（2）绘制图框、标题栏。

学习内容

（1）启动 AutoCAD 2017。

（2）了解工作界面的内容和相关工具的调用方法。

（3）正确应用新建、打开、保存等方法管理图形文件。

（4）掌握命令和坐标输入的方法。

（5）掌握直线、矩形、偏移、修剪、分解等命令的使用方法。

1.1　启 动 AutoCAD 2017

在 Windows 操作系统下，AutoCAD 2017 安装完成后会在桌面上生成一个快捷方式，并在"开始"菜单程序项里添加 AutoCAD 2017 程序义件夹。启动进入 AutoCAD 2017 常用的方法有两种：

（1）双击桌面上的 AutoCAD 2017 快捷方式图标启动，如图 1-1 所示。

（2）依次单击"开始"—"所有应用"—"Autodesk"—"AutoCAD 2017-简体中文（Simplified Chinese）"，然后单击该程序文件夹中的 AutoCAD 2017 选项，如图 1-2 所示。

图 1-1　AutoCAD 2017 快捷方式图标　　　　图 1-2　通过"开始"菜单启动 AutoCAD 2017

启动 AutoCAD 2017 软件后，显示 AutoCAD 2017 绘图界面，默认情况下为如图 1-3 所示的"AutoCAD 启动界面"。

图 1-3   AutoCAD 启动界面

1.2   AutoCAD 2017 工作界面

AutoCAD 2017 中的工作空间包括草图与注释、三维基础和三维建模三种类型，默认工作空间为草图与注释，用户可以通过单击绘图界面下方状态栏中的"切换工作空间"按钮 轻松地在其间进行切换，如图 1-4 所示。

图 1-4   "工作空间"菜单

如图 1-5 所示为"草图与注释"工作界面，主要包括标题栏、应用程序菜单、快速访问工具栏、搜索、功能区、命令窗口、绘图窗口、状态栏等。下面分别介绍各个部分的内容。

1.2.1   标题栏

标题栏出现在应用程序窗口的顶部，它显示了当前正在运行的程序名以及当前所装入的文件名。

图 1-5　"草图与注释"工作界面

1.2.2　应用程序菜单

单击"应用程序菜单"按钮，可以搜索到新建、打开、保存、另存为、输入、输出、发布、打印、图形实用工具、关闭、选项和退出 autodesk autocad 2017 等菜单或命令，如图 1-6 所示。

1.2.3　快速访问工具栏

快速访问工具栏用于存储经常访问的命令，该工具栏可以自定义，使用者可以在快速访问工具栏上添加、删除和重新定位命令，还可以按需添加多个命令。如果没有可用空间，则多出的命令将合起来并显示为弹出按钮。默认情况下快速访问工具栏中包含的命令为：新建、打开、保存、打印、放弃和重做。

1.2.4　菜单

单击如图 1-7 所示"快速访问"工具栏右侧的"自定义快速访问工具栏"按钮　将出现"自定义快速访问工具栏"菜单。通过该菜单用户可以对快速访问工具栏中的命令和显示方式进行设

<table>
<tr><td align="center">图 1-6　应用程序菜单</td><td align="center">图 1-7　"自定义快速访问工具栏"菜单</td></tr>
</table>

置，还可以设置显示（隐藏）菜单栏。

　　快捷菜单又称为上下文相关菜单。在绘图区域、工具栏、状态行、"模型"与"布局"选项卡以及一些对话框上右击时，将弹出一个快捷菜单，该菜单中的命令与 AutoCAD 当前状态相关。使用它们可以在不启动菜单栏的情况下快速、高效地完成某些操作。部分快捷菜单如图 1-8 所示。

图 1-8　快捷菜单

1.2.5　搜索

　　用户可以通过在搜索窗口中输入关键字或短语，并按<Enter>键或单击"搜索"按钮进行信息搜索。

1.2.6　功能区

　　AutoCAD 功能区由许多选项卡组成，在"草图与注释"绘图界面中主要包括默认、插入、注释、参数化、视图、管理、输出、附加模块、A360、精选应用等选项卡。每一个选项卡又包含若干面板，如在默认选项卡中就包括绘图、修改、注释、图层、块、特性、组、实用工具、剪贴板和视图等面板。在每一个面板中包含有与该面板相关的各种命令按钮。

　　单击如图 1-9 所示功能区选项卡右侧的"选项卡设置"按钮，可以控制选项卡和面板的显示形式。打开或关闭功能区的操作可由：菜单栏"工具"菜单—选项板—功能区完成。

图 1-9　"功能区"的打开与关闭

1.2.7　命令窗口

用户输入的命令、AutoCAD 提示的信息都将在命令提示窗口中显示出来，该窗口是用户与 AutoCAD 进行命令式交互的窗口，在操作时，必须随时注意命令窗口中的提示。

命令窗口也可以被拖动到 AutoCAD 窗口中的任何位置，同时可以随意改变命令窗口的大小，单独的命令窗口如图 1-10 所示。命令窗口可以用拖动分栏线的方式调整文本行的显示数目，分栏线位于命令窗口与绘图区之间，如图 1-11 所示。

图 1-10　命令窗口

图 1-11　命令窗口的调节

1.2.8　绘图窗口

绘图窗口是用来显示、绘制和编辑图形的工作区域。AutoCAD 支持多文档工作环境，用户可以同时打开多个图形文件分别对它们进行编辑。

绘图区域的下方还包括有一个模型选项卡和多个布局选项卡，分别用于显示图形的模型空间和图纸空间。

1.2.9　状态栏

状态栏位于屏幕下方右侧，它主要显示显示光标位置、绘图工具以及会影响绘图环境的工具。

如图 1-12 所示，在默认情况下，状态栏不会显示所有工具，用户可以通过状态栏上最右侧的"自定义"按钮■，选择需要显示的工具。状态栏上显示的工具可能会发生变化，具体取决于当前的工作空间以及当前显示的是"模型"选项卡还是布局选项卡。

图 1-12　自定义状态栏

合理设置并使用状态栏对提高绘图效率有很大帮助。绘制二维图形时，一般需要打开栅格、捕捉模式、动态输入、正交模式、极轴追踪、对象捕捉追踪、二维对象捕捉、线宽等。

1.3　文　件　管　理

文件管理是指如何创建新图形文件、预览和打开已存在的图形文件以及文件的存盘等操作。

1.3.1　创建新图

启动 AutoCAD 2017 后，单击启动界面左上角的"新建"按钮，系统将弹出如图 1-13 所示的"选择样板"对话框，该对话框中默认的样板文件是 acadiso.dwt。选择一个样板文件或者使用默认的作为新建图形文件的样板，单击"打开"按钮，AutoCAD 2017 将根据用户选择的样板文件创建一张新图。

1.3.2　打开已有图形文件

启动 AutoCAD 2017 后，单击启动界面左上角的"打开"按钮，系统将弹出如图 1-14 所示的"选择文件"对话框，找到电脑中的 AutoCAD 文件，并单击单击"打开"按钮，AutoCAD 2017 将打开用户选择的文件。

图 1-13　"选择样板"对话框　　　　　　　　　图 1-14　"选择文件"对话框

1. 文件类型

AutoCAD 2017 可打开 4 种类型的文件：图形文件（*.dwg）、标准文件（*.dws）、图形样板文件（*.dwt）和 dxf 文件（*.dxf）。

2. 预览

在"选择文件"对话框中提供了一个"预览"框，当用户选中一个文件后，可在右上方的"预览"框中显示该图形。

3. 打开方式

选择了要打开的文件后，单击"选择文件"对话框"打开"按钮右侧的下拉箭头，AutoCAD 弹出图 1-15 所示的"打开"菜单栏。

AutoCAD 2017 中共有 4 种打开图形文件的方式：打开、以只读方式打开、局部打开和以只读方式局部打开。

（1）打开。与单击"打开"按钮效果相同。

（2）以只读方式打开文件。当用户要保存编辑后的文件时，AutoCAD 弹出警告信息，提示用户不能保存该文件。用户可以采用另存的方式创建一个新文件来保存该文件的编辑操作。

（3）以局部打开的方式打开文件。则显示"局部打开"对话框，可以打开和加载局部图形，包括特定视图或图层上的几何图形。局部打开仅适用于高版本创建的图形。

（4）以只读方式局部打开。以只读方式打开指定的图形部分。

图 1-15　"选择文件"对话框的"打开"菜单栏

4. 同时打开多个图形文件

AutoCAD 2017 支持多文档操作，既可以同时打开多个文件，又可以同时在多个图纸中工作，这可提高工作效率和便于装配图的绘制。

当同时打开多个文件时，利用"视图"选项卡中的设置可控制各图形文件在窗口中的排列形式。打开该选项卡，有水平平铺、垂直平铺和层叠 3 个选顶。图 1-16 为层叠排列的形式。

图 1-16　多文档窗口

1.3.3　保存图形文件

AutoCAD 2017 提供了多种保存新绘制文件或修改过的图形文件的方法。

1. 快速存盘

单击 AutoCAD 2017 界面左上角的"保存"按钮 ，AutoCAD 把当前编辑的已命名的图形直接以原文件名存入磁盘。若当前所绘图没有命名，AutoCAD 则自动弹出如图 1-17 所示"图形另存为"对话框。利用该对话框，用户可输入文件名，选择存盘路径和存盘文件类型（默认为.dwg文件），单击"保存"即可。已保存过的文件不再出现此对话框。

2. 换名存盘

单击 AutoCAD 2017 界面左上角的"另存为"按钮 ，AutoCAD 弹出如图 1-17 所示的"图形另存为"对话框。用户可更改文件名、文件类型和路径进行存盘。

3．自动存盘和存盘默认格式设置

AutoCAD 2017 给用户提供定时自动存盘功能，以防止出现意外，如突然掉电、死机等，用户的工作不会因为没存盘而付之东流。

选择菜单栏"工具"菜单—选项—"打开和存盘"选项卡。在"选项"对话框"打开和保存"选项卡"文件安全措施"栏选中"自动保存"，并在"保存间隔分钟数"中输入自动存盘的间隔时间即可，如图 1-18 所示。间隔一般为 10～20 分钟为宜，时间太短会影响计算机的运行速度。

图 1-17　"图形另存为"对话框　　　　　　图 1-18　自动存盘和创建备份文件

图 1-19　自动保存文件位置

文件自动存盘的位置可以通过选择"选项"对话框"文件"选项卡中的"自动保存文件位置"进行查看，如图 1-19 所示。

4．创建备份文件

在图 1-18 所示"选项"对话框"打开和保存"选项卡的"文件安全措施"栏选中"每次保存均创建备份"复选框，则用户每次使用 SAVE 和 SAVE AS 命令保存图形文件时，AutoCAD 都生成一个备份文件，即把存盘前的原.dwg 文件拷贝一份同名扩展名为.bak 的文件，然后更新原.dwg 文件。如原文件为 drawing.dwg，则生成一个 drawing.bak 备份文件。若要恢复为图形文件，则将.bak 文件改为.dwg 文件即可。

1.3.4　AutoCAD 2017 的帮助系统

选择如图 1-20 所示"帮助"菜单栏的不同选项，用户可获得 AutoCAD 提供的各种帮助。

图 1-20　帮助菜单

　　用户按 F1 功能键、单击屏幕右上角的栏中的 按钮或输入透明使用的"HELP"命令，AutoCAD 即会打开如图 1-21 所示"帮助"对话框。

图 1-21　"帮助"对话框

　　当用户在某个命令按钮上悬停一段时间时，系统会出现该命令的帮助提示，如图 1-22 所示。

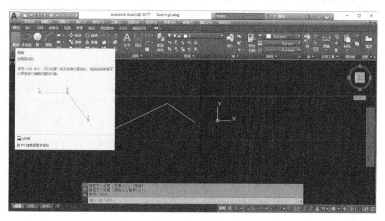

图 1-22　即时帮助

1.4　命令和系统变量

　　在 AutoCAD 中，选择某一菜单或单击某个工具，基本上都相当于执行了一个带选项的命令（通常一个命令不止一个选项，因此，命令始终是 AutoCAD 绘图与编辑的核心）。

1.4.1　命令和参数的输入方法

AutoCAD 命令的输入方式主要有菜单栏、命令按钮和命令窗口等。

1. 键盘输入

　　大部分的 AutoCAD 功能都可以通过键盘在命令窗口输入命令来完成，而且键盘是命令窗口输入文本对象、坐标以及各种参数的唯一方法。在打开 AutoCAD 2017 后，命令提示区出现"命令:"提示符，表示系统处于命令状态，可以键入 AutoCAD 命令，键入 AutoCAD 命令后，按 Enter键或空格键，还可以单击鼠标右键，该命令就被执行，并在屏幕上提示该命令所需要的参数或子命令，直到交互信息提供完毕为止。

2. 菜单栏输入

菜单栏的操作方法：用鼠标将光标移动到菜单栏，此时光标变为箭头，单击鼠标左键，下拉出相应子菜单。

通过在菜单栏上移动箭头来选择某一菜单项，弹出相应的子菜单。按拾取键（Enter 键或鼠标左键）则从中拾取一个命令选项。如图 1-23 所示。

图 1-23　菜单栏命令的输入

3. 命令按钮输入

用鼠标左键点取功能区面板或工具栏中的某个命令按钮，即输入了该命令按钮所代表的命令。如需执行"直线"命令，则可点取功能区"默认"选项卡"绘图"面板或绘图工具栏中的 ✎ 按钮，在命令提示区"命令：_line 指定第一点："提示下，用户通过输入点的坐标值，开始绘制直线。

1.4.2　透明命令

透明命令是指在其他命令正在执行期间可以输入执行的命令，而且执行完后能回到原命令执行状态，不影响原命令继续执行的命令。通常用作透明命令的是一些绘图辅助命令，如视图缩放命令（ZOOM）、视图平移命令（PAN）等。透明命令的使用是键入时在命令名前加一个"'"号。如在执行绘圆弧时进行视图缩放，操作如下：

命令：ARC　✓
指定圆弧的起点或 [圆心(C)]：　　　　　　　　　　　（在屏幕上拾取一点）
指定圆弧的第二个点或 [圆心(C)/端点(E)]：　　　　　（指定圆弧的第二点）
指定圆弧的端点：'ZOOM　✓
>>指定窗口角点，输入比例因子 (nX 或 nXP)，或
[全部(A)/中心点(C)/动态(D)/范围(E)/上一个(P)/比例(S)/窗口(W)] <实时>：_w　✓
>>指定第一个角点：
>>指定对角点：
正在恢复执行 ARC 命令。
指定圆弧的端点：　　　　　　　　　　　　　　　（指定圆弧的端点）
透明命令执行时提示前面有"＞＞"，表示该命令正在透明使用。

1.4.3　命令的放弃、重做、重复和终止

与大多数 Windows 应用软件一样，在 AutoCAD 2017 中可以很方便地撤销与重复一条命令，并且执行撤销一个或多个命令后还可以通过重做命令来恢复撤销的命令。

1. 放弃命令

放弃最近一个或多个操作，最简单的方法是在命令窗口输入 Undo。另外还可选择菜单栏：编

辑—放弃，在"快速访问"工具栏或"标准"工具栏中单击工具 执行放弃命令。

2. 重做命令

重做（Redo）与放弃（Undo）命令是一对相反的命令，并且重做（Redo）命令只能在放弃（Undo）命令后执行，而且只能恢复 Undo 命令撤销的最后一个操作，执行该命令可在命令窗口输入 Redo，或者选择菜单栏："编辑"—"重做"，在"快速访问"工具栏或"标准"工具栏中单击 工具图标。

3. 重复命令

AutoCAD 2017 命令执行结束，自动返回"命令:"提示状态，等待用户输入下一个命令，如果用户想重复使用同一命令，只需在提示下直接按 Enter 键或按空格键，系统自动执行前一次的命令。例如：画两个同心圆。

命令: CIRCLE ✓
指定圆的圆心或 [三点(3P)/两点(2P)/相切、相切、半径(T)]: 30,50 ✓
指定圆的半径或 [直径(D)]: 20 ✓

命令: ✓　　(重复命令)
circle 指定圆的圆心或 [三点(3P)/两点(2P)/相切、相切、半径(T)]: 30,50 ✓
指定圆的半径或 [直径(D)] <20.0000>: 30 ✓

4. 终止命令

在 AutoCAD 2017 中，可以随时按键盘左上角的 ESC 键，终止任何正在执行的命令和操作。

1.4.4　使用系统变量

系统变量主要是用于控制 AutoCAD 的某些功能、设计环境和命令的工作方式，例如，GRIDMODE 系统变量用于关闭或打开栅格，它实际上与 GRID 命令等价；DATE 系统变量为只读系统变量，用于存储当前日期。

修改系统变量值，只需在命令窗口键入变量名并按 Enter 键，然后键入其值即可。在 AutoCAD 2017 中，某些常用系统变量都反映在开关菜单、对话框或状态栏中。

1.5　AutoCAD 2017 的坐标输入方式

AutoCAD 2017 的坐标输入方式是通过在命令窗口中输入图形中的点的坐标来实现的，这样既能够增加作图的准确度，又能提高工作效率。

1.5.1　AutoCAD 2017 坐标系

在 AutoCAD 绘图中主要使用笛卡尔坐标系，笛卡尔坐标系主要由一个坐标原点和三个相互垂直的坐标轴（X 轴、Y 轴、Z 轴）组成。

笛卡尔坐标系可以分为世界坐标系（WCS）和用户坐标系（UCS）。世界坐标系只有一个，其坐标原点和三个坐标轴的方向是固定的；用户坐标系可以有无数个，其坐标原点和三个坐标轴的方向可以根据用户的需要进行设置，但必须符合笛卡尔坐标系三个坐标轴必须交于一点且相互垂直的规定。

图纸上的任何一点，都可以用笛卡尔坐标来表示。笛卡尔坐标的原点位置可以通过观察其图符获得。世界坐标系和用户坐标系的图符有所不同，如图 1-24 所示。

点的坐标输入形式：（x, y, z），如原点的坐标为（0, 0, 0）。坐标位移从设定原点计算，沿 X 轴向右及 Y 轴向

(a)　　　　　　(b)

图 1-24　坐标系图符
（a）世界坐标系图符；（b）用户坐标系图符

上的位移被规定为正向。

控制坐标系是否在原点显示的方法：

命令：UCSICON ✓

输入选项 [开(ON)/关(OFF)/全部(A)/非原点(N)/原点(OR)/特性(P)] <开>：

菜单栏：视图—显示—UCS 图标—原点 (选中既在原点显示，否则不显示)

1.5.2　坐标点的输入方法

在绘图时，用鼠标可以直接点击坐标点，但不是很准确；采用键盘输入坐标值的方式可以更精确地定位坐标点。从键盘输入坐标值的方法有三种：

1. 绝对坐标

绝对坐标是以当前坐标系原点为输入坐标值的基准点，输入的点的坐标值都是相对于坐标原点（0，0，0）的位置而确定的。

2. 相对坐标

相对坐标表示的是一个点相对于上一个点的 X 和 Y 位移，或者距离和角度。其格式为"@$\Delta X,\Delta Y,\Delta Z$"，@字符表示输入一个相对坐标值。

3. 极坐标

极坐标是用基点到输入点间距离值及该连线与 X 轴正向间的角度来表示。角度以 X 轴正向为度量基准，逆时针为正，顺时针为负。它包含绝对极坐标和相对极坐标，其格式为：距离<角度；@距离<角度。绝对极坐标是以坐标原点为基准的，相对极坐标一般是以当前点为基准的。

1.5.3　对象选择

用户在进行图形编辑或其他有关操作时，AutoCAD 一般会提示"选择对象"，表示要求用户从屏幕上选取需要编辑的实体。此时，十字光标框变成了一个小方框（称为选择框）。AutoCAD 2017 提供了多种对象选择的方式，现介绍如下：

图 1-25 "选项"对话框"选择"选项卡

1. 选择模式的设置

AutoCAD 2017 可以通过菜单栏："工具"—"选项"，显示如图 1-25 所示对话框中的"选择集"选项卡来设置选择模式、拾取框大小、夹点模式和夹点大小等。通过使用不同的对象选择模式，可以更方便、更灵活地选择对象。

2. 选择方式

AutoCAD 2017 提供的选择对象的方法很多，这些选择方式不在任何菜单或工具栏中显示，只有在 AutoCAD 提示选择对象时输入一个非法的关键字，AutoCAD 显示出如下提示，显示出各选择选项。

选择对象：z ✓

无效选择

需要点或窗口(W)/上一个(L)/窗交(C)/框(BOX)/全部(ALL)/栏选(F)/圈围(WP)/圈交(CP)/编组(G)/添加(A)/删除(R)/多个(M)/前一个(P)/放弃(U)/自动(AU)/单个(SI)/子对象/对象

其中包括：窗口选择（Windows）、交叉窗口选择（Crossing）、圈围窗口选择（Wpolygon）、圈交窗口选择（Cplygon）、栏选（Fence）、全部（All）和前一个（Previous）等。

（1）直接选择。移动鼠标将拾取框放置在要选择的对象上，然后单击鼠标左键即可拾取该对象。当图形对象被选择后将以虚线显示，表示该对象被选中。

（2）窗口（Windows）。该选项使用一个矩形窗口来选定一个或多个对象。使用该选项时，只有完全被包围在矩形窗口中的对象才能被选中，而部分处于方框内的对象不被选中。

用户在命令提示"选择对象："时键入"W"并按 Enter 键后，AutoCAD 提示：

指定第一个角点：

指定对角点：

AutoCAD 通过指定的两个角点来定义矩形选择窗口。

如果用户在提示"选择对象："时直接选定一个点（不是选择对象），AutoCAD 自动将第一个点作为第一个角点并提示"指定对角点："。当从左上方往右下方或从左下方往右上方移动光标指定第二个点后，AutoCAD 以这两个点来定义矩形选择窗口并采用窗口方式选择对象，如图 1-26 所示。

图 1-26　"窗口"选择方式

（a）窗口方式选择；（b）选择结果

（3）交叉窗口（Crossing）。该方式与窗口方式类似，也是通过定义一个矩形窗口来选择对象，不同的是使用交叉窗口选择方式时，被窗口包围的对象和与窗口相交的对象都被选中。

在提示"选择对象："时键入"C"并按 Enter 键后，AutoCAD 提示：

指定第一角点：

指定对角点：

AutoCAD 通过指定的两个角点来定义矩形窗口。

如果用户在提示"选择对象："时直接选定一个点（不是选择对象），AutoCAD 自动将第一个点作为第一个角点并提示"指定对角点："。当从右上方往左下方或从右下方往左上方移动光标指定第二个点后，AutoCAD 以这两个点来定义矩形选择窗口并采用交叉窗口方式选择对象。如图 1-27 所示。

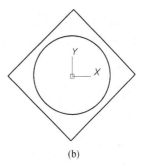

图 1-27　"交叉窗口"选择方式

（a）交叉窗口方式选择；（b）选择结果

（4）默认窗口（BOX）。缺省窗口方式是窗口方式和交叉方式的综合，也是用矩形窗口来选择对象。在命令提示"选择对象"时键入"BOX"并按 Enter 键后，AutoCAD 提示：

指定第一角点：

指定对角点：

当第一个角点在左边，第二个角点在右边时与窗口方式等价，选择矩形框完全包围的对象；反之，第一个角点在右边，第二个角点在左边与交叉窗口方式等价，选择矩形框包围的和与矩形边界相交的对象。

（5）最后一个（Last）。在命令提示"选择对象："时键入"L"并按 Enter 键可以选择使用该选项，AutoCAD 将自动选中用户最后绘制的图形对象。使用该选项只能选择一个对象。

（6）前一个（Previous）。使用该选项自动选择最后生成的选择集的所有对象。在命令提示"选择对象："时键入"P"并按 Enter 键可以选择使用该选项。AutoCAD 会记忆前一次创建的选择集以让用户使用"前一个"选项来再次选择它。

> **注　意**
>
> 当用户使用如 UNDO 等命令取消前一命令操作时，该命令中创建的选择集也随着清除，从而不能再用"前一个"选项来选择。命令会提示"没有前一选择集"。另外，不同空间（模型空间和图纸空间）中创建的选择集不能相互使用。

（7）全部（ALL）。当用户要对绘图屏幕上的所有对象进行编辑，可使用全部选项很方便地选择绘图屏幕上所有对象（不包括被冻结或锁住层上的对象）。在命令提示"选择对象："时键入"ALL"选择该选项，则屏幕上所有对象都被选中。

（8）快速选择。在 AutoCAD 2017 中给用户提供了一种根据目标对象的类型和特性来快速选择对象的方法，这是从 AutoCAD 2000 起新增的功能。用户根据目标对象的类型和特性来建立过滤条件，满足过滤条件的对象可自动被选中。比如，用户可以根据颜色来选择对象，设置过滤条件颜色为红色，则所有红色对象被选中。

1）功能：自动选取满足过滤条件的对象。

2）命令执行方式：

菜单栏："工具"—"快速选择"。

命令：QSELECT。

3）操作过程：

用户也可以在绘图区域单击鼠标右键，在弹出菜单中选择"快速选择"，打开此对话框，如图 1-28 所示。调用快速选择命令后，AutoCAD 弹出图 1-29 所示的"快速选择"对话框。

图 1-28　"快速选择"快捷菜单

图 1-29　"快速选择"对话框

1.6 其 他 操 作

1.6.1 文字窗口和绘图窗口切换

（1）功能：在文字窗口与绘图窗口间切换，方便查看已做过的操作。

（2）命令执行方式：

菜单栏："视图" — "显示" — "文本窗口"。

命　令：textscr（绘图窗口切换到文字窗口）。

功能键：F2。

显示的形式如图 1-30 所示。

图 1-30 文本窗口

1.6.2 关闭图形文件

（1）功能：

关闭当前的图形文件。

（2）命令执行方式：

菜单栏："文件" — "关闭"。

命　令：CLOSE。

（3）操作过程：

执行 CLOSE 命令后，如果当前图形还没有保存，AutoCAD 弹出图 1-31 所示的对话框，提示用户关闭图形文件前是否保存文件。

在该对话框中，单击"是"按钮，表示将当前的图形文件保存后再关闭该文件；如果当前所编辑的图形文件没有命名，那么单击"是"按钮后，AutoCAD 会弹出"图形另存为"对话框，要求用户指定图形文件名称及路径。用户指定后，AutoCAD 将当前图形按指定的文件名及路径保存，然后再关闭图形文件。单击"否"按钮，则表示不保存修改直接关闭图形文件；单击"取消"按钮，表示取消关闭当前图形文件的操作。

图 1-31 保存提示对话框

1.6.3 退出 AutoCAD 2017

命令执行方式：

菜单栏："文件" — "退出"。

命　令：QUIT。

如果退出时，已打开的图形文件在修改后没有存盘，AutoCAD 将按关闭图形时的操作给出提示对话框；所不同的是用户做出响应后，AutoCAD 将所有的图形文件按指定的文件名存盘，然后再退出 AutoCAD。

1.7　AutoCAD 经典界面

AutoCAD 2017 允许用户根据自己的需要定制绘图界面，以提高绘图效率。自 AutoCAD 2014 版开始，一些 AutoCAD 老用户所熟悉的经典界面不见了。下面以创建 AutoCAD 经典界面为例介绍 AutoCAD 绘图界面的创建方法。

1.7.1　显示菜单栏

单击如图 1-7 所示"快速访问"工具栏右侧的"自定义快速访问工具栏"按钮 ![icon] 将出现"自定义快速访问工具栏"菜单，选择"显示菜单栏"项。

1.7.2　关闭功能区选项卡

右击功能区选项卡右侧空白区域，出现如图 1-32 所示"功能区选项卡"快捷菜单，选择其中的"关闭"项。

图 1-32　关闭功能区选项卡

1.7.3　调用工具栏

选择如图 1-33 所示菜单栏中的"工具"菜单—工具栏—AutoCAD—标准，调出标准工具栏。采取同样的方法或在出现的工具栏上右击鼠标，在出现的如图 1-34 所示快捷菜单中选择绘图、修改、图层、特性、样式等工具栏。拖动工具栏到适合的位置，结果如图 1-35 所示。

图 1-33　调用工具栏

图 1-34　工具栏快捷菜单

图 1-35　经典界面

1.7.4　设置动态输入

右击状态栏"动态输入"按钮 将出如图 1-36 所示的"动态输入"快捷菜单，选择"动态输入设置"菜单项。将出现如图 1-37 所示"草图设置"对话框"动态输入"选项卡。单击"动态输入"选项卡中的"指针输入"栏的"设置"按钮，将出现"指针输入设置"对话框，在这里可以对指针的格式和可见性进行设置，设置结果如图 1-38 所示。

图 1-36　"动态输入"快捷菜单

图 1-37　"动态输入"选项卡

图 1-38　指针输入设置

1.7.5　保存绘图空间

单击状态栏的"切换工作空间"按钮，选择如图 1-39 所示的"将当前工作空间另存为…"项，出现如图 1-40 所示"保存工作空间"对话框，在"名称"栏输入"AutoCAD 经典"，并单击"保存"按钮退出。

图 1-39　另存工作空间

单击状态栏的"切换工作空间"按钮，选择如图 1-41 所示的"工作空间设置…"项，出现如图 1-41 所示"工作空间设置"对话框，在"我的工作空间（M）"栏，选择"AutoCAD 经典"，并单击"确定"按钮退出。这样每次打开一新 AutoCAD 文件时，将会使用"AutoCAD 经典"界面。

图 1-40　保存工作空间

图 1-41　工作空间设置

1.8　绘　图　实　例

1.8.1　绘制图框和标题栏

图框和标题栏是每一张工程图样不可缺少的内容。其规格已由国家标准给出，画图时，应严格按规定做。

现以 A3 号图纸（420，297）为例，画其图框和标题栏，如图 1-42 所示。

1.8.2　分析

从图 1-42 可以看出，图框和标题栏以直线为主，在 AutoCAD 2017 中，可以用画直线的命令或者画矩形的命令来完成；在编辑过程中，还要用到擦除、修剪、偏移和分解等命令，以达到既准又快的绘图目的。

图 1-42　图框和标题栏样式

1.8.3　所用命令介绍

1．直线命令

（1）功能：绘制一条或一系列连接的二维和三维直线段。

（2）命令执行方式：

菜单栏："绘图"—"直线"。

功能区："默认"—"绘图"—"直线"▧。

工具栏："绘图"—"直线"▧。

命　　令：LINE。

（3）操作过程：

命令操作过程如下：

命令：LINE　✓

指定第一个点：

指定下一点或［放弃(U)］：

指定下一点或［放弃(U)］：

指定下一点或［闭合(C)/放弃(U)］：

【例 1-1】　用直线命令，绝对坐标绘制图框，如图 1-43 所示。

图 1-43　A3 图框

（1）画外框：

命令:LINE ✓

指定第一点: 0,0 ✓

指定下一点或 [放弃(U)]: 420,0 ✓

指定下一点或 [放弃(U)]: 420,297 ✓

指定下一点或 [闭合(C)/放弃(U)]: 0,297 ✓

指定下一点或 [闭合(C)/放弃(U)]: c ✓

（2）画内框：

命令:LINE ✓

指定第一点: 25,5 ✓

指定下一点或 [放弃(U)]: 415,5 ✓

指定下一点或 [放弃(U)]: 415,292 ✓

指定下一点或 [闭合(C)/放弃(U)]: 25,292 ✓

指定下一点或 [闭合(C)/放弃(U)]: c ✓

【例1-2】 用直线命令，相对坐标绘制图框，如图1-43所示。

（1）画外框：

命令:LINE ✓

指定第一点: 0,0 ✓

指定下一点或 [放弃(U)]: 420,0 ✓

指定下一点或 [放弃(U)]: @0,297 ✓

指定下一点或 [闭合(C)/放弃(U)]:@-420,0 ✓

指定下一点或 [闭合(C)/放弃(U)]: c ✓

（2）画内框：

命令:LINE ✓

指定第一点: 25,5 ✓

指定下一点或 [放弃(U)]: @390,0 ✓

指定下一点或 [放弃(U)]: @0,287 ✓

指定下一点或 [闭合(C)/放弃(U)]: @-390,0 ✓

指定下一点或 [闭合(C)/放弃(U)]: c ✓

2. 矩形命令

（1）功能：按指定参数绘制矩形。

（2）命令执行方式：

菜单栏："绘图"—"矩形"。

功能区："默认"—"绘图"—"矩形" ▣。

工具栏："绘图"—"矩形" ▣。

命　令：RECTANG

（3）操作过程：

命令操作过程如下：

命令: RECTANG ✓

指定第一个角点或 [倒角(C)/标高(E)/圆角(F)/厚度(T)/宽度(W)]:　　　　　 (拾取一点)

指定另一个角点或 [面积(A)/尺寸(D)/旋转(R)]:

命令各选项功能如下：

1）指定第一个角点：指定矩形的一个角点。

拾取矩形的一个角点后，矩形的生成有三种方式。

① 指定另一个角点：与第一个角点形成矩形的两个对角点，生成矩形。

② 面积：使用面积与长度或宽度创建矩形。选择该项后，AutoCAD 提示：

指定另一个角点或 [面积(A)/尺寸(D)/旋转(R)]:A ✓

输入以当前单位计算的矩形面积 <100.0000>:

计算矩形标注时依据 [长度(L)/宽度(W)] <长度>:

输入矩形长度 <10.0000>:

③ 尺寸：使用长和宽创建矩形。选择该项后，AutoCAD 提示：

指定另一个角点或 [面积(A)/尺寸(D)/旋转(R)]:D ✓

指定矩形的长度 <10.0000>:

指定矩形的宽度 <10.0000>:

④ 旋转：按指定的旋转角度创建矩形。选择该项后，AutoCAD 提示：

指定另一个角点或 [面积(A)/尺寸(D)/旋转(R)]:R ✓

指定旋转角度或 [拾取点(P)] <23>:

2）倒角：设定矩形的倒角距离。选择该项后，AutoCAD 提示：

指定第一个角点或 [倒角(C)/标高(E)/圆角(F)/厚度(T)/宽度(W)]:C ✓

指定矩形的第一个倒角距离 <0.0000>: 2 ✓

指定矩形的第二个倒角距离 <2.0000>: ✓

3）标高：指定矩形的标高。选择该项后，AutoCAD 提示：

指定第一个角点或 [倒角(C)/标高(E)/圆角(F)/厚度(T)/宽度(W)]:E ✓

指定矩形的标高 <0.0000>: 10

4）圆角：指定矩形的圆角半径。选择该项后，AutoCAD 提示：

指定第一个角点或 [倒角(C)/标高(E)/圆角(F)/厚度(T)/宽度(W)]:F ✓

指定矩形的圆角半径 <2.0000>:

5）厚度：指定矩形的厚度。选择该项后，AutoCAD 提示：

指定第一个角点或 [倒角(C)/标高(E)/圆角(F)/厚度(T)/宽度(W)]:T ✓

指定矩形的厚度 <0.0000>:

6）宽度：为要绘制的矩形指定多段线的宽度。选择该项后，AutoCAD 提示：

指定第一个角点或 [倒角(C)/标高(E)/圆角(F)/厚度(T)/宽度(W)]:W ✓

指定矩形的线宽 <0.0000>:

【例 1-3】 用矩形命令绘制图框，如图 1-43 所示。

（1）画外框：

命令： RECTANG ✓

指定第一个角点或 [倒角(C)/标高(E)/圆角(F)/厚度(T)/宽度(W)]: 0,0 ✓

指定另一个角点或 [面积(A)/尺寸(D)/旋转(R)]: 420,297 ✓

（2）画内框：

命令： RECTANG ✓

指定第一个角点或 [倒角(C)/标高(E)/圆角(F)/厚度(T)/宽度(W)]: 25,5 ✓

指定另一个角点或 [尺寸(D)]: @390,287 ✓

【例 1-4】 绘制不同形式的矩形，如图 1-44 所示。

（1）带倒角的矩形。

命令： RECTANG ✓

指定第一个角点或 [倒角(C)/标高(E)/圆角(F)/厚度(T)/宽度(W)]: C ✓

指定矩形的第一个倒角距离 <0.0000>: 5 ✓

指定矩形的第二个倒角距离 <10.0000>:10 ✓

指定第一个角点或 [倒角(C)/标高(E)/圆角(F)/厚度(T)/宽度(W)]:(拾取一点)

指定另一个角点或 [面积(A)/尺寸(D)/旋转(R)]:@60,40 ✓

倒角距离: 5×10　　　　　　圆角半径: 10　　　　　　　线宽: 3　　　　　　　旋转角度: 30°

图 1-44　不同形式矩形的画法

（2）带圆角的矩形。

命令：RECTANG　↙

当前矩形模式：　倒角=5.0000　x　10.0000

指定第一个角点或 [倒角(C)/标高(E)/圆角(F)/厚度(T)/宽度(W)]：F　↙

指定矩形的圆角半径 <5.0000>：10　↙

指定第一个角点或 [倒角(C)/标高(E)/圆角(F)/厚度(T)/宽度(W)]：（拾取一点）

指定另一个角点或 [面积(A)/尺寸(D)/旋转(R)]：@60,40　↙

（3）带线宽的矩形。

命令：RECTANG　↙

当前矩形模式：　圆角=10.0000

指定第一个角点或 [倒角(C)/标高(E)/圆角(F)/厚度(T)/宽度(W)]：W　↙

指定矩形的线宽 <0.0000>：3　↙

指定第一个角点或 [倒角(C)/标高(E)/圆角(F)/厚度(T)/宽度(W)]：（拾取一点）

指定另一个角点或 [面积(A)/尺寸(D)/旋转(R)]：@60,40　↙

（4）旋转的矩形。

命令：RECTANG　↙

当前矩形模式：　圆角=10.0000　宽度=3.0000

指定第一个角点或 [倒角(C)/标高(E)/圆角(F)/厚度(T)/宽度(W)]：F　↙

指定矩形的圆角半径 <10.0000>：0　↙

指定第一个角点或 [倒角(C)/标高(E)/圆角(F)/厚度(T)/宽度(W)]：W　↙

指定矩形的线宽 <3.0000>：0　↙

指定第一个角点或 [倒角(C)/标高(E)/圆角(F)/厚度(T)/宽度(W)]：（拾取一点）

指定另一个角点或 [面积(A)/尺寸(D)/旋转(R)]：R　↙

指定旋转角度或 [拾取点(P)] <46>：30　↙

指定另一个角点或 [面积(A)/尺寸(D)/旋转(R)]：D　↙

指定矩形的长度 <60.0000>：60　↙

指定矩形的宽度 <40.0000>：40　↙

指定另一个角点或 [面积(A)/尺寸(D)/旋转(R)]：（拾取一点）

3．分解命令

（1）功能：将复合对象分解为若干个基本的组成对象。

（2）命令执行方式：

菜单栏："修改"—"分解"。

功能区："默认"—"修改"—"分解"　。

工具栏："修改"—"分解"　。

命　令：EXPLODE。

（3）操作过程：

命令操作过程如下：

命令：EXPLODE　✓

选择对象：　　　（选择分解对象）

选择对象：　✓

选择复合对象后按 Enter 键，即可将复合对象分解开。

【例 1-5】　对［例 1-4］绘制的带线宽的矩形进行分解。

命令：EXPLODE　✓

选择对象：　　　（选择例 1-4 绘制的带线宽的矩形）

找到 1 个选择对象：　✓

分解此多段线时丢失宽度信息。

可用 UNDO 命令恢复。

带线宽的矩形对象被分解后，由一个单一的图素变为由四条直线和四个圆弧组成的图素，且线宽效果消失，如图 1-45 所示。

分解前　　　　　　　　　　　分解后

图 1-45　"分解"命令示例

4. 偏移命令

（1）功能：根据选择的对象按指定偏移距离和偏移方向，等距离偏移生成一个相似的物体。

（2）命令执行方式：

菜单栏："修改"—"偏移"。

功能区："默认"—"修改"—"偏移"。

工具栏："修改"—"偏移"。

命　令：OFFSET。

（3）操作过程：

命令操作过程如下：

命令：OFFSET　✓

当前设置：删除源=否　图层=源　OFFSETGAPTYPE=0

指定偏移距离或［通过(T)/删除(E)/图层(L)］<8.0000>：

选择要偏移的对象,或［退出(E)/放弃(U)］<退出>：

指定要偏移的那一侧上的点,或［退出(E)/多个(M)/放弃(U)］<退出>：

选择要偏移的对象,或［退出(E)/放弃(U)］<退出>：　✓

默认情况下，需要指定偏移的距离，再选择要偏移复制的对象，然后指定偏移的方向，以复制出对象。其他各选项的功能如下：

1）指定偏移距离：输入偏移距离，并在距现有对象指定的距离处创建对象。

2）通过：通过指定点偏移对象。选择该项后，AutoCAD 提示：

指定偏移距离或 [通过(T)/删除(E)/图层(L)] <54.8298>: T ✓

选择要偏移的对象,或 [退出(E)/放弃(U)] <退出>: (选择要偏移的对象)

指定通过点或 [退出(E)/多个(M)/放弃(U)] <退出>: (若输入 M,将对象偏移多次)

3) 删除:偏移源对象后将源对象删除。选择该项后,AutoCAD 提示:

指定偏移距离或 [通过(T)/删除(E)/图层(L)] <通过>: E ✓

要在偏移后删除源对象吗?[是(Y)/否(N)] <是>: (输入 Y 或 N 来确定是否删除源对象)

4) 图层:确定将偏移对象创建在当前图层上还是源对象所在的图层上。选择该项后,AutoCAD 提示:

指定偏移距离或 [通过(T)/删除(E)/图层(L)] <通过>: L ✓

输入偏移对象的图层选项 [当前(C)/源(S)] <源>: (选择要偏移的对象的图层)

5. 修剪命令

(1) 功能:以选择的对象作为边界,对图形中其他对象进行修剪。

(2) 命令执行方式:

菜单栏:"修改"—"修剪"。

功能区:"默认"—"修改"—"修剪" ▨。

工具栏:"修改"—"修剪" ▨。

命 令:TRIM。

(3) 操作过程:

命令操作过程如下:

命令: TRIM ✓

当前设置:投影=UCS,边=无

选择剪切边...

选择对象或 <全部选择>: (可直接按 Enter 键全部选择)

选择要修剪的对象,或按住 Shift 键选择要延伸的对象,或

[栏选(F)/窗交(C)/投影(P)/边(E)/删除(R)/放弃(U)]:

命令各选项功能如下:

1) 选择剪切边:指定一个或多个对象以用作修剪边界。使用 TRIM 命令进行对象修剪时,把剪切边作为参考对象,然后根据它来修剪其他对象。剪切边可以是直线、圆、圆弧、椭圆、多段线、样条曲线、构造线、射线和文字等。剪切边也可以同时作为被剪边。

2) 选择要修剪的对象:指定修剪对象。

3) 栏选:通过"栏选"的方式选择要修剪的对象。选择该项后,AutoCAD 提示:

选择要修剪的对象,或按住 Shift 键选择要延伸的对象,或

[栏选(F)/窗交(C)/投影(P)/边(E)/删除(R)/放弃(U)]: F ✓

指定第一个栏选点或拾取/拖动光标:

指定下一个栏选点或 [放弃(U)]:

4) 窗交:通过"窗交"的方式选择要修剪的对象。选择该项后,AutoCAD 提示:

选择要修剪的对象,或按住 Shift 键选择要延伸的对象,或

[栏选(F)/窗交(C)/投影(P)/边(E)/删除(R)/放弃(U)]: C ✓

指定第一个角点:指定对角点:指定对角点:

5) 投影:指定修剪对象时使用的投影方式。选择该项后,AutoCAD 提示:

选择要修剪的对象,或按住 Shift 键选择要延伸的对象,或

[栏选(F)/窗交(C)/投影(P)/边(E)/删除(R)/放弃(U)]: P ✓

输入投影选项 [无(N)/UCS(U)/视图(V)] <UCS>:

6) 边:确定对象是在另一对象的延长边处进行修剪,还是仅在三维空间中与该对象相交的对

象处进行修剪。选择该项后，AutoCAD 提示：

选择要修剪的对象,或按住 Shift 键选择要延伸的对象,或

[栏选(F)/窗交(C)/投影(P)/边(E)/删除(R)/放弃(U)]: E ✓

输入隐含边延伸模式 [延伸(E)/不延伸(N)] <不延伸>:

7）删除：删除选定的对象。选择该项后，AutoCAD 提示：

选择要修剪的对象,或按住 Shift 键选择要延伸的对象,或

[栏选(F)/窗交(C)/投影(P)/边(E)/删除(R)/放弃(U)]: R ✓

选择要删除的对象或 <退出>:

【例 1-6】　使用矩形、分解、偏移和修剪等命令绘制标题栏。

整个绘图过程如图 1-46 所示。

（1）绘制 180×32 的矩形框。

命令: RECTANG ✓

指定第一个角点或 [倒角(C)/标高(E)/圆角(F)/厚度(T)/宽度(W)]: 　　(在屏幕上拾取一点)

指定另一个角点或 [面积(A)/尺寸(D)/旋转(R)]: @180,32 ✓

矩形并分解　　　　　　窗选要剪切的对象　　　　修剪　　剪切边

偏移　　　　　　　　　　　修剪结果

图 1-46　标题栏的绘制过程

（2）分解矩形框。

命令: EXPLODE ✓

选择对象: (选择矩形)

找到 1 个

选择对象: ✓

（3）按尺寸进行偏移。

命令: OFFSET ✓

当前设置: 删除源=否　图层=源　OFFSETGAPTYPE=0

指定偏移距离或 [通过(T)/删除(E)/图层(L)] <50.0000>: 8 ✓　　　　　(从上往下偏移)

选择要偏移的对象,或 [退出(E)/放弃(U)] <退出>:　　　　　　　　(选择最上边的线)

指定要偏移的那一侧上的点,或 [退出(E)/多个(M)/放弃(U)] <退出>:

选择要偏移的对象,或 [退出(E)/放弃(U)] <退出>:　　　　　　　(重复三次) ✓

命令: ✓　　(重复上一个命令)

OFFSET

当前设置: 删除源=否　图层=源　OFFSETGAPTYPE=0

指定偏移距离或 [通过(T)/删除(E)/图层(L)] <8.0000>: 15 ✓　　　　　(从左向右偏移)

选择要偏移的对象,或 [退出(E)/放弃(U)] <退出>:　　　　　　(选择最左边的线)

指定要偏移的那一侧上的点,或 [退出(E)/多个(M)/放弃(U)] <退出>:

选择要偏移的对象,或 [退出(E)/放弃(U)] <退出>: ✓

使用偏移命令根据图线之间的距离完成其他图线的偏移。

（4）修剪多余的线段。

```
命令： TRIM ✓
当前设置:投影=UCS,边=无
选择剪切边...
选择对象或 <全部选择>： 指定对角点:找到 2 个          (选择如图 1-54 剪切边)
选择对象： ✓
选择要修剪的对象,或按住 Shift 键选择要延伸的对象,或
[栏选(F)/窗交(C)/投影(P)/边(E)/删除(R)/放弃(U)]:              (窗选左上角需要剪掉的线)
选择要修剪的对象,或按住 Shift 键选择要延伸的对象,或
[栏选(F)/窗交(C)/投影(P)/边(E)/删除(R)/放弃(U)]:             (窗选右下角需要剪掉的线)
选择要修剪的对象,或按住 Shift 键选择要延伸的对象,或
[栏选(F)/窗交(C)/投影(P)/边(E)/删除(R)/放弃(U)]: ✓
```

注 意

如果存在使用修剪命令不能修剪的图素时，可以使用删除命令（ERASE）将其删除。

在工程制图国家标准中规定，标题栏一般位于图框的右下角。在上例中，标题栏的位置还未定且其中的文字也未填写，这些问题将在后面的有关章节中学习。

思 考 题

1. AutoCAD 2017 界面是由哪几部分组成的？其作用分别是什么？

2. 如何创建一张新图？方法有哪几种？创建的新图包含哪些内容？

3. 打开工具栏的方法有哪几种？

4. 怎样创建备份文件？

5. 在 AutoCAD 2017 中，重复命令和终止命令如何操作？

6. 在 AutoCAD 2017 中，坐标输入法有几种？如何使用？有何区别？请用"直线"命令按坐标输入方法绘制"标题栏"。

7. 在 AutoCAD 2017 中，有哪些选择对象的方法，如何选择？

8. 使用"矩形"命令绘出的矩形与使用"直线"命令绘出的矩形有何不同？

9. 打开 AutoCAD 2017"帮助"窗口，了解和学习其内容。

第 2 章　设置 AutoCAD 2017 的绘图环境

 学习目标

（1）正确设置绘图环境、绘图状态。

（2）绘制平面图形。

学习内容

（1）正确设置 AutoCAD 2017 的绘图环境：绘图界限、绘图单位。

（2）正确设置绘图状态：捕捉和栅格、极轴追踪、对象追踪和对象捕捉等。

（3）掌握图层、颜色、线型和线宽等对象特性的设置。

（4）掌握圆、多线命令的使用与编辑方法。

2.1　绘图界限和绘图单位

2.1.1　设置绘图界限

（1）功能：

设置图形界限并控制其状态。

（2）命令执行方式：

菜单栏："格式"—"图形界限"。

命　令：LIMITS 或′limits（作透明命令使用）。

（3）操作过程：

命令操作过程如下：

命令：LIMITS ✓

重新设置模型空间界限：

指定左下角点或 [开(ON)/关(OFF)] <0.0000,0.0000>：

指定右上角点 <420.0000,297.0000>：

命令各选项功能如下：

1）开：打开图限检查，这时 AutoCAD 检查用户输入的点是否在设置的图像范围之内，超出图限的点拒绝接受。

2）关：关闭图限检查，选择此选项后，用户可在图限之外拾取点。

2.1.2　设置绘图单位

AutoCAD 2017 不仅提供了适合任何专业绘图的各种绘图单位（如毫米、英寸和英尺等），还提供了范围较大的绘图精度的选择。

（1）功能：

设置绘图单位。

（2）命令执行方式：

菜单栏："格式"—"单位"。

命　　令：UNITS。

（3）操作过程：

执行 UNITS 命令后，AutoCAD 弹出如图 2-1 所示的"图形单位"对话框。

图 2-1　"图形单位"对话框

"图形单位"对话框对话框中各选项的功能如下：

1）长度：此栏用于设置长度单位的类型和精度。用户可以在图 2-2 所示的"类型"和"精度"下拉列表框中选择需要的长度单位类型和精度。

(a)　　　　　　　　　　　　　　　　　(b)

图 2-2　长度单位的"类型"和"精度"下拉列表

（a）类型下拉列表；（b）"精度"下拉列表

2）角度：此栏用于设置角度单位的类型和精度。用户可以在图 2-3 所示的"类型"和"精度"下拉列表框中选择需要的角度单位类型和精度。

图 2-3　角度单位的"类型"和"精度"

3）插入时的缩放单位：控制使用工具选项板（例如设计中心）插入当前图形的块的测量单位。可以在图 2-4 所示的下拉列表框中选择需要的单位。当块或图形创建时使用的单位与该选项指定的单位不同时，所插入的块会按设置单位进行缩放。如果希望插入的块保持原有大小，可选择"无单位"选项。

4）方向：AutoCAD 2017 弹出图 2-5 所示的"方向控制"对话框。此对话框用于设置角度测量基准。角度测量基准是指角度的零度方向，用户可以选择"东""北""西""南"4 个常用方向作为角度测量基准。若有特殊需要，可选择"其他"选项，然后在"角度"文本框输入角度值或单击 按钮拾取角度作为基准角度。

图 2-4　"插入比例"的图形单位　　　　　　图 2-5　"方向控制"对话框

2.2　设置绘图状态

在 AutoCAD 2017 窗口下部为其状态栏，在状态栏中有用于控制当前绘图状态的开关按钮，本节主要介绍栅格、捕捉模式、动态输入、正交模式、极轴追踪、对象捕捉追踪、二维对象捕捉、线宽的设置和使用方法。

2.2.1　草图设置

（1）功能：

设置捕捉和栅格、极轴追踪、对象捕捉、三维对象捕捉、动态输入、快捷特性和循环特性的方式。

（2）命令执行方式：

菜单栏："工具"—"绘图设置"。

命　令：DSETTINGS。

（3）操作过程：

在执行了草图设置命令后，AutoCAD 弹出如图 2-6 所示的"草图设置"对话框。"草图设置"对话框包含 7 个选项卡："捕捉和栅格""极轴追踪""对象捕捉""三维对象捕捉""动态输入""快捷特性""循环特性"。其中"捕捉和栅格"选项卡用于栅格捕捉及显示栅格的设置；"极轴追踪"选项卡用于极轴追踪及对象追踪的设置；"对象捕捉"选项卡用于设置对象捕捉方式；"三维对象捕捉"选项卡用于三维对象和点云的捕捉方式；"动态输入"选项卡用于控制指针输入、标注输入、动态提示以及绘图工具提示的外观；"快捷特性"选项卡用于显示"快捷特性"选项板的设置等；"选择循环"选项卡用于设置"选择循环"显示方式。

图 2-6　"草图设置"对话框

2.2.2　栅格捕捉和栅格显示

栅格类似于坐标纸中格子线的概念，若已打开了栅格，在屏幕上用户将可以看见许多小点。这些点并不是图形的一部分，但是它对图形单位之间的关系和尺寸十分有用。捕捉点在屏幕上是不可视的点。若打开捕捉时，当用户在屏幕上移动鼠标时，十字交点就是位于被锁定的捕捉点上。捕捉点间距可以与栅格间距相同，也可不同，通常将后者设置为前者的倍数。

利用栅格捕捉，可以使光标在绘图屏幕上按指定的步距移动，就像在绘图屏幕上隐含分布着按指定行距和列距排列的栅格点，这些栅格对光标有吸附作用，即能够捕捉光标，使光标只能在由这些点确定的位置上，因此使光标只能按指定的步距移动。栅格显示是指在屏幕上显示分布有按指定行距和列距排列的栅格点，就像在屏幕上铺了一张坐标纸，因此可方便用户作图。

栅格捕捉和栅格显示经常用于绘制轴测投影图。

（1）功能：

栅格：栅格的显示与关闭。

栅格捕捉：栅格捕捉功能的打开与关闭。

（2）命令执行方式：

菜单栏："工具"—"绘图设置"—"捕捉和栅格"。

状态栏："栅格"▦（功能键：F7）。

"捕捉模式"▦（功能键：F9）。

（3）"捕捉和栅格"选项卡。

"捕捉和栅格"选项卡如图 2-6 所示。

1)"启用捕捉"复选框：打开或关闭捕捉方式。

2)"捕捉间距"栏：设置捕捉间距、捕捉角度和捕捉基点坐标。

3)"启用栅格"复选框：打开或关闭栅格的显示。如图 2-7 所示为显示栅格后的效果。

4)"栅格间距"栏：设置栅格间距。栏中的"栅格 X 轴间距""栅格 Y 轴间距"两个编辑框分别用来设置显示的栅格点在 X、Y 方向上的间距，如果不设置具体值，表示与捕捉栅格的间距相同。

5)"捕捉类型"栏：该栏用于设置捕捉类型和样式。可以选择栅格捕捉或 Polarsnap（极轴捕捉）。

提示：用户还可以通过右击捕捉模式按钮▤，在出现如图 2-8 所示的"捕捉模式"快捷菜单中进行选择。

图 2-7　显示"矩形捕捉"栅格　　　　图 2-8　"捕捉模式"快捷菜单

"栅格捕捉"单选按钮将捕捉模式设置成栅格捕捉模式。此时可通过"矩形捕捉"单选按钮将捕捉模式设为标准的矩形捕捉模式，即光标沿水平或垂直方向捕捉；"等轴测捕捉"单选按钮则表示捕捉模式为等轴测模式，此模式是绘正等轴测图时的作图环境。如图 2-9 所示，在"等轴测捕捉"模式下，栅格和光标已不再互相垂直，而是成绘制等轴测图时的特定角度。

"Polarsnap"（极轴捕捉）单选按钮用于将捕捉模式设置成极轴模式，在该模式下，光标的捕捉从极轴追踪起始点并沿着在"极轴追踪"选项卡中设置的角度增量方向捕捉。

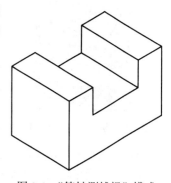

6)"极轴间距"栏：该栏用于指定在采用极轴捕捉方式时的捕捉点之间的间距，当设置为 0 时，AutoCAD 自动将捕捉栅格的水平距离作为极轴间距。

7)"栅格行为"栏：用于设置栅格线的显示样式（三维线框除外）。

"自适应栅格"复选框：用于限制缩放时栅格的密度。

"允许以小于栅格间距的间距再拆分"复选框：用于是否能够以
小于栅格间距的间距来拆分栅格。

图 2-9　"等轴测捕捉"模式

"显示超出界限的栅格"复选框：用于确定是否显示图限之外的栅格。

"遵循动态 UCS"复选框：跟随动态 UCS 的 XY 平面而改变栅格平面。

2.2.3　极轴追踪

（1）功能：启用该功能后，当 AutoCAD 提示用户确定点位置时，拖动光标，使光标接近预先设定的方向（即极轴追踪方向），AutoCAD 自动将橡皮筋线吸附到该方向，同时沿该方向显示极轴追踪的矢量，并浮出一小标签，标签中说明当前光标位置相对于前一点的极坐标，如图 2-10 所示。

（2）命令执行方式：

菜单栏："工具"—"绘图设置"—"极轴追踪"。

状态栏："极轴追踪" （功能键：F10）。

（3）"极轴追踪"选项卡。

"极轴追踪"选项卡如图 2-11 所示。

图 2-10 "极轴追踪"形式   图 2-11 极轴追踪设置

1）"启用极轴追踪"复选框：打开或关闭极轴追踪。

2）"极轴角设置"栏：该栏用于确定极轴追踪的追踪方向。

可以通过"增量角"下拉列表框确定追踪方向的角度增量。例如，如果选择 15，则表示 AutoCAD 将在 0°、15°、30°等以 15 为增量的角度方向进行极轴追踪。"附加角"编辑框确定除由"增量角"下拉列表框设置的追踪方向外，是否还有附加的追踪方向。选中复选框表示有附加追踪方向，否则没有。如果有附加追踪方向，用户可通过"新建"按钮确定附加追踪方向的角度，通过"删除"按钮删除已有的附加角度。

提示：极轴角默认为 90°，用户还可以通过右击"极轴追踪"按钮 进行选择或设置，如图 2-12 所示。

3）"对象捕捉追踪设置"栏：该栏对对象捕捉追踪有效。

图 2-12 "极轴追踪"快捷菜单

"仅正交追踪"表示当启用对象捕捉追踪时，仅显示已获得的对象捕捉点的正交（水平的/垂直的）对象捕捉矢量；"用所有极轴角设置追踪"表示如果启用对象捕捉追踪，当指定点时，AutoCAD 将允许光标沿任何极轴角矢量追踪。

4）"极轴角测量"栏：该选项表示极轴追踪时角度测量的参考系。

"绝对"表示相对于当前 UCS 测量。即极轴追踪矢量的角度相对于当前 UCS 的 X 轴正方向测量；"相对上一段"则表示角度相对于前一对象进行测量。

2.2.4 对象捕捉与对象捕捉追踪

1. 二维对象捕捉与对象捕捉追踪

（1）功能。

二维对象捕捉：系统将在移动光标时，将光标捕捉到最近的二维参照点。例如端点、圆心、中点等，效果如图 2-13 所示。

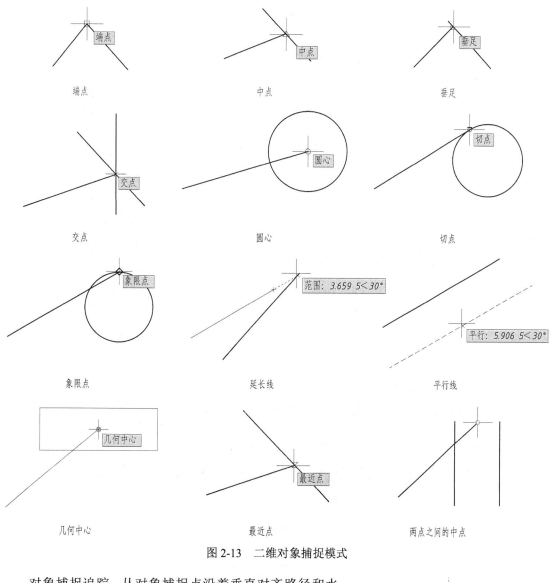

端点　　　　　　　　　中点　　　　　　　　　垂足

交点　　　　　　　　　圆心　　　　　　　　　切点

象限点　　　　　　　　延长线　　　　　　　　平行线

几何中心　　　　　　　最近点　　　　　　　两点之间的中点

图 2-13　二维对象捕捉模式

对象捕捉追踪：从对象捕捉点沿着垂直对齐路径和水平对齐路径追踪光标，效果如图 2-14 所示。

（2）命令执行方式。

菜单栏："工具"—"绘图设置"—"对象捕捉"。

状态栏："二维对象捕捉" ▓（功能键：F3）。

对象捕捉追踪 ▓（功能键：F11）。

（3）"对象捕捉"选项卡。

"对象捕捉"选项卡如图 2-15 所示。

1）"启用对象捕捉"复选框：打开或关闭二维对象捕捉。

2）"启用对象捕捉追踪"复选框：打开或关闭对象捕捉追踪。

3）"对象捕捉模式"栏：通过各复选框确定自动捕捉模式。

绘图过程中每当 AutoCAD 提示用户确定点时，如果将光标位于对象上与自动捕捉模式对应

图 2-14　对象捕捉追踪

的点的附近，AutoCAD 会自动捕捉到该点，并显示出捕捉到相应点的小标签，此时单击拾取点，AutoCAD 以该捕捉点为响应。

提示： 用户还可以通过右击"二维对象捕捉"按钮，进行二维对象自动捕捉的快速设置，如图 2-16 所示。

图 2-15 "对象捕捉"选项卡   图 2-16 "二维对象捕捉"快捷菜单

2. 临时二维对象捕捉

若自动二维对象捕捉模式选择过多，各模式之间可能会相互干扰。因此，用户在绘图时只需要选择常用的几个就可以了。当遇到没有选择的捕捉模式时，用户可以使用临时二维对象捕捉。

用户可以通过"对象捕捉"工具栏（如图 2-17 所示）或对象捕捉快捷菜单（如图 2-18 所示，按下 Shift 键后，在绘图区域中单击鼠标右键可弹出此菜单）实现临时二维对象捕捉操作。

图 2-17 对象捕捉工具栏

图 2-18 "对象捕捉"快捷菜单

> **注　意**
>
> 应用临时二维对象捕捉命令，在每次捕捉时，都要单击按钮或单击快捷菜单。

【例 2-1】　利用目标捕捉的方法，将画好的标题栏移动到图框的右下角。

（1）分析：为了准确的定位，需打开捕捉交点模式，同时应用"移动"命令，以达到要求。

（2）移动命令。

1）功能：将画好的图形移动到其他位置。

2）执行命令方式：

菜单栏："修改"—"移动"。

功能区："默认"—"修改"—"移动" ▦ 。

工具栏："修改"—"移动" ▦ 。

命　　令：MOVE。

3）操作过程：

执行命令后，命令窗口提示如下：

命令：MOVE ↙	（由工具栏执行命令）
选择对象：	（选择一个或多个对象）
选择对象：↙	（结束选择对象）
指定基点或 [位移(D)] <位移>： <对象捕捉 开>	（可打开目标捕捉方式）
指定第二个点或 <使用第一个点作为位移>：	

使用该命令可将选中的对象原样不变（指尺寸和方向）地从一个位置移动到另一个位置。

（3）将已画好的标题栏定位。

命令：MOVE ↙	
选择对象：	（选择标题栏）
选择对象：↙	（结束选择）
指定基点或 [位移(D)] <位移>： <打开对象捕捉>	[选择标题栏右下角点，如图 2-19(a) 所示]
指定第二个点或 <使用第一个点作为位移>：	[选择内框右下角点，如图 2-19(b) 所示]

（a）　　　　　　　　　　　　　　　　　　　　　　（b）

图 2-19　移动标题栏

（a）指定基点；（b）指定位移的第二点

完成后的图框、标题栏如图 2-19（b）所示。

2.2.5 三维对象捕捉

（1）功能。

系统将在移动光标时，将光标捕捉到最近的三维参照点。例如顶点、边中点、面中心等。

（2）命令执行方式。

菜单栏："工具"—"绘图设置"—"三维对象捕捉"。

状态栏："三维对象捕捉" （功能键：F4）。

（3）"对象捕捉"选项卡。

"三维对象捕捉"选项卡如图 2-20 所示。

图 2-20   "三维对象捕捉"选项卡

1）"启用三维对象捕捉"复选框：打开或关闭三维对象捕捉。

2）"对象捕捉模式"栏：通过各复选框确定三维对象的自动捕捉模式。

3）"点云"栏：通过各复选框确定点云的自动捕捉模式。

提示：用户还可以通过右击"三维对象捕捉"按钮 ，进行三维对象自动捕捉的快速设置，如图 2-21 所示。

2.2.6 动态输入

（1）功能。

启用动态输入时，系统将在光标附近显示工具提示，用户可以使用工具提示为命令指定选项，并为距离和角度指定值。取消动态输入时，命令选项、距离、角度等必须在命令窗口中指定，效果如图 2-22 所示。

图 2-21   "三维对象捕捉"快捷菜单   图 2-22   动态显示命令提示

（2）命令执行方式。

菜单栏："工具"—"绘图设置"—"动态输入"。

状态栏："动态输入" 。

（3）"动态输入"选项卡。

"动态输入"选项卡如图 2-23 所示。

1）"启用指针输入"复选框：打开或关闭指针输入功能。

可以在"指针输入"栏中单击"设置"按钮，打开如图 2-24 所示的"指针输入设置"对话框设置指针的格式和可见性。

2）"启用标注输入"复选框：打开或关闭标注输入功能。

在"标注输入"栏中单击"设置"按钮，打开如图 2-25 所示的"标注输入的设置"对话框设置标注的可见性。

3）"动态提示"栏：设置动态提示效果。

"动态提示"栏中的"在十字光标附近显示命令提示和命令输入"复选框：可以在光标附近显示命令提示，如图 2-24 所示。

图 2-23　"动态输入"选项卡

图 2-24　指针输入设置

"随命令提示显示更多提示"复选框：控制是否显示使用 Shift 和 Ctrl 键进行夹点操作的提示。

提示： 用户还可以通过右击"动态输入"按钮 ，进行三维对象自动捕捉的快速设置，如图 2-26 所示。

图 2-25　标注输入设置

图 2-26　"动态输入"快捷菜单

2.2.7 快捷特性

（1）功能。

选中对象时显示快捷特性，效果如图 2-27 所示。

（2）命令执行方式。

菜单栏："工具"—"绘图设置"—"快捷特性"。

状态栏："快捷特性" （功能键：CTRL+SHIFT+P）。

（3）"快捷特性"选项卡。

"快捷特性"选项卡如图 2-28 所示。

图 2-27 快捷特性

图 2-28 "快捷特性"选项卡

1）"选择时显示快捷特性选项板"复选框：打开或关闭快捷特性。

2）"选项板显示"栏：设置选项板只是显示在自定义用户界面（CUI）编辑器中指定为显示特性的对象类型，还是所有对象。

3）"选项板位置"栏：设置"快捷特性"选项板的显示位置。

4）"选项板行为"栏：设置"快捷特性"选项板的显示方式与数量。

提示：用户还可以通过右击"快捷特性"按钮 ，选择"快捷特性设置"菜单进入"草图设置"对话框"快捷设置"选项卡，如图 2-29 所示。

2.2.8 选择循环

（1）功能。利用选择循环可以在重叠对象上显示选择对象，效果如图 2-30 所示。

图 2-29 "快捷特性"快捷菜单

图 2-30 选择循环

（2）命令执行方式：

菜单栏："工具"—"绘图设置"—"选择循环"。

状态栏："选择循环" 。

（3）"选择循环"选项卡。

"选择循环"选项卡如图 2-31 所示。

1）"允许选择循环"复选框：打开或关闭选择循环。

2）"选择循环"栏：设置选择循环列表的显示特性和位置。

提示：用户还可以通过右击"选择循环"按钮 ■，选择"选择循环设置"菜单进入"草图设置"对话框"选择循环"选项卡，如图 2-32 所示。

图 2-31　"选择循环"选项卡

图 2-32　"选择循环"快捷菜单

2.2.9　正交

（1）功能：打开或关闭正交模式。当打开正交模式，在绘制直线时，指定第一个点后，连接光标和起点的橡皮线总是平行于 X 轴或 Y 轴，画出水平线或垂直线，不可能画成斜线。

（2）执行命令方式：

状态栏："正交" ■（功能键：F8）。

2.2.10　线宽

（1）功能：打开或关闭线宽模式。当打开线宽模式，系统将在图形中显示线宽。模型空间使用成比例的像素宽度显示线宽。布局使用真实单位显示线宽。

（2）执行命令方式：

状态栏："线宽" ■。

2.3　图　　层

设置图层是 AutoCAD 2017 中一个很重要的工作，绘图中有效地使用图层，可以大大地提高绘图效率，也可以给绘图工作增添许多乐趣。

AutoCAD 中的图层就是具有相同坐标系的透明电子纸，用户可将不同对象绘制在不同的图层上，它们一层一层地叠加在一起即可构成所绘的图形。

在绘图时，可以根据需要增加和删除图层。图层的每一层均可以拥有任意的颜色、线型和线宽，并且还可以随时调整这些颜色、线型和线宽。

2.3.1　图层特性管理器

（1）功能：管理图层及图层特性。

（2）命令执行方式：

菜单栏："格式" — "图层"。

功能区："默认" — "图层" 🗂。

工具栏："图层" 🗂。

命　令：LAYER 或 DDLMODES。

（3）操作过程：

执行图层命令后，AutoCAD 弹出如图 2-33 所示的"图层特性管理器"对话框。

图 2-33　"图层特性管理器"对话框

在 AutoCAD 2017 中，与图层相关的一些功能设置都集中在"图层特性管理器"对话框来统一管理，从而使设置更简洁易用。用户可以通过"图层特性管理器"创建新层、设置图层的颜色、线型和线宽及其他操作等。

2.3.2　图层管理

在"图层特性管理器"对话框中用于图管理的主要有新建图层、所有视口中已冻结的新图层、删除图层、设置为当前图层四个按钮，如图 2-34 所示。

设置为当前图
删除图层
所有视口中已冻结的新图层
新建图层

图 2-34　图层管理

1. 新建图层

AutoCAD 在创建一个新图时，自动创建一个 0 层为当前层。用户在图 2-33 所示的"图层特性管理器"对话框中单击🗂按钮可依照 0 层为模板创建一个新层。这时 AutoCAD 创建一个命名为"图层 1"的新图层并显示在图层列表框中，且新图层处于被选中状态（高亮显示）。多次单击🗂按钮可创建多个新图层，新图层的默认名称为"图层 n"（n 为依图层顺序排列的整数），如图 2-35 所示。

2. 所有视口中已冻结的新图层

用户在图 2-33 所示的"图层特性管理器"对话框中单击 🗂 按钮也可以创建一个新层。但该层在所有现有布局视口中处于冻结状态，如图 2-36 所示。

图 2-35　创建新图层

图 2-36　所有视口中已冻结的新图层

3. 删除图层

用户可删除一些不必要的空白图层。选择要删除的图层，然后单击 按钮或按 Delete 键即可。但要注意的是，用户不能删除 0 层、Defpoints 层、当前层、包含有对象的图层和依赖外部参照的层。否则 AutoCAD 将给出如图 2-37 所示的警告信息，提示用户不能删除选择的图层。

4. 设置当前图层

用户都是在当前层上绘制图形对象，当用户选择了某一图层作为当前层后，则新建的对象都是绘制在该图层上。系统默认的当前层是 0 层。

图 2-37　图层删除警告

用户可在"图层特性管理器"中从图层列表选择一个图层，然后单击"置为当前"按钮，AutoCAD 则将选择的图层设置为当前图层，并在图层列表上面的当前层提示栏显示所选图层名字。当前层只能设置一个，且冻住了的图层和基于外部引用的图层不能设置为当前层。另外，用户可以用鼠标双击某一图层名即可将该图层设置为当前层。

2.3.3　图层属性设置

每一个图层都包含有开/关、冻结/解冻、锁定/解锁、颜色、线型、线宽、透明度、打印样式、打印/不打印和新视口冻结等属性。

1. "开/关"状态

"开/关"属性用于设置所在图层对象的显示状态。当图层处于"关闭"状态时，该图层上的对象不会被显示和打印。

在"图层特性管理器"对话框中，"开"列的图标 表示该图层处于"开"状态，图标 表

图 2-38　当前图层关闭警告

示该图层处于"关"状态。单击"开"列的图标可以实现"开"和"关"状态的切换。如果用户关闭当前层，AutoCAD 会弹出如图 2-38 所示警告信息，提示将要关闭当前层，是继续，还是取消关闭操作。

2."冻结/解冻"状态

"冻结/解冻"属性用于设置所在图层对象的冻结状态。当图层处于"冻结"状态时，该图层上的对象不会显示、打印或重新生成。用户不能冻结当前层，也不能将冻结层改为当前层。

在"图层特性管理器"对话框中，"冻结"列的图标 ✳ 表示该图层处于"解冻"状态；图标 ✳ 表示该图层处于"冻结"状态。单击"冻结"列的图标可以实现"解冻"和"冻结"状态的切换。

> **注 意**
>
> 　　当图层设置为"关"状态或"冻结"状态时，图层上的图形对象均不能显示打印。但"冻结"状态图层上的对象不参加处理过程的运算，而"关"状态图层上的对象参加处理过程的运算。所以在复杂的图形中冻结不需要的图层可以加快系统重成图形时的速度。

3."锁定/解锁"状态

"锁定/解锁"属性用于设置所在图层对象的锁定状态。当图层处于"锁定"状态时，锁定图层上的对象可见，可绘制新对象，可打印，但不可以进行编辑。

在"图层特性管理器"对话框中，"锁定"列的图标 🔓 表示该图层处于"解锁"状态，图标 🔒 表示该图层处于"锁定"状态。单击"锁定"列的图标可以实现"解锁"或"锁定"状态的切换。

4. 设置图层颜色

"颜色"属性用于设置所在图层对象的颜色。单击"图层特性管理器"中要设置颜色图层的"颜色"列对应图标，AutoCAD 弹出如图 2-39 所示"选择颜色"对话框。该对话框中有三个选项卡，一般情况下，使用"索引颜色"选项卡即可满足用户的需要。有时为了增强色彩效果用户还可以

(a)

(b)

(c)

图 2-39　"选择颜色"对话框

（a）"索引颜色"选项卡；（b）"真彩色"选项卡；（c）"配色系统"选项卡

使用"真彩色"和"配色系统"选项卡。选择一种颜色后，单击"确定"按钮即可重新设置该图层的颜色。

5. 设置图层线型

"线型"属性用于设置所在图层对象的线型。单击"图层特性管理器"中要设置线型图层的"线型"列对应图标，AutoCAD 弹出如图 2-40 所示的"选择线型"对话框。选择一种线型后，单击"确定"按钮即可重新设置该图层的线型。

如果列表框中没有所需的线型，可单击"选择线型"对话框中的"加载"按钮打开如图 2-41 所示"加载或重载线型"对话框，选择需要的线型后，单击"确定"按钮即可加载所需的线型，并返回"选择线型"对话框。

图 2-40　"选择线型"对话框　　　　　图 2-41　"加载或重载线型"对话框

6. 设置图层线宽

"线宽"属性用于设置所在图层对象的线宽。单击"图层特性管理器"中要设置线宽图层的"线宽"列对应图标，AutoCAD 弹出如图 2-42 所示的"线宽"对话框。选择一种线宽后，单击"确定"按钮即可设置该图层的线宽。

7. 设置图层透明度

"透明度"属性用于指定选定图层的透明度值（0～90），值越大，透明度越高。单击"图层特性管理器"中要设置透明度图层的"透明度"列对应图标，AutoCAD 弹出如图 2-43 所示的"透明度"对话框。设置透明度值后，单击"确定"按钮即可设置该图层的透明度。

图 2-42　"线宽"对话框　　　　　图 2-43　"透明度"对话框

8. 设置打印样式

"打印样式"属性用于显示或设置选定图层的打印样式。

9. 设置打印/不打印

"打印/不打印"属性用于控制是否打印该层的对象。设置为不打印的图仍然可以显示。对于已关闭或冻结的图层不管是否设置为打印都不会被打印。

在"图层特性管理器"对话框中,"打印"列的图标 ▣ 表示该图层处于"打印"状态,图标 ▣ 表示该图层处于"不打印"状态。单击"打印"列的图标可以实现"打印"或"不打印"状态的切换。

10. 设置新视口冻结

"新视口冻结"属性用于冻结新建的布局中相关图层中的对象,该属性仅适用于布局空间。

2.3.4 保存状态与恢复图层状态

单击"图层特性管理器"对话框中的"图层状态管理器"按钮 ▤,AutoCAD 弹出如图 2-44 所示的"图层状态管理器"对话框。

1. 保存图层状态

如果要保存图层状态,可单击对话框中的"新建"按钮,弹出如图 2-45 所示的"要保存的新图层状态"对话框。在该对话框中输入图层状态的名称,如"点画线",单击"确定"按钮,返回"图层状态管理器"对话框,然后单击"关闭"按钮即可。

图 2-44 "图层状态管理器"对话框   图 2-45 "要保存的新图层状态"对话框

2. 恢复图层状态

如果改变了图层的显示状态,希望恢复以前保存的图层设置。可以进入"图层状态管理器",在"图层状态"列表框中选择要恢复的图层状态,单击"恢复"按钮,完成图层状态的恢复。

注 意

图层的管理与属性设置还可以通过"图层特性管理器"对话框中的右键快捷进行操作,如图 2-46 所示。

2.3.5 根据 AutoCAD 制图标准设置图层

应用上述知识,进行图层、颜色、线型和线宽的设置,建立一个符合 CAD 制图标准的图层,以方便以后画图时使用,设置要求如表 2-1 所示,结果如图 2-47 所示。

图 2-46　"图层"快捷菜单

表 2-1 图 层 属 性 设 置

图 层 名	颜 色	线 型	线 宽
粗实线层	绿色	continuous	0.35mm
细实线层	白色	continuous	默认
尺寸线层	白色	continuous	默认
点画线层	红色	center	默认
虚线层	黄色	hidden	默认
文本层	白色	continuous	默认

注　意

　　在图 2-47 中，图层名是根据实际画图中的需要而命名，用户可以很容易地认出并知道该层的内容。图层名可以由长达 31 个字符构成，包括字母（a～z）、数字（0～9）和一些特殊字符（如？、%等），但是不能有空格。AutoCAD 版本支持中文层名。规范地对图层命名有利于提高图纸的通用性。

图 2-47　标准图层的设置

2.3.6　"图层"的运用

　　使用如图 2-48 所示功能区"默认"选项卡"图层"面板或"图层"工具栏中的图层列表，不仅可以方便、快捷地切换图层与修改对象所在的图层，还可以随时控制各图层的状态。

在进行绘图时，一般先选择图层再进行图形的绘制。若要修改已绘图形的图层，可以先选择要修改图层的图形，再选择需要修改成的图层，然后按键盘上的 ESC 键即可。

2.3.7 图层工具

使用如图 2-49 所示功能区"默认"选项卡"图层"面板或如图 2-50 所示"格式"菜单下"图层工具"子菜单中的命令可以更加方便地管理图层。

图 2-48   "图层"列表   图 2-49   图层面板   图 2-50   "图层工具"子菜单

2.4 设 置 对 象 特 性

在 AutoCAD 2017 中，图形带有多种属性如颜色、线型、线宽、透明度、打印样式等。这些属性既单独拥有自己的值，也可以由图形所在的图层来间接控制（包括随层 ByLayer 和随块 ByBlock）。

（1）ByLaye（随层）。

对象属性使用它所在图层的属性。由于在绘图中一般将不同类型的对象放置在不同的图层中，这也是最常用的设置方式。

（2）ByBlock（随块）。

对象属性使用它所在的图块的属性。通常只有将要做成图块的图形对象才设置这个属性。当对象的属性设置为"随块"，且该图形被制作成块后。块的属性随其所插入的图层而改变。

单独设置图形的特性可以使用如图 2-51 所示的"特性"面板或如图 2-52 所示的"特性"工具栏。

图 2-51   "特性"面板   图 2-52   "特性"工具栏

2.4.1 颜色设置

在 AutoCAD 2017 的图形中，用户可以将不同的对象设置为不同的颜色，以区分它们的类别和作用。

（1）功能：设置当前对象的颜色。

（2）命令执行方式：

菜单栏："格式"—"颜色"。

功能区："默认"—"特性"—"颜色" ![ByLayer] 。

命　　令：COLOR。

（3）操作过程：

当只需要基本颜色时，可以使用如图 2-53 所示"特性"面板或如图 2-54 所示"特性"工具栏中的颜色列表进行选择。若希望使用更多颜色可以使用 COLOR 命令或菜单栏"格式"—"颜色"命令，调出如图 2-39 所示的"选择颜色"对话框，进行选择。

图 2-53　"特性"面板"颜色"列表　　　　　图 2-54　"特性"工具栏"颜色"列表

2.4.2　线型设置

根据《工程制图》国家标准的要求，在绘制工程图样中，经常要使用不同的线型，例如实线、点画线、虚线等。不同的线型代表不同的意义，这是每个工程技术人员都要遵守的。AutoCAD 2017 提供了丰富的线型，它们存放在线型库文件 acad.lin 和 acadiso.lin 中，用户可根据需要从中选择。此外，用户也可以自己定义线型，以满足特殊的需要。AutoCAD 2017 默认的绘图线型是 continuous（实线）。线型库中的线型大多数有 3 种子类，如 CENTER、CENTER2、CENTER×2 等。这 3 种形式的差别在于：第一种一般为标准型；第二种一般为比例为第一种线型一半的线型；第三种一般为比例为第一种线型两倍的线型。

（1）功能：加载、设置线型。

（2）命令执行方式：

菜单栏："格式"—"线型"。

功能区："默认"—"特性"—"线型" ![ByLayer] 。

命　　令：LINETYPE。

（3）操作过程：

当只需要基本线型时，可以使用如图 2-55 所示"特性"面板或如图 2-56 所示"特性"工具栏中的线型列表进行选择。若希望使用更多线型可以使用 LINETYPE 命令或菜单栏"格式"—"线型"命令，调出如图 2-57 所示的"线型管理器"对话框，进行选择。如果列表框中没有所需的线型，可单击"线型管理器"对话框中的"加载"按钮打开如图 2-41 所示"加载或重载线型"对话框，加载所需要的线型。

"线型管理器"对话框中点击"显示细节"选项，这时在对话框的下部增加了"详细信息"栏，"显示细节"按钮变为"隐藏细节"按钮，用户可以单击"隐藏细节"按钮取消"详细信息"栏的显示，如图 2-58 所示。

图 2-55 "特性"面板"线型"列表　　　　图 2-56 "特性"工具栏"线型"列表

图 2-57 "线型管理器"对话框　　　　图 2-58 "线型管理器"对话框"详细信息"栏

在"线型管理器"对话框中，其"删除"选项是用于删除未使用过的线型。方法是：选中该线型后，点击"删除"或按"Delete"键；其"当前"选项是用于设置当前线型，方法是：用户选择其中一种线型，然后单击"当前"按钮，即可将该线型设置为当前绘图线型。"全局比例因子"用于设定所有线型的全局缩放比例因子。"当前对象缩放比例"用于设定新建对象的线型比例，生成的比例是全局比例因子与该对象的比例因子的乘积。

2.4.3　线宽设置

（1）功能：设置绘图时线段的宽度。

（2）命令执行方法：

菜单栏："格式"—"线宽"。

功能区："默认"—"特性"—"线宽" 。

命　令：LWEIGHT。

（3）操作过程：

用户可以使用如图 2-59 所示"特性"面板或如图 2-60 所示"特性"工具栏中的线宽列表选择当前图形的线宽。

图 2-59 "特性"面板"线宽"列表　　　　图 2-60 "特性"工具栏"线宽"列表

使用 LINETYPE 命令或菜单栏"格式"—"线宽"命令，调出如图 2-61 所示的"线宽设置"对话框。在"线宽设置"对话框中用户可以对线宽、线宽单位、线宽显示效果进行设置。

图 2-61　"线宽设置"对话框

注　意

在绘图过程中，只有打开状态栏中的"线宽"按钮，才能在图形中显示其线宽。但不显示线宽可以节省内存，提高绘图效率。

2.5　绘　图　实　例

2.5.1　绘制平面图形（一）

绘制如图 2-62 所示的平面图形。

1. 分析

从图 2-62 可以看出，此平面图形中涉及绘制直线、圆的命令；各平行线段之间的距离可以应用偏移命令；然后应用修剪命令整理图形。另外，在该图形中，用到了点画线、粗实线等，还应该创建图层。

图 2-62　平面图形

2. 画圆命令

（1）功能：按指定的参数绘制圆。

（2）命令执行方式：

菜单栏："绘图"—"圆"。

功能区："默认"—"绘图"—"圆" ⊙。

工具栏："绘图" — "圆" 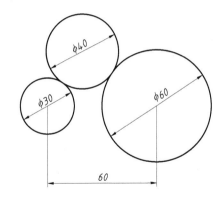。

命　令：CIRCLE。

（3）操作过程：

命令操作过程如下：

命令:CIRCLE ✓。

指定圆的圆心或 [三点(3P)/两点(2P)/相切、相切、半径(T)]：

当直接键入一个点的坐标后，系统继续提示：

指定圆的半径或 [直径(D)]：

若键入 D，则选择输入直径即可。其他各项的含义：

1）三点（3P）。通过圆周上的三个点来绘制圆。键入 3P 后，系统分别提示指定圆上的第一点、第二点和第三点。

2）两点（2P）。通过确定直径的两个端点绘制圆。键入 2P 后，系统分别提示指定圆的直径的第一点和第二点。

3）相切、相切、半径（T）。通过两条切线和半径绘制圆，键入 T 后，系统分别提示指定圆的第一切线和第二切线上的点以及圆的半径。

【例 2-2】 绘制如图 2-63 所示的图形。

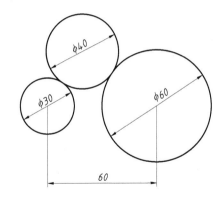

图 2-63　执行"相切、相切、半径"命令画圆

命令： CIRCLE ✓
指定圆的圆心或 [三点(3P)/两点(2P)/相切、相切、半径(T)]： 0,0
指定圆的半径或 [直径(D)] <80.0000>: 15 ✓

命令： ✓
CIRCLE 指定圆的圆心或 [三点(3P)/两点(2P)/相切、相切、半径(T)]:60,0
指定圆的半径或 [直径(D)] <15.0000>: 30 ✓

命令： ✓
CIRCLE 指定圆的圆心或 [三点(3P)/两点(2P)/相切、相切、半径(T)]: t ✓
指定对象与圆的第一个切点：　　　　　（捕捉圆 1 切点）
指定对象与圆的第二个切点：　　　　　（捕捉圆 2 切点）
指定圆的半径 <30.0000>: 20 ✓

3. 绘图步骤

（1）创建图层。

根据表 2-1 的要求创建符合 AutoCAD 制图标准的图层，如图 2-47 所示。

（2）设置绘图状态。

打开 AutoCAD 状态栏上的极轴追踪、二维对象捕捉、对象捕捉追踪、线宽。

（3）画基准线。

利用如图 2-48 所示图层列表，设置点画线层为当前层。

命令：LINE ✓

指定第一点：　　　　　　　　　　　　　　　　　　　（在屏幕上拾取一点）

指定下一点或 [放弃(U)]:165 ✓　　　　　　　　　　（画水平线）

指定下一点或 [放弃(U)]：✓

命令：✓　　　　　　　　　　　　　　　　　　　（重复直线命令）

LINE 指定第一点：　　　　　　　　　　　　　　　（在水平线中间下方拾取一点）

指定下一点或 [放弃(U)]：95 ✓　　　　　　　　　　（画中间的垂直线）

指定下一点或 [放弃(U)]：✓

命令：OFFSET ✓

当前设置：删除源=否　图层=源　OFFSETGAPTYPE=0

指定偏移距离或 [通过(T)/删除(E)/图层(L)] <通过>:55 ✓　　　　　　（指定偏移距离）

选择要偏移的对象，或 [退出(E)/放弃(U)] <退出>：　　　　　　　　（点击垂直中心线）

指定要偏移的那一侧上的点，或 [退出(E)/多个(M)/放弃(U)] <退出>：　　　（点击左侧）

选择要偏移的对象，或 [退出(E)/放弃(U)] <退出>：　　　　　　　　（点击垂直中心线）

指定要偏移的那一侧上的点，或 [退出(E)/多个(M)/放弃(U)] <退出>：　　　（点击右侧）

选择要偏移的对象，或 [退出(E)/放弃(U)] <退出>：✓

绘图结果如图 2-64（a）所示。

（4）画圆。

将粗实线层置为当前层，用"圆"命令画圆。

命令：CIRCLE ✓

指定圆的圆心或 [三点(3P)/两点(2P)/切点、切点、半径(T)]：（捕捉水平线和中间直线的交点）

指定圆的半径或 [直径(D)]：30 ✓

命令：✓　　　　　　　　　　　　　　　　　　（重复圆命令）

CIRCLE

指定圆的圆心或 [三点(3P)/两点(2P)/切点、切点、半径(T)]：　（捕捉水平线和中间直线的交点）

指定圆的半径或 [直径(D)] <30.0000>：80 ✓

命令：✓　　　　　　　　　　　　　　　　　　（重复圆命令）

CIRCLE

指定圆的圆心或 [三点(3P)/两点(2P)/切点、切点、半径(T)]：　（捕捉水平线和左侧直线的交点）

指定圆的半径或 [直径(D)] <80.0000>：10 ✓

命令：✓　　　　　　　　　　　　　　　　　　（重复圆命令）

CIRCLE

指定圆的圆心或 [三点(3P)/两点(2P)/切点、切点、半径(T)]：　（捕捉水平线和右侧直线的交点）

指定圆的半径或 [直径(D)] <10.0000>：✓　　　　　　　　（采用默认半径值）

绘图结果如图 2-64（b）所示。

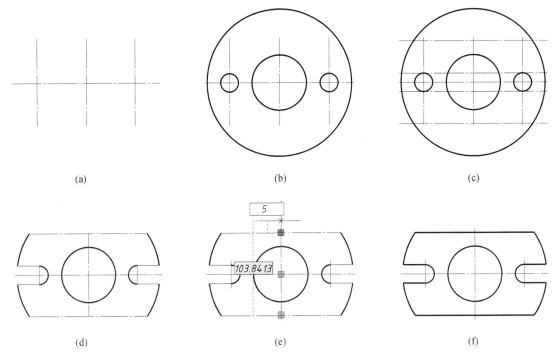

图 2-64　平面图形（一）绘图步骤

（a）画基准线；（b）画圆；（c）画轮廓线；（d）修剪；（e）修改点画线；（f）修改线型

（5）画轮廓线。

为满足 90 和 20 两个尺寸要求，可用不同的方法达到，下面主要执行偏移命令。

命令：OFFSET ✓

当前设置：删除源=否　图层=源　OFFSETGAPTYPE=0

指定偏移距离或 [通过(T)/删除(E)/图层(L)] <55.0000>：　45　✓

选择要偏移的对象，或 [退出(E)/放弃(U)] <退出>：　（选择水平线）

指定要偏移的那一侧上的点，或 [退出(E)/多个(M)/放弃(U)] <退出>：　　　（单击上方）

选择要偏移的对象，或 [退出(E)/放弃(U)] <退出>：　（选择水平线）

指定要偏移的那一侧上的点，或 [退出(E)/多个(M)/放弃(U)] <退出>：　　　（单击下方）

选择要偏移的对象，或 [退出(E)/放弃(U)] <退出>：　✓　　　　　　　　　（确定 90 尺寸）

命令：OFFSET ✓

当前设置：删除源=否　图层=源　OFFSETGAPTYPE=0

指定偏移距离或 [通过(T)/删除(E)/图层(L)] <45.0000>：　10　✓

选择要偏移的对象，或 [退出(E)/放弃(U)] <退出>：　（选择水平线）

指定要偏移的那一侧上的点，或 [退出(E)/多个(M)/放弃(U)] <退出>：　（单击上方）

选择要偏移的对象，或 [退出(E)/放弃(U)] <退出>：　（选择水平线）

指定要偏移的那一侧上的点，或 [退出(E)/多个(M)/放弃(U)] <退出>：　（单击下方）

选择要偏移的对象，或 [退出(E)/放弃(U)] <退出>：　✓　　　　　　　（确定 20 尺寸）

绘图结果如图 2-64（c）所示。

（6）进行修剪。

如图 2-64 所示。

命令：TRIM ✓

当前设置:投影=UCS,边=无

选择剪切边...

选择对象或 <全部选择>:　✓　　　　　　　　　　　　(选择所有对象为剪切边)

选择对象:　✓

选择要修剪的对象,或按住 Shift 键选择要延伸的对象,或

[栏选(F)/窗交(C)/投影(P)/边(E)/删除(R)/放弃(U)]:　(逐个选择需要修剪的对象,进行修剪)

选择要修剪的对象,按住 Shift 键选择要延伸的对象,或

[栏选(F)/窗交(C)/投影(P)/边(E)/删除(R)/放弃(U)]:　✓

绘图结果如图 2-64 (d) 所示。

（7）修改点画线。

根据《机械制图》国家标准的规定,点画线一般要超出轮廓线 2～5mm。选择中间垂直的点画线,点画线上会出现三个蓝色的方框（称为夹点）。选择最上面的夹点,拖动光标垂直向上（注意方向不要偏）,在出现的输入框中输入拉伸距离 5。此时中间的点画线被垂直向上拉伸了 5mm,如图 2-64 (e) 所示。使用同样的方法拉伸其他点画线,效果如图 2-64 (f) 所示。

（8）修改线型。

在图 2-64 (e) 中,可看出由于是以水平中心线为基础偏移,因此 90 和 20 两个尺寸的线型不对,应该将其调整到粗实线图层。其方法是:首先选中这几条线,然后选择粗实线图层,然后按键盘上的 ESC 键,结果如图 2-64 (f) 所示。

（9）修改线型比例。

使用 LINETYPE 命令或菜单栏"格式"—"线型"命令,调出如图 2-57 所示的"线型管理器"对话框。点击"线型管理器"对话框中"显示细节"选项,如图 2-58 所示。设置全局比例因子为 0.4。最后绘图效果如图 2-62 所示。

2.5.2　绘制平面图形（二）

绘制如图 2-65 所示建筑平面图形。

1. 分析

建筑平面图的特点是用双线绘制轮廓线（也可以将轴线一起用多线命令设置）。主要应用的是多线命令和编辑多线。下面介绍该图形的绘制方法。

图 2-65　建筑平面图

2. 多线命令

（1）功能：可以绘制 1~16 条平行线，常用于绘制建筑图中的墙体轮廓线等。

（2）命令执行方式：

菜单栏："绘图"—"多线"。

命　令：MLINE 或 ML。

（3）操作过程：

命令操作过程如下：

命令：MLINE ✓

当前设置：对正 = 上, 比例 = 20.00, 样式 = STANDARD

指定起点或 [对正(J)/比例(S)/样式(ST)]：

指定下一点：

指定下一点或 [放弃(U)]：

指定下一点或 [闭合(C)/放弃(U)]：

命令各选项功能如下：

1）对正（J）：指定多线的对正方式（相对于光标所在位置）。选择该项后，AutoCAD 提示：

指定起点或 [对正(J)/比例(S)/样式(ST)]： J ✓

输入对正类型 [上(T)/无(Z)/下(B)] <上>：

执行对正命令后，可有三种对正方式选择，如图 2-66（a）所示。

2）比例（S）：多线比例用来控制多线的全局宽度（使用当前单位）。选择该项后，AutoCAD 提示：

指定起点或 [对正(J)/比例(S)/样式(ST)]： S ✓

输入多线比例 <20.00>：

多线比例不影响线型比例。图 2-66（b）所示为不同比例下绘制的多线显示效果。

图 2-66　不同对正方式与不同比例设置效果

(a) 对正；(b) 比例

3）样式（ST）：用于设置多线的样式。

指定起点或 [对正(J)/比例(S)/样式(ST)]： ST ✓

输入多线样式名或 [?]：

多线的默认样式是"STANDARD"。用户可根据需要创建新样式。

3. 使用"多线样式"样式对话框

（1）命令执行方式：

菜单栏："格式"—"多线样式"。

命　令：MLSTYLE。

命令启动后，可打开"多线样式"对话框，如图 2-67 所示。

该对话框中各选项的功能：（1）"样式"列表框：显示已经加载的多线样式。

1）"置为当前"按钮：用于显示和选择当前使用的多线样式。

2）"新建"按钮：单击该按钮，打开"创建新的多线样式"对话框，可以创建新的多线样式，如图 2-68 所示。

图 2-67 "多线样式"对话框

图 2-68 "创建新的多线样式"对话框

3）"修改"按钮：单击该按钮，打开"修改多线样式"对话框，可以修改创建的多线样式。

4）"重命名"按钮：用于修改当前多线样式的名称。

5）"删除"按钮：删除"样式"列表中选中的多线样式。

6）"加载"按钮：单击该按钮，打开"加载多线样式"对话框，如图 2-69 所示。可以从中选取多线样式并将其加载到当前图形中，也可以单击"文件"按钮，打开"从文件加载多线样式"对话框，选择多线样式文件。默认情况下，AutoCAD 2017 提供的多线样式文件为 acad.mln，如图 2-70 所示。

图 2-69 "加载多线样式"对话框

图 2-70 "从文件加载多线样式"对话框

7）"保存"按钮：将当前的多线样式保存到一个多线文件中，该线型的扩展名为.mln。

（2）"说明"和"预览"区域：当选中一种多线样式后，在对话框的"说明"和"预览"区中显示多线样式的说明信息和样式预览。

4. 创建多线样式

系统默认的多线样式包含两条平行线，用户可以根据需要创建其他样式。创建多线样式时，用户可以设定线条数量、每条线的颜色和线型、平行线间的距离，还能指定多线的端头的样式等。

在"创建新的多线样式"对话框中单击"继续"按钮，将打开"新建多线样式"对话框，可以创建新多线样式的封口、填充元素特性等内容，如图 2-71 所示。

该对话框中各选项的功能：

1）"说明"文本框：用于输入多线样式的说明信息。

2）"封口"栏：设置多线起点和端点的封口形式。如图 2-72 所示。

3）"填充"栏：设置多线填充的颜色和状态。

图 2-71 "新建多线样式"对话框

图 2-72 多线封口
（a）直线；（b）外弧；（c）内弧；（d）角度

4）"显示连接"复选框：控制每条线线段顶点连接处的显示。如图 2-73 所示。

5）"图元"栏：设置各条平行线的特性，包括偏移、颜色和线型等。

当完成多线样式的设置后，单击"确定"按钮即可保存设置并关闭该对话框。

图 2-73 显示连接

5. 编辑多线

（1）功能：修改多线相交处的交点特征。

（2）命令执行方式：

菜单栏："修改"—"对象"—"多线"。

命　令：MLEDIT。

（3）操作过程：

执行编辑多线命令后，AutoCAD 弹出"多线编辑工具"对话框，如图 2-74 所示。该对话框中的各图标和底部文字形象地说明了它所具有的功能。用户可按需要选择对多线进行编辑。

6. 图 2-67 建筑平面图的绘制步骤

（1）根据表 2-1 的要求创建符合 AutoCAD 制图标准的图层，如图 2-47 所示。

（2）使用 LINETYPE 命令或菜单栏"格式"—"线型"命令，调出如图 2-57 所示的"线型管理器"对话框。点击"线型管理器"对话框中"显示细节"选项，如图 2-58 所示。设置全局比例因子为 10。

（3）打开点画线图层，用直线命令按尺寸画出轴线，如图 2-75 所示。

（4）设置多线样式，其封口样式如图 2-76 所示。

图 2-74　"多线编辑工具"对话框

图 2-75　在点画线图层画出轴线

图 2-76　设置多线的封口样式

（5）在粗实线图层，绘制该图形的轮廓线，如图 2-77 所示。

```
命令：MLINE ✓
当前设置：对正 = 上,比例 = 20.00,样式 = STANDARD
指定起点或 [对正(J)/比例(S)/样式(ST)]： S ✓
输入多线比例 <20.00>： 1 ✓
当前设置：对正 = 上,比例 = 24.00,样式 = STANDARD
指定起点或 [对正(J)/比例(S)/样式(ST)]： J ✓
输入对正类型 [上(T)/无(Z)/下(B)] <上>： Z ✓
当前设置：对正 = 无,比例 = 24.00,样式 = STANDARD
指定起点或 [对正(J)/比例(S)/样式(ST)]： (打开捕捉,从左下角开始绘制轮廓线)
```

图 2-77　绘制轮廓线

（6）编辑多线。

1）打开如图 2-74 所示"多线编辑工具"对话框，选择"角点结合" ⌐，单击"确定"按钮后，选择如图 2-78（a）所示 A，再选择 B，修改拐角处的线型，结果如图 2-78（b）所示。

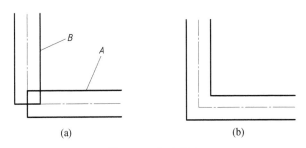

(a)	(b)

图 2-78　角点结合

（a）角点结合前；（b）角点结合后

2）打开如图 2-74 所示"多线编辑工具"对话框，选择"T 形合并" ╤，单击"确定"按钮后，选择如图 2-79（a）所示 C，再选择 D，修改连接处的线型，结果如图 2-79（b）所示。

(a)	(b)

图 2-79　T 形打开

（a）T 形打开前；（b）T 形打开后

（7）用类似的方法完成其他连接处线型的修改，效果如图 2-80 所示。

图 2-80　完成后的建筑平面图

思 考 题

1. 绘图界限有什么用处？如何改变绘图单位？

2. 在 AutoCAD 中，"捕捉"与"对象捕捉"有何区别？"对象捕捉与自动对象捕捉"有何区别？如何设置"自动对象捕捉"？

3. 极轴追踪功能有什么作用？

4. 图层的含义是什么？它有哪些属性和状态？怎么设置图层？

5. 何谓线型和线型比例？如何设置线型和线型比例？

6. 简述设置线宽的步骤。

7. 如何设置多线样式？怎样编辑多线？

第 3 章　控制图形显示和绘制二维图形

学习目标

（1）正确使用控制图形显示命令。
（2）应用绘图、编辑命令绘制二维图形。

学习内容

（1）使用 ZOOM、PAN 和 REDRAW 命令来实现对所绘制的图形进行缩放、移动、刷新和重画等功能。
（2）掌握正多边形、椭圆、阵列、圆角、复制、镜像等绘图和编辑命令的使用。

3.1　图 形 显 示 命 令

3.1.1　缩放图形

在绘图中，用户常常要放大图形的某个区域进行细节的绘图工作，这时必须使用到 AutoCAD 中的视图缩放功能，通过视图缩放命令 ZOOM 来实现。

（1）功能：缩放视图。放大显示帮助用户更容易地观察和绘制、修改图形的局部区域；缩小显示可观察图形的整体情况。不论是放大还是缩小均不影响对象的实际大小。

（2）命令执行方式：

菜单栏："视图"—"缩放"—各选项，如图 3-1 所示。

工具栏：导航栏，如图 3-2 所示。

图 3-1　"缩放"子菜单

图 3-2　导航栏

缩放，如图 3-3 所示。

"标准"—"缩放"，如图 3-4 所示。

图 3-3　"缩放"工具栏　　　　　　　图 3-4　"标准"工具栏"缩放"下拉列表

命　令：ZOOM 或 ′ZOOM（透明使用）。

（3）操作过程：

在命令窗口输入 ZOOM，按空格或按 Enter 键后，AutoCAD 提示：

指定窗口的角点,输入比例因子 (nX 或 nXP),或者

[全部(A)/中心(C)/动态(D)/范围(E)/上一个(P)/比例(S)/窗口(W)/对象(O)] <实时>:

下面对各个选项进行介绍。

1）"窗口"放大：该选项为 ZOOM 命令的默认选项。用户可通过在绘图窗口指定两个角点定义一个窗口来快速对窗口内区域进行放大。选择该选项后，AutoCAD 提示：

指定窗口角点,输入比例因子 (nX 或 nXP),或

[全部(A)/中心点(C)/动态(D)/范围(E)/上一个(P)/比例(S)/窗口(W)/对象(O)] <实时>: (在绘图窗口指定一点)

指定对角点:　　 (指定第二个角点)

"窗口"放大效果如图 3-5 所示。

(a)　　　　　　　　　　　　　　　　　　(b)

图 3-5　"窗口"放大示例

（a）"窗口"放大前；（b）"窗口"放大后

2）"全部"缩放：显示所有可见对象和视觉辅助工具。AutoCAD 将比较图形范围和栅格界限的坐标，显示两者之间左下角最小值和右上角最大值之间的对象。"全部"缩放效果如图 3-6 所示。

(a)　　　　　　　　　　　　　　　　　　(b)

图 3-6　"全部"缩放示例

（a）"全部"缩放前；（b）"全部"缩放后

3）"范围"缩放：该选项将用尽可能大的比例来显示视图，以便包含图形中的所有对象。此视图包含已关闭图层上的对象，但不包含冻结图层上的对象。"范围"缩放效果如图 3-7 所示。

(a)

(b)

图 3-7 "范围"缩放示例

（a）"范围"缩放前；（b）"范围"缩放后

4）"中心点"缩放：该选项允许用户定义一个中心点，一个放大因子或一个高度值来显示窗口。选择该项后，AutoCAD 提示：

指定中心点： (用户在屏幕上指定一点)

输入比例或高度<缺省值>： (用户输入一个值或按 Enter 键)

用户如果直接 Enter 不输入数值，即使用的高度不变，图形不放大；用户仅输入数字表示高度，放大倍数等于当前值除以高度；如果输入数字后加"X"或"XP"表示缩放倍数。

5）"动态"缩放：该选项对图形进行动态缩放。进入动态缩放模式时，在屏幕中将显示一个带"×"的矩形方框。单击鼠标左键，此时选择窗口中心的"×"消失，显示一个位于右边框图的方向箭头，拖动鼠标可改变选择窗口的大小，以确定选择区域大小，最后按下 Enter 键，即可缩放图形。

6）恢复上一个视图：恢复上一次观察的视图。连续使用 ZOOM"上一个"选项，用户最多可恢复到前第 10 个视图。

7）"比例"缩放：按比例缩放对象。选择该项后，AutoCAD 提示：

[全部(A)/中心(C)/动态(D)/范围(E)/上一个(P)/比例(S)/窗口(W)/对象(O)] <实时>：S ✓

输入比例因子 (nX 或 nXP)：

有三种方式键入比例因子：如果键入数字 3，则相对于绘图极限显示原图的 3 倍放大对象；键入 3X 时，则相对于当前视窗将图形放大 3 倍；若键入 3XP 时，则将模型空间的图形以 3 倍的比例显示在图纸空间。

8）"实时"缩放：该选项是系统缺省选项，在调用 ZOOM 命令后直接按 Enter 键，则 AutoCAD 进入实时缩放模式。此时屏幕中显示一个带"±"号的放大镜图标，同时，命令窗口显示"按 Esc 或 Enter 键退出，或单击右键显示快捷菜单，选择"退出"项退出。执行该选项时，移动放大镜图标即可实现即时动态缩放。按住鼠标左键，将放大镜图标向上移动，图形放大显示；向下移动，则图形缩小显示；左、右移动，图形无变化。

9）"对象"缩放：缩放以便尽可能大地显示一个或多个选定的对象并使其位于绘图区域的中心。可以在启动 ZOOM 命令前后选择对象。

3.1.2 平移图形

如果用户不想缩放图形，只是想将不在当前视图区的图形移动到当前视图区，这样的操作就好像拖动图纸的一边移动到面前进行浏览编辑，这就是平移视图。

1. 实时平移

（1）功能：实时平移视图。

（2）命令执行方式：

菜单栏："视图"—"平移"—"实时"，如图 3-8 所示。

工具栏："标准" 。

命　令：P 或 PAN，也可′ PAN 透明使用。

（3）操作过程：

执行实时平移命令后，命令窗口提示如下：

按 Esc 或 Enter 键退出，或单击右键显示快捷菜单。

这时光标呈一个手形标志，表明当前正处于平移模式。用户按住鼠标左键在各个方向上移动光标，显示的图形随着光标移动的方向平行移动。松开鼠标左键则停止平移模式，用户可将光标移动到新的位置重新操作进行平移图形。要退出平移状态可按 Enter 键或 ESC 键，也可以从右键快捷菜单中选择"退出"项退出平移模式。

2. 定点平移

（1）功能：指定基点和位移来平移视图。

（2）命令执行方式：

菜单栏："视图"—"平移"—"定点"。

命　令：-PAN。

图 3-8　"平移"子菜单

（3）操作过程：

命令操作过程如下：

命令：-PAN ↙

指定基点或位移：

指定第二点：

实现图形平移的效果。

3.1.3　控制盘

（1）功能：将多个常用导航工具结合到一个单一界面中，用以控制图形的显示。

（2）命令执行方式：

菜单栏："视图"—SteeringWheels。

工具栏："导航栏" 。

命　令：NAVSWHEELMODE。

（3）操作过程：

执行控制盘命令后，AutoCAD 在绘图窗口显示如图 3-9 所示的控制盘。按住并拖动控制盘上的按钮可激活相应的导航工具，松开按钮可返回至控制盘。

控制盘（二维导航控制盘除外）有两种不同样式：大控制盘和小控制盘。利用如图 3-10 所示控制盘快捷菜单或如图 3-11 所示导航栏控制盘下拉列表可以切换控制盘的不同样式，如图 3-12 所示。

选择如图 3-10 所示控制盘快捷菜单中的"SteeringWheel 设置"，可以打开"SteeringWheels 设置"对话框，如图 3-14 所示。在这里可以对控制盘的显示效果进行设置。图 3-13 为二维导航控制盘。

图 3-9 控制盘

图 3-10 "控制盘"快捷菜单

图 3-11 导航栏"控制盘"列表

图 3-12 "控制盘"样式

（a）全导航控制盘；（b）查看对象控制盘（基本控制盘）；（c）巡视建筑控制盘（基本控制盘）；（d）全导航控制盘（小）；

（e）查看对象控制盘（小）；（f）巡视建筑控制盘（小）

图 3-13　二维导航控制盘　　　　　图 3-14　"SteeringWheels 设置"对话框

3.1.4　用三维鼠标控制图形显示

三维鼠标除具有两个基本按键外，还有滑轮按钮。在 AutoCAD 系统中可以使用三维鼠标来控制图形的显示，具体功能见表 3-1。

表 3-1　　　　　　　　　　　　三维鼠标的功能定义

操　　作	功　　能
转动滑轮	向前为视图放大，向后为视图缩小
双击滑轮按钮	范围缩放
按下滑轮按钮并拖动鼠标	实时平移
按下<Ctrl>键，同时按住滑轮按钮并拖动鼠标	平移

3.1.5　重画和重生成图形

1. 重画

在绘图过程中，屏幕上经常会留下各种痕迹，选择重画命令除去这些痕迹并刷新屏幕。

AutoCAD 提供了两种重画功能，其中 REDRAWALL 表示刷新所有视口中的图形；而 REDRAW 只刷新当前视口的图形显示。

（1）REDRAWALL 命令。

1）功能：重画所有视口中的图形对象。

2）命令执行方式：

菜单栏："视图"—"重画"。

命　令：REDRAWALL 或′REDRAWALL 透明使用。

3）操作过程：

执行 REDRAWALL 命令后，AutoCAD 即可自动实现对屏幕的刷新。

（2）REDRAW 命令。

1）功能：重画当前视口中的图形对象。

2）命令执行方式：

命　令：REDRAW 或′REDRAW 透明使用。

3）操作过程：

执行 REDRAW 命令后，AutoCAD 即可自动实现对屏幕的刷新。

2. 重新生成图形

AutoCAD 可以重新生成整个图形以完成更新，相应的命令是 REGEN。当图形的某些外观改变后，就需要重新生成图形。图形中所有的对象将被重新计算，且当前视口也将重新生成。这个过程要比 REDRAW 过程长得多，因而并不经常使用。

在绘制类似圆之类的图形时，AutoCAD 为了提高绘图性能会将圆显示为多边形，使用重生成命令会提高显示效果。

（1）全部重生成。

1）功能：在所有视口内重生成整个图形。

2）命令执行方式：

菜单栏："视图"—"全部重生成"。

命　令：REGEN。

3）操作过程：

执行 REGEN 命令后，AutoCAD 在所有视口内重生成整个图形。

（2）重生成。

1）功能：在当前视口内重生成整个图形。

2）命令执行方式：

菜单栏："视图"—"重生成"。

命　令：REGEN。

3）操作过程：

执行 REGEN 命令后，AutoCAD 在当前视口内重生成整个图形。

3.2　绘　制　二　维　图　形

3.2.1　绘制五角星图案

本节主要介绍如图 3-15 所示的五角星图案的绘制过程。

1. 分析

从图 3-15 可以看出，此五角星图案是由正多边形、直线命令绘制，另外，还有填充命令。

下面首先对应用到的命令作一介绍。

2. 正多边形命令

（1）功能：按指定参数绘制正多边形，正多边形的边数为 3～1024。

（2）命令执行方式：

菜单栏："绘图"—"正多边形"。

功能区："默认"—"绘图"—"正多边形" 。

工具栏："绘图"—"正多边形" 。

图 3-15　五角星图案

命　令：POLYGON。

（3）操作过程：

命令操作过程如下：

命令：`POLYGON` ↙

输入边的数目 <4>:　　　　　　　　　　　　　　　　　　(指定正多边形的边数)

指定正多边形的中心点或 [边(E)]:

命令各选项功能如下:

1) 指定多边形的中心点:默认选项,用户输入点坐标或用鼠标拾取一已知点后,AutoCAD 提示:

指定正多边形的中心点或 [边(E)]:

输入选项 [内接于圆(I)/外切于圆(C)] <I>:

指定圆的半径:

"内接于圆":指定外接圆的半径,正多边形的所有顶点都在此圆周上。

"外切于圆":指定外切圆的半径,正多边形的所有边都与此圆相切,而且切点为多边形各条边的中点。

2) 边(E):通过指定正多边形的一条边的方式来绘制正多边形。选择该项后,AutoCAD 提示:

指定正多边形的中心点或 [边(E)]: E ✓

指定边的第一个端点:

指定边的第二个端点:

AutoCAD 通过指定的两个端点确定正多边形的一条边,再按逆时针方绘制一个正多边形。

【例 3-1】　绘制如图 3-16 所示六边形。

  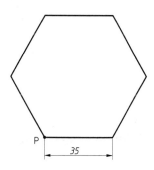

图 3-16　正多边形示例

(1) 绘制两个直径为 60 的圆(过程略)。

(2) 使用"内接于圆"绘制六边形。

命令: POLYGON ✓

输入边的数目 <4>: 6 ✓

指定正多边形的中心点或 [边(E)]:　　　　　　　　　　(拾取如图 3-16 所示 O_1 点)

输入选项 [内接于圆(I)/外切于圆(C)] <I>: ✓

指定圆的半径: 30 ✓

(3) 使用"外切于圆"绘制六边形。

命令: POLYGON ✓

输入边的数目 <6>: ✓　　　　　　　　　　　　　　(使用默认值)

指定正多边形的中心点或 [边(E)]:　　　　　　　　　　(拾取 O_2 点)

输入选项 [内接于圆(I)/外切于圆(C)] <I>: C ✓

指定圆的半径: 30 ✓

(4) 使用"边"绘制六边形。

命令: POLYGON ✓

输入侧面数 <6>: ✓　　　　　　　　　　　　　　　(使用默认值)

指定正多边形的中心点或 [边(E)]: E ✓

指定边的第一个端点：   （拾取 P 点）
指定边的第二个端点：35 ✓   （保持光标水平向右,输入距离值）

3. 绘图步骤

（1）设置标准图层、二维对象捕捉（略）。

（2）绘制正五边形。

命令:POLYGON ✓
输入边的数目 <4>: 5 ✓
指定正多边形的中心点或 [边(E)]:   （在绘图区域指定一点）
输入选项 [内接于圆(I)/外切于圆(C)] <I>: ✓
指定圆的半径: 50 ✓

正五边形绘制完成后，结果如图 3-17（a）所示。

(a)   (b)   (c)   (d)

图 3-17 五角星绘制过程

（a）绘制正五边形；（b）连线一；（c）修剪；（d）删除正五边形

（3）连线。

利用捕捉点用直线连接五边形内的各顶点

命令: LINE ✓
指定第一点: （拾取 P1）
指定下一点或 [放弃(U)]:   （拾取 P2）
指定下一点或 [放弃(U)]:   （拾取 P3）
指定下一点或 [闭合(C)/放弃(U)]:   （拾取 P4）
指定下一点或 [闭合(C)/放弃(U)]:   （拾取 P5）
指定下一点或 [闭合(C)/放弃(U)]:   （拾取 P1）
指定下一点或 [闭合(C)/放弃(U)]: ✓

连接五边形顶点和对应的交点
命令: LINE ✓
指定第一点: （拾取 P1）
指定下一点或 [放弃(U)]:   （拾取 P6）
指定下一点或 [放弃(U)]: ✓

重复直线命令:

分别拾取 P4、P7 点；拾取 P2、P8 点；拾取 P5、P9 点；拾取 P3、P10 点，完成连线，结果
如图 3-17（b）所示。

（4）修剪。

命令: TRIM ✓
当前设置:投影=UCS,边=无

选择剪切边...

选择对象或 <全部选择>： ✓

选择要修剪的对象，或按住 Shift 键选择要延伸的对象，或

[栏选(F)/窗交(C)/投影(P)/边(E)/删除(R)/放弃(U)]： (选择要修剪的对象)

选择要修剪的对象，或按住 Shift 键选择要延伸的对象，或

[栏选(F)/窗交(C)/投影(P)/边(E)/删除(R)/放弃(U)]： ✓

修剪完成后，结果如图 3-17（c）所示。

（5）删除。

命令：ERASE ✓

选择对象： (选择正五边形)

找到 1 个

选择对象： ✓

删除正五边形后，结果如图 3-17（d）所示。

3.2.2 绘制几何图形（一）

本节主要介绍如图 3-18 所示的几何图形的绘制过程。

图 3-18 绘制几何图形

1. 分析

从图 3-18 可以看出，此图形的绘制要应用圆、椭圆、阵列（此部分可看作内花键）、倒圆角、偏移和修剪等命令。下面首先介绍这些命令。

2. 椭圆命令

（1）功能：按指定的参数绘制椭圆或椭圆弧。

（2）命令执行方式：

菜单栏："绘图"—"椭圆"，如图 3-19 所示。

功能区："默认"—"绘图"—"椭圆" 👁。

工具栏："绘图"—"椭圆" 👁。

命 令：ELLIPSE。

（3）操作过程：

命令操作过程如下：

命令：ELLIPSE ✓

图 3-19 椭圆子菜单

执行该命令后，命令窗口提示如下：

指定椭圆的轴端点或 [圆弧（A）/中心点（C）]：

命令各选项功能如下：

1）指定椭圆的轴端点：主要是通过指定椭圆某一轴的两个端点和另一轴的半轴长度来绘制椭圆。选择该项后，AutoCAD 提示：

命令的执行过程：

指定椭圆的轴端点或 [圆弧(A)/中心点(C)]：　（指定椭圆某一轴的一个端点）

指定轴的另一个端点：　　　　　　　　　（指定椭圆同一轴的另一个端点，或输入同一轴的轴长）

指定另一条半轴长度或 [旋转(R)]：　　　　（指定另一条半轴长度）

有 3 种方式指定椭圆另一半轴的长度：

① 直接输入数值后按 Enter 键，AutoCAD 将此输入的值作为另一半轴长度并绘出椭圆。

② 使用鼠标拾取一点，AutoCAD 将此点到第一条轴中点的距离作为另一条半轴的长度并绘出椭圆。

③ 选择"旋转（R）"选项，输入一个角度来指定长度。角度值只能大于 0 而小于 90。

2）中心点：主要通过指定椭圆中心点、某一轴的一个端点和另一轴的半轴长度来绘制椭圆。选择该项后，AutoCAD 提示：

指定椭圆的轴端点或 [圆弧(A)/中心点(C)]：C ✓

指定椭圆的中心点：　　　　　　　　　（指定椭圆的中心点）

指定轴的端点：　　　　　　　　　　　（指定椭圆某一轴的一个端点）

指定另一条半轴长度或 [旋转(R)]：　　　（指定另一半轴长度）

3）圆弧：绘制椭圆弧。选择该项后，AutoCAD 提示：

指定椭圆的轴端点或 [圆弧(A)/中心点(C)]：A ✓

指定椭圆弧的轴端点或 [中心点(C)]：

指定轴的另一个端点：

指定另一条半轴长度或 [旋转(R)]：　　　（已绘制了一个虚拟的椭圆）

指定起始角度或 [参数(P)]：　　　　　　（指定椭圆弧的起始角度）

指定终止角度或 [参数(P)/包含角度(I)]：　（指定椭圆弧的终止角度）

若选择输入参数"P"选项,AutoCAD 提示：

指定起始参数或 [角度(A)]：　　　　　　（指定一个角度作为椭圆弧的起始角度）

若选择输入参数"I"选项,AutoCAD 提示：

指定弧的包含角度 <180>：　　　　　　（指定一个 $0 \leqslant \alpha \leqslant 360$）

当输入一个数值后，AutoCAD 将从指定的起始点开始沿虚拟椭圆绕中心点逆时针方向旋转绘制椭圆弧。

【例 3-2】 用轴端点法绘制的椭圆，用中心点法绘制椭圆弧，如图 3-20 所示。

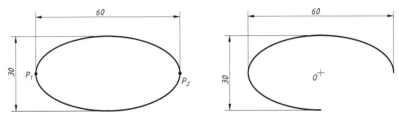

图 3-20　椭圆画法示例

命令：ELLIPSE ✓

指定椭圆的轴端点或 [圆弧(A)/中心点(C)]：　　（拾取 P₁ 点）

指定轴的另一个端点：60　✓　　　　　　　　　　（保持光标水平向右，输入轴长）
指定另一条半轴长度或［旋转(R)］：15　✓　　　　　　　（输入另一轴半轴长）

命令：ELLIPSE　✓
指定椭圆的轴端点或［圆弧(A)/中心点(C)］：A　✓
指定椭圆弧的轴端点或［中心点(C)］：C　✓
指定椭圆弧的中心点：　　　　　　　　　　　　（拾取 O 点）
指定轴的端点：30　✓　　　　　　　　　　（保持光标水平向右，输入半轴长）
指定另一条半轴长度或［旋转(R)］：15　✓　　　　（输入另一轴半轴长）
指定起点角度或［参数(P)］：0　✓　　　　　　（输入起点角度）
指定端点角度或［参数(P)/夹角(I)］：270　✓　　　（输入端点角度）
结果如图 3-20 所示。

3. 样条曲线命令

（1）功能：创建经过或靠近一组拟合点或由控制框的顶点定义的平滑曲线。

（2）命令执行方式：

菜单栏："绘图"—"样条曲线"。

功能区："默认"—"绘图"—"样条曲线" ⟋ （拟合样条曲线） ⟋ （控制点样条曲线）。

工具栏："绘图"—"样条曲线" ⟋ 。

命　令：SPLINE。

（3）操作过程：

命令操作过程如下：

命令：SPLINE　✓
当前设置：方式=拟合　　节点=弦
指定第一个点或［方式(M)/节点(K)/对象(O)］：

命令各选项功能如下：

1）指定第一个点：指定样条曲线的第一个点。第一个点可能是拟合点或者控制点，具体取决于当前所用的方法。

2）方式：控制是使用拟合点还是使用控制点来创建样条曲线。选择该项后，AutoCAD 提示：

指定第一个点或［方式(M)/节点(K)/对象(O)］：M　✓
输入样条曲线创建方式［拟合(F)/控制点(CV)］＜拟合＞：

① 拟合点：通过指定样条曲线必须经过的拟合点来创建 3 阶（三次）B 样条曲线。选择该项后，AutoCAD 提示：

输入样条曲线创建方式［拟合(F)/控制点(CV)］＜拟合＞：　✓
输入下一个点或［起点切向(T)/公差(L)］：
输入下一个点或［端点相切(T)/公差(L)/放弃(U)］：
输入下一个点或［端点相切(T)/公差(L)/放弃(U)/闭合(C)］：

其各选项含义如下：

起点切向：指定在样条曲线起点的相切条件。

端点相切：指定在样条曲线终点的相切条件。

公差：指定样条曲线可以偏离指定拟合点的距离。

② 控制点：通过指定控制点来创建样条曲线。使用此方法创建 1 阶（线性）、2 阶（二次）、3 阶（三次）直到最高为 10 阶的样条曲线。选择该项后，AutoCAD 提示：

输入样条曲线创建方式［拟合(F)/控制点(CV)］＜拟合＞：CV　✓

当前设置：方式=控制点　阶数=3

指定第一个点或 [方式(M)/阶数(D)/对象(O)]:

3）节点：指定节点参数化，它是一种计算方法，用来确定样条曲线中连续拟合点之间的零部件曲线如何过渡，有弦、平方根和统一三种方式。

指定第一个点或 [方式(M)/节点(K)/对象(O)]: K ✓

输入节点参数化 [弦(C)/平方根(S)/统一(U)] <弦>:

4）对象：将二维或三维的二次或三次样条曲线拟合多段线转换成等效的样条曲线。

4. 阵列命令

（1）功能：以指定的方式将选择对象进行多重拷贝，并构成某种排列模式的图形。图形的排列模式有矩形阵列、路径阵列和环形阵列三种，其效果如图 3-21 所示。图 3-22 为陈列子菜单。

（a）

（b）

（c）

图 3-21　阵列排列模式

（a）矩形阵列；（b）路径阵列；（c）环形阵列

图 3-22　阵列子菜单

（2）命令执行方式：

菜单栏："修改"—"阵列"，如图 3-21 所示。

功能区："默认"—"修改"—"阵列"▦（矩形阵列）、▦（路径阵列）、▦（环形阵列）。

工具栏："修改"▦（矩形阵列）、▦（路径阵列）、▦（环形阵列）。

命　令：ARRAY。

（3）操作过程：

命令的执行过程：

命令：ARRAY ✓

选择对象：　　　　　　　　（选择阵列对象）

选择对象：✓

输入阵列类型 [矩形(R)/路径(PA)/极轴(PO)] <矩形>:

1）矩形：创建矩形阵列。选择该项后，AutoCAD 提示：

输入阵列类型 [矩形(R)/路径(PA)/极轴(PO)] <矩形>: ✓

类型 = 矩形　关联 = 是

选择夹点以编辑阵列或 [关联(AS)/基点(B)/计数(COU)/间距(S)/列数(COL)/行数(R)/层数

(L)/退出(X)] <退出>:

各选项的含义如下：

① 关联：关联阵列将生成一个包含所有阵列对象的整体对象，该对象可以使用阵列中的夹点或"特性"选项板来编辑阵列特性，例如间距或项目数。非关联阵列创建阵列项目作为独立对象。更改一个项目不影响其他项目。

② 基点：定义阵列基点和基点夹点的位置。

③ 计数：指定行数和列数并使用用户在移动光标时可以动态观察结果。

④ 间距：指定行间距和列间距并使用用户在移动光标时可以动态观察结果。

⑤ 列数：编辑列数和列间距。

⑥ 行数：编辑行数和行间距。

⑦ 层数：指定三维阵列的层数和层间距。

【例 3-3】 使用矩形阵列命令绘制如图 3-23 所示图形。

图 3-23　矩形阵列

命令：CIRCLE ✓
指定圆的圆心或 [三点(3P)/两点(2P)/切点、切点、半径(T)]:(绘图窗口拾取一点)
指定圆的半径或 [直径(D)] <5.1011>: 5 ✓

命令：ARRAY ✓
选择对象：　　　　　　　　　　　　　　　　　　　(选择阵列对象—圆)
找到 1 个
选择对象：✓
输入阵列类型 [矩形(R)/路径(PA)/极轴(PO)] <路径>: R ✓　　　(设置阵列类型为矩形)
类型 = 矩形　关联 = 是
选择夹点以编辑阵列或 [关联(AS)/基点(B)/计数(COU)/间距(S)/列数(COL)/行数(R)/层数(L)/退出(X)] <退出>: COL ✓　　　　　　　　　　　　　(设置列数)
输入列数数或 [表达式(E)] <4>: 6 ✓
指定 列数 之间的距离或 [总计(T)/表达式(E)] <15>: ✓
选择夹点以编辑阵列或 [关联(AS)/基点(B)/计数(COU)/间距(S)/列数(COL)/行数(R)/层数(L)/退出(X)] <退出>: R ✓　　　　　　　　　　　　　(设置行数)

输入行数数或 [表达式(E)] <3>: 4 ✓
指定 行数 之间的距离或 [总计(T)/表达式(E)] <15>: ✓
指定 行数 之间的标高增量或 [表达式(E)] <0>: ✓
选择夹点以编辑阵列或 [关联(AS)/基点(B)/计数(COU)/间距(S)/列数(COL)/行数(R)/层数(L)/退出(X)] <退出>: ✓

当选择"矩形"选项时，AutoCAD 显示如图 3-23 所示。利用出现的"阵列创建"选项卡和阵列夹点可以对阵列进行属性的修改。

2）路径：创建路径阵列。选择该项后，AutoCAD 提示：
输入阵列类型 [矩形(R)/路径(PA)/极轴(PO)] <路径>: PA ✓
类型 = 路径   关联 = 是
选择路径曲线: (路径可以是直线、多段线、三维多段线、样条曲线、螺旋、圆弧、圆或椭圆。)
选择夹点以编辑阵列或 [关联(AS)/方法(M)/基点(B)/切向(T)/项目(I)/行(R)/层(L)/对齐项目(A)/Z 方向(Z)/退出(X)]

各选项的含义如下：
① 方法：控制沿路径分布项目的方式，有定数等分和定距等分两种方式。
② 切向：指定阵列中的项目相对于路径的对齐方式，有指定切向矢量和法线两种方式。
③ 项目：根据"方法"设置，指定项目数或项目之间的距离。
④ 对齐项目：指定是否对齐每个项目以与路径的方向相切。
⑤ Z 方向：控制是否保持项目的原始 Z 方向或沿三维路径自然倾斜项目。

【例 3-4】 使用路径阵列命令绘制如图 3-24 所示图形。

图 3-24 路径阵列

命令: CIRCLE ✓
指定圆的圆心或 [三点(3P)/两点(2P)/切点、切点、半径(T)]: (绘图窗口拾取一点)
指定圆的半径或 [直径(D)] <5.1011>: 5 ✓

命令: SPLINE ✓
当前设置: 方式=控制点   阶数=3
指定第一个点或 [方式(M)/阶数(D)/对象(O)]: M ✓   (设置样条曲线方式)
输入样条曲线创建方式 [拟合(F)/控制点(CV)] <控制点>: f   (设置样条曲线方式为拟合)

当前设置：方式=拟合　　节点=弦

指定第一个点或 [方式(M)/节点(K)/对象(O)]：　　　　　　　　　　(选择样条曲线上点)

输入下一个点或 [起点切向(T)/公差(L)]：　　　　　　　　　　　(选择样条曲线上点)

输入下一个点或 [端点相切(T)/公差(L)/放弃(U)]：　　　　　　　(选择样条曲线上点)

输入下一个点或 [端点相切(T)/公差(L)/放弃(U)/闭合(C)]：　　　(选择样条曲线上点)

输入下一个点或 [端点相切(T)/公差(L)/放弃(U)/闭合(C)]：　　　(选择样条曲线上点)

圆和样条曲线结果如图 3-25 所示。

图 3-25　路径阵列基础图形

命令：ARRAY　✓

选择对象：　　　　　　　　　(选择阵列对象——圆)

找到 1 个

选择对象：✓

输入阵列类型 [矩形(R)/路径(PA)/极轴(PO)] <路径>：PA　✓　　　　　(设置阵列类型为路径)

类型 = 路径　关联 = 是

选择路径曲线：　　　　　　　(选择路径曲线——样条曲线)

选择夹点以编辑阵列或 [关联(AS)/方法(M)/基点(B)/切向(T)/项目(I)/行(R)/层(L)/对齐项目(A)/z 方向(Z)/退出(X)] <退出>：M　✓　　　　　　　　　　　　(设置路径阵列的方法)

输入路径方法 [定数等分(D)/定距等分(M)] <定距等分>：D　✓

选择夹点以编辑阵列或 [关联(AS)/方法(M)/基点(B)/切向(T)/项目(I)/行(R)/层(L)/对齐项目(A)/z 方向(Z)/退出(X)] <退出>：I　✓　　　　　　　　　　　　(设置路径阵列的项目)

输入沿路径的项目数或 [表达式(E)] <17>：6　✓

选择夹点以编辑阵列或 [关联(AS)/方法(M)/基点(B)/切向(T)/项目(I)/行(R)/层(L)/对齐项目(A)/z 方向(Z)/退出(X)] <退出>：R　✓　　　　　　　　　　　　(设置路径阵列的行)

输入行数或 [表达式(E)] <1>：2　✓

指定 行数 之间的距离或 [总计(T)/表达式(E)] <15>：15　✓

指定 行数 之间的标高增量或 [表达式(E)] <0>：✓

选择夹点以编辑阵列或 [关联(AS)/方法(M)/基点(B)/切向(T)/项目(I)/行(R)/层(L)/对齐项目(A)/z 方向(Z)/退出(X)] <退出>：✓

当选择"路径"选项时，AutoCAD 显示如图 3-24 所示。利用出现的"阵列创建"选项卡和阵列夹点可以对阵列进行属性的修改。

3）极轴：创建环形阵列。选择该项后，AutoCAD 提示：

输入阵列类型 [矩形(R)/路径(PA)/极轴(PO)] <路径>：PO　✓

类型 = 极轴　关联 = 是

指定阵列的中心点或 [基点(B)/旋转轴(A)]：

选择夹点以编辑阵列或 [关联(AS)/基点(B)/项目(I)/项目间角度(A)/填充角度(F)/行(ROW)/层(L)/旋转项目(ROT)/退出(X)] <退出>：

各选项的含义是：

① 项目：使用值或表达式指定阵列中的项目数。

② 项目间角度：使用值或表达式指定项目之间的角度。

③ 填充角度：使用值或表达式指定阵列中第一个和最后一个项目之间的角度。

④ 行：指定阵列中的行数、它们之间的距离以及行之间的增量标高。

⑤ 旋转项目：控制在排列项目时是否旋转项目。

【例 3-5】　使用环形阵列命令绘制如图 3-26 所示图形。

图 3-26　环形阵列

绘制基础图形如图 3-27 所示。

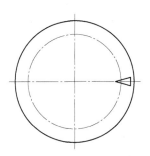

图 3-27　环形阵列基础图形

命令：ARRAY ✓
选择对象：　　　　　　　　　　　　　　　　　　　　　（选择如图 3-36 所示三角形）
指定对角点：找到 3 个
选择对象：✓
输入阵列类型 [矩形(R)/路径(PA)/极轴(PO)] <路径>：PO ✓
类型 = 极轴　关联 = 是
指定阵列的中心点或 [基点(B)/旋转轴(A)]：　　　　　　（选择如图 3-36 所示圆心）
选择夹点以编辑阵列或 [关联(AS)/基点(B)/项目(I)/项目间角度(A)/填充角度(F)/行(ROW)/层
(L)/旋转项目(ROT)/退出(X)] <退出>：I ✓　　　　　　　　　　　（设置环形阵列的项目）
输入阵列中的项目数或 [表达式(E)] <6>：9 ✓
选择夹点以编辑阵列或 [关联(AS)/基点(B)/项目(I)/项目间角度(A)/填充角度(F)/行(ROW)/层
(L)/旋转项目(ROT)/退出(X)] <退出>：✓

当选择"环形"选项时，AutoCAD 显示如图 3-26 所示。利用出现的"阵列创建"选项卡和
阵列夹点可以对阵列进行属性的修改。

5. 阵列编辑命令

（1）功能：编辑关联阵列对象及其源对象。

（2）命令执行方式：

菜单栏："修改"—"对象"—"阵列"。

功能区："默认"—"修改"—"阵列编辑" ▦。

工具栏："修改Ⅱ"—"阵列编辑" ▦。

命　令：ARRAYEDIT。

（3）操作过程：

命令操作过程如下：

命令：ARRAYEDIT　✓

选择阵列：

AutoCAD 根据选择的阵列不同将显示不同的编辑选项。

1）选择矩形阵列后，AutoCAD 提示：

输入选项 [源(S)/替换(REP)/基点(B)/行(R)/列(C)/层(L)/重置(RES)/退出(X)] <退出>：

2）选择环形阵列后，AutoCAD 提示：

输入选项 [源(S)/替换(REP)/基点(B)/项目(I)/项目间角度(A)/填充角度(F)/行(R)/层(L)/旋转项目(ROT)/重置(RES)/退出(X)] <退出>：

3）选择路径阵列后，AutoCAD 提示：

输入选项 [源(S)/替换(REP)/方法(M)/基点(B)/项目(I)/行(R)/层(L)/对齐项目(A)/z 方向(Z)/重置(RES)/退出(X)] <退出>：

命令各选项功能如下：

① 源：激活编辑状态，在该状态下可以通过编辑它的一个项目来更新关联阵列。选择该项后，AutoCAD 提示：

输入选项[源(S)/替换(REP)/基点(B)/行(R)/列(C)/层(L)/重置(RES)/退出(X)] <退出>：S ✓

选择阵列中的项目：

输入 ARRAYCLOSE 以退出阵列编辑状态。

此时，AutoCAD 进入阵列编辑状态，用户可以对选择的阵列项目进行编辑，编辑完成后，输入 ARRAYCLOSE 命令退出编辑状态，AutoCAD 按照编辑的效果重新生成阵列。

② 替换：替换选定项目或引用原始源对象的所有项目的源对象。

输入选项 [源(S)/替换(REP)/基点(B)/行(R)/列(C)/层(L)/重置(RES)/退出(X)] <退出>：REP　✓

选择替换对象：　　　　　　（选择要替换阵列项目的对象）

选择替换对象：　✓

选择替换对象的基点或 [关键点(K)] <质心>：K　✓　　　　　（选择替换对象的基点或关键点）

指定源对象上的关键点作为基点：

选择阵列中要替换的项目或 [源对象(S)]：　　　　　　（选择要被替换的阵列项目）

选择阵列中要替换的项目或 [源对象(S)]：S　✓　　　　（替换阵列的源对象）

当提示选择要替换的项目时，若选择阵列中的项目，则被选择项目被替换；若使用源对象，则阵列中的所有项目被替换。

③ 重置：该选项适用于被"替换"选项编辑过的阵列，其功能是恢复删除的项目并删除所有替代项。

【例 3-6】　修改 [例 3-3] 所示矩形阵列如图 3-28 所示。

（1）绘制替换对象。

绘制两个半径分别为 5 和 3 的同心圆，如图 3-29 所示（过程略）。

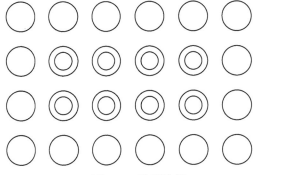

图 3-28   阵列编辑   图 3-29   替换对象

（2）修改矩形阵列。

命令：ARRAYEDIT ✓

选择阵列：   （选择如图 3-23 所示矩形阵列）

输入选项 [源(S)/替换(REP)/基点(B)/行(R)/列(C)/层(L)/重置(RES)/退出(X)] <退出>：REP ✓

选择替换对象：   （选择同心圆）

选择替换对象： ✓

选择替换对象的基点或 [关键点(K)] <质心>：   （选择同心圆的圆心）

选择阵列中要替换的项目或 [源对象(S)]：   （选择要被替换的阵列项目）

选择阵列中要替换的项目或 [源对象(S)]： ✓

输入选项 [源(S)/替换(REP)/基点(B)/行(R)/列(C)/层(L)/重置(RES)/退出(X)] <退出>： ✓

结果如图 3-28 所示。

6. 圆角命令

（1）功能：在给定圆角半径后，用过渡圆角对两个对象进行平滑连接。

（2）命令执行方式：

菜单栏："修改"—"圆角"。

功能区："默认"—"修改"—"圆角" 🔲。

工具栏："修改"—"圆角" 🔲。

命   令：FILLET。

（3）操作过程：

命令操作过程如下：

命令：FILLET ✓

当前设置：模式=修剪，半径=0.0000

选择第一个对象或 [放弃（U）/多段线（P）/半径（R）/修剪（T）/多个（M）]：

命令各选项功能如下：

1）多段线：对多段线倒圆角。选择该选项后，AutoCAD 提示：

选择第一个对象或 [放弃(U)/多段线(P)/半径(R)/修剪(T)/多个(M)]：P ✓

选择二维多段线或 [半径(R)]：

2）半径：设置圆弧过渡的圆弧半径。选择该项后，AutoCAD 提示：

选择第一个对象或 [放弃(U)/多段线(P)/半径(R)/修剪(T)/多个(M)]：R ✓

指定圆角半径 <0.0000>：

3）修剪（T）：设置对象圆角后是否修剪源对象。选择该项后，AutoCAD 提示：

选择第一个对象或 [放弃(U)/多段线(P)/半径(R)/修剪(T)/多个(M)]:T ✓

输入修剪模式选项 [修剪(T)/不修剪(N)] <修剪>:

4）选择第一个对象：默认选项，用户指定了圆角对象的第一个对象时，AutoCAD 提示：

选择第二个对象,或按住 Shift 键选择对象以应用角点或 [半径(R)]:

选择了第二个对象后,AutoCAD 绘制圆角并结束命令。

【例 3-7】 应用阵列、圆角命令绘制如图 3-30 所示的图形。

（1）绘制如图 3-31 所示倒圆角基础图形（绘图过程略）。

 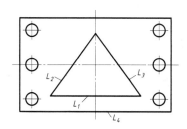

　　　图 3-30　圆角命令示例　　　　　　　　图 3-31　倒圆角基础图形

（2）倒圆角。

命令: FILLET ✓

当前设置：模式 = 修剪,半径 = 8.0000

选择第一个对象或 [放弃(U)/多段线(P)/半径(R)/修剪(T)/多个(M)]: R　　 (设置圆角半径)

指定圆角半径 <8.0000>: 10

选择第一个对象或 [放弃(U)/多段线(P)/半径(R)/修剪(T)/多个(M)]:　　 (选择如图 3-29 所示直线 L_1)

选择第二个对象,或按住 Shift 键选择对象以应用角点或 [半径(R)]: (选择如图 3-29 所示直线 L_2)

命令:FILLET ✓

当前设置：模式 = 修剪,半径 = 10.0000

选择第一个对象或 [放弃(U)/多段线(P)/半径(R)/修剪(T)/多个(M)]:　　 (选择如图 3-29 所示直线 L_1)

选择第二个对象,或按住 Shift 键选择对象以应用角点或 [半径(R)]: (选择如图 3-29 所示直线 L_3)

命令:FILLET ✓

当前设置：模式 = 修剪,半径 = 10.0000

选择第一个对象或 [放弃(U)/多段线(P)/半径(R)/修剪(T)/多个(M)]: R　　 (设置圆角半径)

指定圆角半径 <10.0000>: 8

选择第一个对象或 [放弃(U)/多段线(P)/半径(R)/修剪(T)/多个(M)]: P　(设置多段线模式)

选择二维多段线或 [半径(R)]:　　　　　　　　　　 (选择如图 3-29 所示直线 L_4)

4 条直线已被圆角

绘制完成后，结果如图 3-30 所示。

7. 图 3-14 的绘图步骤

（1）设置图层、线型比例（过程略）。

（2）画中心线，进行定位，结果如图 3-32（a）所示（过程略）。

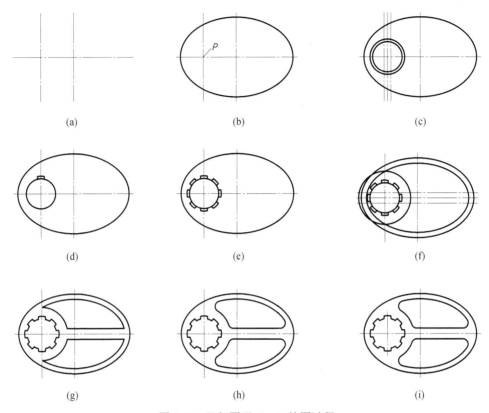

（a）　　　　　　　　　　　（b）　　　　　　　　　　　（c）

（d）　　　　　　　　　　　（e）　　　　　　　　　　　（f）

（g）　　　　　　　　　　　（h）　　　　　　　　　　　（i）

图 3-32　几何图形（一）绘图过程

（a）画中心线；（b）画外椭圆；（c）画花键；（d）修剪花键；（e）阵列花键；（f）画圆、偏移直线和椭圆；
（g）修剪；（h）倒圆角；（i）调整中心线

（3）应用椭圆命令画椭圆。

命令：ELLIPSE ✓

指定椭圆的轴端点或 [圆弧(A)/中心点(C)]: C ✓

指定椭圆的中心点：

指定轴的端点：65 ✓

指定另一条半轴长度或 [旋转(R)]: 45 ✓

结果如图 3-32（b）所示。

（4）画花键。

应用圆命令、阵列命令和修剪命令画出内花键。

命令：CIRCLE ✓

指定圆的圆心或 [三点(3P)/两点(2P)/相切、相切、半径(T)]:　　　（拾取如图 3-32(b)所示 P 点）

指定圆的半径或 [直径(D)] <17.0000>: 20 ✓

命令：CIRCLE ✓

指定圆的圆心或 [三点(3P)/两点(2P)/相切、相切、半径(T)]:　　　（拾取如图 3-32(b)所示 P 点）

指定圆的半径或 [直径(D)] <20.0000>: 17 ✓

命令：OFFSET ✓

当前设置：删除源=否　图层=源　OFFSETGAPTYPE=0

指定偏移距离或 [通过(T)/删除(E)/图层(L)] <4.0000>:　4　✓

选择要偏移的对象，或 [退出(E)/放弃(U)] <退出>:　　　　　　　　（φ40 圆垂直中心线）

指定要偏移的那一侧上的点，或 [退出(E)/多个(M)/放弃(U)] <退出>:　（指定φ40 圆垂直中心线左侧）

选择要偏移的对象，或 [退出(E)/放弃(U)] <退出>:　　　　　　　　（φ40 圆垂直中心线）

指定要偏移的那一侧上的点，或 [退出(E)/多个(M)/放弃(U)] <退出>:　（指定φ40 圆垂直中心线右侧）

选择要偏移的对象，或 [退出(E)/放弃(U)] <退出>:　✓

结果如图 3-32（c）所示。

（5）修剪花键。

命令：TRIM　✓

当前设置：投影=UCS,边=无

选择剪切边...

选择对象或 <全部选择>:　✓

选择要修剪的对象，或按住 Shift 键选择要延伸的对象，或

[栏选(F)/窗交(C)/投影(P)/边(E)/删除(R)/放弃(U)]:（根据图 3-32(d)所示修剪花键）
┆

修剪完成后，将偏移的点画线修改为粗实线层，结果如图 3-32（d）所示。

（6）阵列花键。

命令：ARRAY　✓

选择对象：　　　　（选择花键）

选择对象：　✓

输入阵列类型 [矩形(R)/路径(PA)/极轴(PO)] <极轴>:　PO　✓

类型 = 极轴　关联 = 是

指定阵列的中心点或 [基点(B)/旋转轴(A)]:　　　　　　　　　　（指定φ40 圆圆心）

选择夹点以编辑阵列或 [关联(AS)/基点(B)/项目(I)/项目间角度(A)/填充角度(F)/行(ROW)/层(L)/旋转项目(ROT)/退出(X)] <退出>:　I　✓

输入阵列中的项目数或 [表达式(E)] <6>:　8　✓

选择夹点以编辑阵列或 [关联(AS)/基点(B)/项目(I)/项目间角度(A)/填充角度(F)/行(ROW)/层(L)/旋转项目(ROT)/退出(X)] <退出>:　✓

结果如图 3-32（e）所示。

（7）画圆、偏移直线和椭圆。

画 R30 圆。

命令：CIRCLE　✓

指定圆的圆心或 [三点(3P)/两点(2P)/相切、相切、半径(T)]:　　　（拾取如图 3-32(b)所示 P 点）

指定圆的半径或 [直径(D)] <20.0000>:　30　✓

偏移椭圆、直线。

命令：OFFSET　✓

当前设置：删除源=否　图层=源　OFFSETGAPTYPE=0

指定偏移距离或 [通过(T)/删除(E)/图层(L)] <4.0000>:　6　✓

选择要偏移的对象，或 [退出(E)/放弃(U)] <退出>:　　　　　　　　（选择外边的椭圆）

指定要偏移的那一侧上的点，或 [退出(E)/多个(M)/放弃(U)] <退出>:　（选择外边的椭圆内一点）

选择要偏移的对象,或 [退出(E)/放弃(U)] <退出>:   (选择水平点画线)
指定要偏移的那一侧上的点,或 [退出(E)/多个(M)/放弃(U)] <退出>: (指定水平点画线上方一点)
选择要偏移的对象,或 [退出(E)/放弃(U)] <退出>:   (选择水平点画线)
指定要偏移的那一侧上的点,或 [退出(E)/多个(M)/放弃(U)] <退出>: (指定水平点画线下方一点)
选择要偏移的对象,或 [退出(E)/放弃(U)] <退出>: ✓

（8）修剪。

命令:TRIM ✓
当前设置:投影=UCS,边=无
选择剪切边...
选择对象或 <全部选择>: ✓
选择要修剪的对象,或按住 Shift 键选择要延伸的对象,或
[栏选(F)/窗交(C)/投影(P)/边(E)/删除(R)/放弃(U)]:(根据图 3-32(g)所示修剪图形)
　　⁝
修剪完成后,将偏移的点画线修改为粗实线层,结果如图 3-32(g)所示。

（9）倒圆角。

根据图 3-32（h）所示为图形倒圆角。

命令:FILLET ✓
当前设置: 模式 = 修剪,半径 = 4.0000
选择第一个对象或 [放弃(U)/多段线(P)/半径(R)/修剪(T)/多个(M)]: R ✓
指定圆角半径 <4.0000>: 6 ✓
选择第一个对象或 [放弃(U)/多段线(P)/半径(R)/修剪(T)/多个(M)]:
选择第二个对象,或按住 Shift 键选择对象以应用角点或 [半径(R)]:
　　⁝

（10）调整中心线。

由于花键的垂直中心线长度过长，对其进行调整，结果如图 3-32（i）所示。

3.2.3 绘制几何图形（二）

本节主要介绍如图 3-33 所示几何图形的绘制过程。

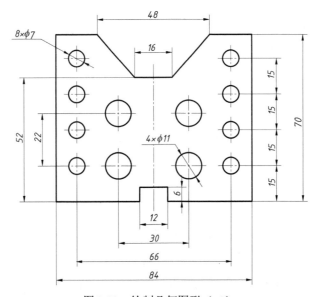

图 3-33　绘制几何图形（二）

1. 分析

从图 3-33 可看出，此几何图形是对称的，外轮廓可以用直线、偏移等命令绘制；上面分布了不同尺寸的圆且无一定的规律。因此，需应用复制、镜像命令来完成。

2. 复制命令

（1）功能：复制一个或多个已存在的对象。其特点是将选中的对象复制并放到指定的位置，但原来的对象并不改变。

（2）命令执行方式：

菜单栏："修改" — "复制"。

功能区："默认" — "修改" — "复制" ▣。

工具栏："修改" — "复制" ▣。

命 令：COPY。

（3）操作过程：

命令操作过程如下：

命令:COPY ✓

选择对象:　　　　　　　　　　　　　　　　　　　　　（选择如图 3-34 所示正六边形）

选择对象: ✓

当前设置: 复制模式 = 多个

指定基点或 [位移(D)/模式(O)] <位移>:　　　　　　　（选择如图 3-34 所示 P_1 点）

指定第二个点或 [阵列(A)] <使用第一个点作为位移>:　（选择如图 3-34 所示 P_2 点）

指定第二个点或 [阵列(A)] <使用第一个点作为位移>:　（选择如图 3-34 所示 P_3 点）

指定第二个点或 [阵列(A)/退出(E)/放弃(U)] <退出>: ✓

各主要选项的功能如下：

1）位移：使用坐标指定相对距离和方向。选择该项后，AutoCAD 提示：

指定位移 <-1601.4151, -877.9124, 0.0000>:

2）模式：控制命令是否自动重复。选择该项后，

AutoCAD 提示：

输入复制模式选项 [单个(S)/多个(M)] <多个>:

选择"单个"选项，每次只能复制一次，生成一个副本。选择"多个"选项，复制一次可以生成多个副本，如图 3-34 所示。

3）阵列：指定在线性阵列中排列的副本数量。选择该项后，AutoCAD 提示：

输入要进行阵列的项目数: 5 ✓

指定第二个点或 [布满(F)]: F ✓

指定第二个点或 [阵列(A)]:

指定第二个点或 [阵列(A)/退出(E)/放弃(U)] <退出>:

图 3-34　复制示例

当选择"布满"时，AutoCAD 提示在阵列中指定的位移放置最终副本。其他副本则布满原始选择集和最终副本之间的线性阵列。

3. 镜像命令

（1）功能：将选择的对象作镜像复制。主要用于具有对称的实体。

（2）命令执行方式：

菜单栏："修改" — "镜像"。

功能区："默认"—"修改"—"镜像" 。

工具栏："修改"—"镜像"。

命　令：MIRROR。

（3）操作过程：

命令操作过程如下：

命令：MIRROR ✓

选择对象：　　　　　　　　　　　　　（选择如图 3-34 所示左侧角形）

选择对象：　✓

指定镜像线的第一点：　　　　　　　　（选择如图 3-35 所示 P_1 点）

指定镜像线的第二点：　　　　　　　　（选择如图 3-35 所示 P_2 点）

要删除源对象吗？[是(Y)/否(N)] <否>：　✓

各主要选项的功能如下：

在"要删除源对象？[是（Y）/否（N）]<否>："中，选择"是"并按 Enter 键，表示删除源对象，只保留镜像后的对象；直接按 Enter 键，表示不删除源对象，绘制一个对称的图形。

4. 图 3-33 的绘图步骤

（1）设置图层、线型比例等（过程略）。

（2）绘制平面图形左侧外轮廓和 $\phi 11$ 圆、$\phi 7$ 圆，如图 3-36（a）所示（过程略）。

图 3-35　镜像示例

  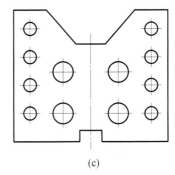

　（a）　　　　　　　　　（b）　　　　　　　　　（c）

图 3-36　几何图形（二）绘图过程
（a）画左侧图形；（b）复制；（c）镜像

（3）复制 $\phi 11$ 圆。

命令：COPY ✓

选择对象：　　　　　　　　　　　　　（拾取如图 3-37 所示 $\phi 11$ 圆）

找到 1 个

选择对象：✓

当前设置：　复制模式 = 多个

指定基点或 [位移(D)/模式(O)] <位移>：　　　（拾取如图 3-37 所示 P_1 点）

指定第二个点或 [阵列(A)] <使用第一个点作为位移>：（拾取如图 3-37 所示 P_2 点）

指定第二个点或 [阵列(A)/退出(E)/放弃(U)] <退出>：　✓

（4）复制 $\phi 7$ 圆。

命令：COPY ✓

选择对象：　　　　　　　　　　　　（拾取如图 3-38 所示 $\phi 7$ 圆和其中心线）

指定对角点：找到 3 个

选择对象：✓

当前设置：　复制模式 = 多个

指定基点或 [位移 (D) /模式 (O)] <位移>：　　　　　　(拾取如图 3-38 所示 P₃ 点)

指定第二个点或 [阵列 (A)] <使用第一个点作为位移>：A　✓　　(选择阵列选项)

输入要进行阵列的项目数：4　✓

指定第二个点或 [布满 (F)]：F　✓　　　　　　　　　(选择布满选项)

指定第二个点或 [阵列 (A)]：45　✓　　　(在极轴打开状态下,保持光标垂直向上,输入终点距离 45)

指定第二个点或 [阵列 (A) /退出 (E) /放弃 (U)] <退出>：✓

结果如图 3-36 (b) 所示。

(5) 镜像应用命令，复制圆。

命令：MIRROR　✓

选择对象：　　　　　　　　　　　　　　　(选择如图 3-39 所示图形)

找到 24 个

选择对象：✓

指定镜像线的第一点：　　　　　　　　　　　(拾取如图 3-39 所示 P₄ 点)

指定镜像线的第二点：　　　　　　　　　　　(拾取如图 3-39 所示 P₅ 点)

要删除源对象吗?[是 (Y) /否 (N)] <否>：✓

图 3-37　复制 φ11 圆　　　图 3-38　复制 φ7 圆　　　图 3-39　镜像平面图形

完成后的图形如图 3-36 (c) 所示。

思 考 题

1. 缩放图形有哪些形式？它们各有何特点？调整一幅图形，使之最大限度地充满当前视窗，应该使用哪种命令？

2. 当前光标为手的形状表示什么意义？

3. 重画和重新生成有何区别？

4. 简述椭圆及椭圆弧的绘制方法。

5. 在使用矩形阵列命令时，以选中的基准图形向左上角进行阵列，应如何设置其行间距和列间距？

6. 复制命令与移动命令有什么不同？复制命令与偏移命令又有何区别？

第4章　图形编辑与图形的对象特性

 学习目标

（1）学会使用编辑命令。
（2）绘制三视图。
（3）绘制轴测图。

学习内容

（1）掌握图形的编辑命令：旋转、对齐等。
（2）使用夹点、对象特性管理器编辑图形。
（3）掌握构造线、射线等命令的使用方法。
（4）正确设置绘制轴测图的环境，掌握不同坐标面椭圆的画法。

4.1　编　辑　命　令

在 AutoCAD 2017 中，有很多的编辑命令。在前面的章节中，通过一些实例已介绍了部分编辑命令，如复制、移动、偏移、修剪、镜像、阵列、圆角和分解命令等。下面再介绍其他的几种编辑命令。

4.1.1　调整对象位置

调整对象位置的命令包括：移动、旋转和对齐等命令。移动命令已介绍，下面主要介绍旋转和对齐命令。

1. 旋转命令

（1）功能：将选择的对象绕基点旋转指定的角度。

（2）命令执行方式：

菜单栏："修改" — "旋转"。

功能区："默认" — "修改" — "旋转" ⟳。

工具栏："修改" — "旋转" ⟳。

命　令：ROTATE。

（3）操作过程：

命令操作过程如下：

命令：ROTATE　✓
UCS 当前的正角方向：ANGDIR=逆时针　ANGBASE=0
选择对象：　　　　　（选择需要旋转的对象）
选择对象：　✓
指定基点：
指定旋转角度,或 [复制(C)/参照(R)] <0>:
命令各选项功能如下：

1）指定旋转角度：默认选项，指定对象绕基点旋转的角度。输入一个角度并按 Enter 键后，所选对象将绕基准点旋转指定的角度。若指定角度为正值时逆时针旋转；指定角度为负值时顺时针旋转。

2）复制：创建要旋转对象的副本。

3）参照：按参照的方式定义旋转角度，选择该项后，AutoCAD 提示：

指定旋转角度，或 [复制(C)/参照(R)] <270>：　R　↙

指定参照角 <0>：

指定新角度或 [点(P)] <0>：

【例4-1】　使用旋转命令绘制如图 4-1 所示的图形。

图4-1　指定角度旋转图形

（1）绘制长 80，宽 30 的矩形如图 4-1 所示水平放置矩形（过程略）。

（2）旋转矩形。

命令：ROTATE　↙

UCS 当前的正角方向：ANGDIR=逆时针　ANGBASE=0

选择对象：　　　　　　　　　　　　　　　　　　　（选择如图 4-1 所示的矩形）

选择对象：　↙

指定基点：　　　　　　　　　　　　　　　　　　　（选择如图 4-1 所示的 P 点）

指定旋转角度，或 [复制(C)/参照(R)] <0>：　C　↙　　（设置复制模式）

旋转一组选定对象。

指定旋转角度，或 [复制(C)/参照(R)] <80>：　30　↙　　（指定旋转角度）

【例4-2】　使用旋转命令绘制如图 4-2 所示的图形。

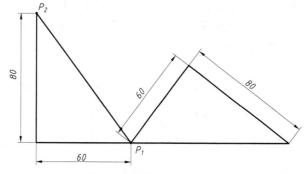

图4-2　参照角度旋转图形

（1）绘制两直角边长分别为 60、80 的三角形如图 4-1 所示左侧图形（过程略）。

（2）旋转矩形。

命令：ROTATE　↙

UCS 当前的正角方向：ANGDIR=逆时针　ANGBASE=0

选择对象：   （选择如图 4-2 所示的左侧三角形）

选择对象： ✓

指定基点：   （选择如图 4-2 所示的 P_1 点）

指定旋转角度，或 [复制(C)/参照(R)] <30>： C   （设置复制模式）

旋转一组选定对象。

指定旋转角度，或 [复制(C)/参照(R)] <30>： R   （设置参照模式）

指定参照角 <30>：   （拾取如图 4-2 所示 P_1 点）

指定第二点：   （拾取如图 4-2 所示 P_2 点）

指定新角度或 [点(P)] <180>：   （打开极轴模式，移动光标使三角形向右旋转至斜边水平）

2. 对齐命令

（1）功能：通过指定一对、两对或三对源点和定义点以移动、旋转或倾斜选定的对象，从而将它们与其他对象上的点对齐。

（2）命令执行方式：

菜单栏："修改"—"三维操作"—"对齐" ▦。

功能区："默认"—"修改"—"对齐" ▦。

命　令：ALIGN。

（3）操作过程：

命令操作过程如下：

命令：ALIGN ✓

选择对象：   （选择需要对齐的源对象）

选择对象： ✓

指定第一个源点：

指定第一个目标点：

指定第二个源点：

指定第二个目标点：

指定第三个源点或 <继续>： ✓

是否基于对齐点缩放对象？[是(Y)/否(N)] <否>： ✓   （按 Enter 键，不缩放源对象）

命令各选项功能如下：

1）当只指定一对点时：选定对象将在二维或三维空间从第一个源点移动到第一个目标点；

2）当只指定两对点时：可以移动、旋转和缩放选定对象，以便与其他对象对齐。

3）当指定三对点时：选定对象可在三维空间移动和旋转，使之与其他对象对齐。

【例 4-3】 使用对齐命令将图 4-3（a）所示的矩形与三角形对齐。

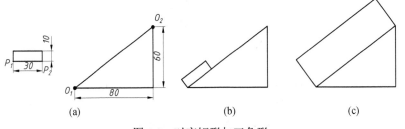

图 4-3　对齐矩形与三角形

（a）对齐基础图形；（b）不缩放；（c）缩放

（1）绘制矩形和三角形如图 4-3（a）所示（过程略）。

（2）对齐矩形与三角形。

命令：ALIGN　↙

选择对象：　　　　　　　　　　　　　（选择如图 4-3(a)所示矩形）

选择对象：　↙

指定第一个源点：　　　　　　　　　　（选择如图 4-3(a)所示 P_1 点）

指定第一个目标点：　　　　　　　　　（选择如图 4-3(a)所示 O_1 点）

指定第二个源点：　　　　　　　　　　（选择如图 4-3(a)所示 P_2 点）

指定第二个目标点：　　　　　　　　　（选择如图 4-3(a)所示 O_2 点）

指定第三个源点或 <继续>：　↙

是否基于对齐点缩放对象?[是(Y)/否(N)] <否>：　↙　（否:效果如图 4-3(b)所示;是:效果如图 4-3(c)所示。）

【例 4-4】 应用"旋转""对齐"等命令，绘制如图 4-4 所示倾斜图形。

图 4-4　倾斜图形

分析：

此图形绘制的关键点在于其倾斜部分，可以将倾斜部分先在水平位置画好，然后利用"旋转"和"对齐"命令将图形定位到倾斜位置。

（1）绘制基础图形如图 4-5（a）所示（过程略）。

（2）绘制旋转对象如图 4-5（b）所示（过程略）。

（3）旋转。

命令：ROTATE　↙

UCS 当前的正角方向：　ANGDIR=逆时针　ANGBASE=0

选择对象：　　　　　　　　　　　　　　　　　　（选择如图 4-5(b)所示的旋转对象）

选择对象：　↙

指定基点：　　　　　　　　　　　　　　　　　　（选择如图 4-5 所示(b)所示 $\phi40$ 圆的圆心）

指定旋转角度，或 [复制(C)/参照(R)] <80>：　-30　↙　（指定旋转角度）

（4）倒圆角 R5 如图 4-5（d）所示（过程略）。

（5）绘制长 30、宽 10 的矩形如图 4-5（e）所示（过程略）。

（6）绘制半径为 23 的辅助圆如图 4-5（f）所示（过程略）。

（7）对齐矩形如图 4-5（h）所示。

命令：ALIGN　↙

选择对象：　　　　　　　　　　　　　（选择如图 4-5(g)所示矩形）

选择对象：　↙

指定第一个源点：   (选择如图 4-5(g)所示 P_1 点)
指定第一个目标点：   (选择如图 4-5(g)所示 O_1 点)
指定第二个源点：   (选择如图 4-5(g)所示 P_2 点)
指定第二个目标点：   (选择如图 4-5(g)所示 O_2 点)
指定第三个源点或 <继续>：✓
是否基于对齐点缩放对象?[是(Y)/否(N)] <否>：✓

图 4-5 倾斜图形绘图过程

（a）基础图形；（b）绘制旋转对象；（c）旋转结果；（d）倒圆角；（e）绘制矩形；（f）绘制辅助圆；
（g）对齐；（h）对齐结果；（i）修剪与删除

（8）删除辅助圆，并修图形如图 4-5（i）所示（过程略）。

思考：请读者考虑用其他方法绘制该图形。

4.1.2 调整对象尺寸

调整对象尺寸的命令包括：拉伸、延伸、缩放、拉长、修剪和打断等。修剪命令已介绍并不断的应用，下面主要介绍其他的命令。

1. 拉伸命令

（1）功能：可以移动拉伸对象，也可以加长或缩短对象，并改变它们的形状。

（2）命令执行方式：

菜单栏："修改" — "拉伸"。

功能区："默认" — "修改" — "拉伸" 🔲。

工具栏："修改" — "拉伸" 🔲。

命 令：STRETCH。

（3）操作过程：

命令操作过程如下：

命令:STRETCH　✓

以交叉窗口或交叉多边形选择要拉伸的对象...

选择对象:

选择对象:　✓

指定基点或 [位移(D)] <位移>:

命令各选项功能如下：

1）指定基点：通过指定两点的方式确定拉伸的方向和距离。选择该项后，AutoCAD 提示：

指定基点或 [位移(D)] <位移>:　　　　　　　　　　　　　(在绘图窗口拾取一点作为基点)

指定第二个点或 <使用第一个点作为位移>:

2）位移：通过输入拉伸的位移确定拉伸的方向和距离。选择该项后，AutoCAD 提示：

指定基点或 [位移(D)] <位移>:D　✓

指定位移 <10.0000, 20.0000, 0.0000>:

【例 4-5】　应用 "拉伸" 命令，将图 4-6（a）所示图形修改成图 4-6（b）。

图 4-6　拉伸图形

（a）拉伸前；（b）拉伸后

（1）绘制基础图形，如图 4-6（a）所示（过程略）。

（2）拉伸。

命令:STRETCH　✓

以交叉窗口或交叉多边形选择要拉伸的对象...

选择对象:　　　　　　　　　　　　　　(以交叉窗口选择要拉伸的对象如图 4-7（a）所示)

图 4-7　拉伸一

（a）选择拉伸对象；（b）选择基点和第二点

指定对角点:

找到 10 个

选择对象:　✓

指定基点或 [位移(D)] <位移>:　　　　　　　　　　　(在绘图窗口任意拾取一点,如图 4-7(b)所示)

指定第二个点或 <使用第一个点作为位移>:　10　✓ (保持光标水平向右,输入第二点与第一点距离)

命令:STRETCH ✓
以交叉窗口或交叉多边形选择要拉伸的对象...
选择对象: (以交叉窗口选择要拉伸的对象如图 4-8(a)所示)
指定对角点:
找到 5 个
选择对象: ✓
指定基点或 [位移(D)] <位移>:D ✓
指定位移 <10.0000, 20.0000, 0.0000>: -10,0 ✓   (输入拉伸位移,如图 4-8(b)所示)

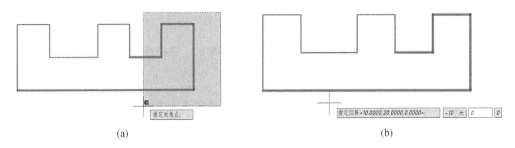

(a)   (b)

图 4-8   拉伸二

(a) 选择拉伸对象；(b) 输入位移

2. 延伸命令

（1）功能：可以将直线、曲线等对象延伸到一个边界对象，使其与边界对象相交。

（2）命令执行方式：

菜单栏："修改"—"延伸"。

功能区："默认"—"修改"—"延伸" ⊣⁄。

工具栏："修改"—"拉伸" ⊿。

命　令：EXTEND。

（3）操作过程：

命令操作过程如下：

命令:EXTEND ✓
当前设置:投影=UCS,边=无
选择边界的边...
选择对象或 <全部选择>:   (选择要延伸到的边界对象)
选择对象: ✓
选择要延伸的对象,或按住 Shift 键选择要修剪的对象,或
[栏选(F)/窗交(C)/投影(P)/边(E)/放弃(U)]:
命令各选项功能如下：

1）选择要延伸的对象：默认选项，用户选择对象后，直接延伸到指定的边界上，并重复提示，直到按 Enter 键结束命令。

2）按住 Shift 键选择要修剪的对象：提供修剪功能。如果用户按住 Shift 键选择与延伸边界相交的对象时，AutoCAD 将选择的对象修剪至延伸边界。

3）栏选：使用栏选的方式选择要延伸的对象。

4）窗交：使用窗选的方式选择要延伸的对象。

5）投影：该选项用于设置延伸对象时 AutoCAD 所使用的投影模式。选择该项后，AutoCAD 提示：

[栏选(F)/窗交(C)/投影(P)/边(E)/放弃(U)]：　P　✓

输入投影选项　[无(N)/UCS(U)/视图(V)]　<UCS>：

① 无：指定无投影。只延伸能够与三维空间中的边界相交的对象。

② UCS：指定到当前用户坐标系（UCS）XY 平面的投影。延伸未与三维空间中的边界对象相交的对象。

③ 视图：指定沿当前观察方向的投影。

6）边：将对象延伸到另一个对象的隐含边，或仅延伸到三维空间中与其实际相交的对象。选择该项后，AutoCAD 提示：

[栏选(F)/窗交(C)/投影(P)/边(E)/放弃(U)]：　E　✓

输入隐含边延伸模式　[延伸(E)/不延伸(N)]　<不延伸>：

① 延伸：沿其自然路径延伸边界对象以和三维空间中另一对象或其隐含边相交。

② 不延伸：指定对象只延伸到在三维空间中与其实际相交的边界对象。

7）放弃：该选项用于取消 EXTEND 命令最近所做的改变。

【例 4-6】 应用"延伸"命令，将图 4-9（a）所示图形修改成图 4-9（b）。

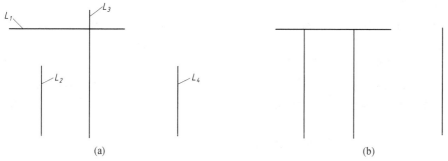

图 4-9　延伸图形
(a) 延伸前；(b) 延伸后

（1）绘制基础图形，如图 4-9（a）所示（过程略）。

（2）延伸。

命令：EXTEND　✓

当前设置:投影=UCS,边=无

选择边界的边...

选择对象或 <全部选择>：　　　　　　　　　　　　　　（选择如图 4-9(a)所示直线 L_1）

选择对象：　✓

选择要延伸的对象,或按住 Shift 键选择要修剪的对象,或

[栏选(F)/窗交(C)/投影(P)/边(E)/放弃(U)]：　　（选择如图 4-9(a)所示直线 L_2）

选择要延伸的对象,或按住 Shift 键选择要修剪的对象,或

[栏选(F)/窗交(C)/投影(P)/边(E)/放弃(U)]：　　（按住 Shift 键选择如图 4-9(a)所示直线 L_3）

选择要延伸的对象,或按住 Shift 键选择要修剪的对象,或

[栏选(F)/窗交(C)/投影(P)/边(E)/放弃(U)]:E　✓　　　　　　　（设置边延伸模式）

输入隐含边延伸模式 [延伸(E)/不延伸(N)] <不延伸>:E　✓　　（设置边延伸模式为延伸）

选择要延伸的对象,或按住 Shift 键选择要修剪的对象,或

[栏选(F)/窗交(C)/投影(P)/边(E)/放弃(U)]：　　　　　　（选择如图 4-9(a)所示直线 L_4）

选择要延伸的对象,或按住 Shift 键选择要修剪的对象,或

[栏选(F)/窗交(C)/投影(P)/边(E)/放弃(U)]：　✓

结果如图 4-9（b）所示。

3. 缩放命令

（1）功能：将选择对象按指定的比例因子进行缩放，以改变其尺寸大小。

（2）命令执行方式：

菜单栏："修改"—"缩放"。

功能区："默认"—"修改"—"缩放" 🔲。

工具栏："修改"—"缩放" 🔲。

命　令：SCALE。

（3）操作过程：

命令操作过程如下：

命令：SCALE　✓

选择对象：　　　　　　　　　　　　　　　（选择缩放对象）

选择对象：　✓

指定基点：　　　　　　　　　　　　　　　（指定缩放的基准点）

指定比例因子或 [复制(C)/参照(R)]：3

命令各选项功能如下：

1）指定比例因子：按指定的比例缩放选定对象的尺寸。大于 1 的比例因子使对象放大。介于 0 和 1 之间的比例因子使对象缩小。还可以拖动光标使对象变大或变小。

2）复制：创建要缩放的选定对象的副本。

3）参照：按参照长度和指定的新长度缩放所选对象。选择该项后，AutoCAD 提示：

5 分别指定参考长度和新长度后，缩放的比例因子为新长度除以参考长度。长度的给定可直接输入数值或通过拾取两点来指定距离。

【例 4-7】 将图 4-10（a）所示的图形缩放成如图 4-10（b）所示。

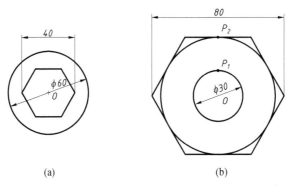

(a)　　　　　　　　　　　　　　(b)

图 4-10　缩放图形

（a）缩放前；（b）缩放后

（1）绘制基础图形，如图 4-10（a）所示（过程略）。

（2）缩放 $\phi60$ 圆。

命令：SCALE　✓

选择对象：　　　　　　　　　　　　　　　（选择如图 4-10(a)所示圆）

选择对象：　✓

指定基点：　　　　　　　　　　　　　　　（拾取如图 4-10(a)所示圆的圆心 O）

指定比例因子或 [复制(C)/参照(R)]：0.5　✓

（3）缩放正六边形。

命令：SCALE　✓

选择对象：　　　　　　　　　　　　　　　　(选择如图 4-10 (a) 所示正六边形)

选择对象：　✓

指定基点：　　　　　　　　　　　　　　　　(拾取如图 4-10 (a) 所示圆的圆心 O)

指定比例因子或 [复制 (C) /参照 (R)]：2　✓

（4）缩放 ϕ 30 圆。

命令：SCALE　✓

选择对象：　　　　　　　　　　　　　　　　(选择如图 4-10 (b) 所示 ϕ 30 圆)

选择对象：　✓

指定基点：　　　　　　　　　　　　　　　　(拾取如图 4-10 (b) 所示圆的圆心 O)

指定比例因子或 [复制 (C) /参照 (R)]：C　✓　(设置复制模式)

缩放一组选定对象。

指定比例因子或 [复制 (C) /参照 (R)]：R　✓　(设置参照模式)

指定参照长度 <34.6410>：　　　　　　　　(拾取如图 4-10 (b) 所示圆的圆心 O)

指定第二点：　　　　　　　　　　　　　　　(拾取如图 4-10 (b) 所示 P_1 点)

指定新的长度或 [点 (P)] <15.0000>：　　(拾取如图 4-10 (b) 所示 P_2 点)

4. 拉长命令

（1）功能：更改对象的长度和圆弧的包含角。

（2）命令执行方式：

菜单栏："修改"—"拉长"。

功能区："默认"—"修改"—"拉长" 。

命　令：LENGTHEN。

（3）操作过程：

命令操作过程如下：

命令：LENGTHEN　✓

选择要测量的对象或 [增量 (DE) /百分比 (P) /总计 (T) /动态 (DY)] <总计 (T)>：

命令各选项功能如下：

1）增量：通过增量值修改对象的长度或角度，该增量从距离选择点最近的端点处开始测量。选择该项后，AutoCAD 提示：

选择要测量的对象或 [增量 (DE) /百分比 (P) /总计 (T) /动态 (DY)] <总计 (T)>：DE　✓

输入长度增量或 [角度 (A)] <0.0000>：A　✓

输入角度增量 <10>：

2）百分比：通过指定对象总长度的百分数设定对象长度。选择该项后，AutoCAD 提示：

选择要测量的对象或 [增量 (DE) /百分比 (P) /总计 (T) /动态 (DY)] <增量 (DE)>：P　✓

输入长度百分数 <100.0000>：

3）总计：更改对象的总长或圆弧的包含角。选择该项后，AutoCAD 提示：

选择要测量的对象或 [增量 (DE) /百分比 (P) /总计 (T) /动态 (DY)] <增量 (DE)>：T　✓

指定总长度或 [角度 (A)] <1.0000>：

4）动态：打开动态拖动模式。通过拖动选定对象的端点之一来更改其长度。其他端点保持不变。

选择要测量的对象或 [增量 (DE) /百分比 (P) /总计 (T) /动态 (DY)] <百分比 (P)>：DY　✓

选择要修改的对象或 [放弃 (U)]：

指定新端点：

【例 4-8】 绘制如图 4-11 (a) 所示的图形，利用拉长命令将其点画线拉长 5mm，如图 4-11 （b）所示。

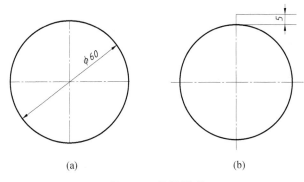

图 4-11 拉长图形

（a）拉长前；（b）拉长后

（1）绘制基础图形，如图 4-11（a）所示（过程略）。

（2）拉长。

命令：LENGTHEN ✓

选择要测量的对象或 [增量(DE)/百分比(P)/总计(T)/动态(DY)] <总计(T)>：DE ✓

输入长度增量或 [角度(A)] <0.0000>：5 ✓

选择要修改的对象或 [放弃(U)]：   （选择如图 4-11(a)所示水平点画线左侧）

选择要修改的对象或 [放弃(U)]：   （选择如图 4-11(a)所示水平点画线右侧）

选择要修改的对象或 [放弃(U)]：   （选择如图 4-11(a)所示垂直点画线上侧）

选择要修改的对象或 [放弃(U)]：   （选择如图 4-11(a)所示垂直点画线下侧）

5. 打断命令

（1）功能：将选择的对象断开成两半或删除对象上的一部分。

（2）命令执行方式：

菜单栏："修改" — "打断"。

功能区："默认" — "修改" — "打断" ▣，"打断于点" ▣。

工具栏："修改" — "打断" ▣，"打断于点" ▣。

命 令：BREAK。

（3）操作过程：

命令操作过程如下：

命令：BREAK ✓

选择对象：

指定第二个打断点 或 [第一点(F)]：

命令各选项功能如下：

1）指定第二个打断点：指定第二个点。AutoCAD 将选择对象时的拾取点作为第一个点，两个指定点之间的对象部分将被删除。如果第二个点不在对象上，将选择对象上与该点最接近的点。

技巧：在执行打断命令输入第二点时，输入@表示第二点与第一点相同。打断于点命令相当于打断命令的两个打断点选择同一点。

2）第一点：重新选择第一点。选择该项后，AutoCAD 提示：

指定第二个打断点 或 [第一点(F)]：F ✓

指定第一个打断点：

指定第二个打断点：

【例 4-9】 绘制如图 4-12（a）所示的图形，利用打断命令将其修改成如图 4-12（b）所示。

(a)　　　　　　　　　　　　　　　　　　(b)

图 4-12　打断图形

（a）打断前；（b）打断后

（1）绘制基础图形，如图 4-11（a）所示（过程略）。

（2）打断 $\phi60$ 圆。

命令：BREAK　✓

选择对象：　　　　　　　　　　　　　　（选择如图 4-12(a)所示 $\phi60$ 圆）

指定第二个打断点 或 [第一点(F)]：F　✓　　　（重新选择第一点）

指定第一个打断点：　　　　　　　　　　（选择如图 4-12(a)所示 P_1 点）

指定第二个打断点：　　　　　　　　　　（选择如图 4-12(a)所示 P_2 点）

（3）打断直线。

命令：BREAK　✓

选择对象：　　　　　　　　　　　　　　（选择如图 4-12(a)所示直线 L_1）

指定第二个打断点 或 [第一点(F)]：F　✓　　　（重新选择第一点）

指定第一个打断点：　　　　　　　　　　（选择如图 4-12(a)所示 P_3 点）

指定第二个打断点：　　　　　　　　　　（选择如图 4-12(a)所示 P_4 点）

4.1.3　利用夹点编辑图形

在不执行任何命令的情况下，对已有对象进行选择，则对象上将显示彩色的小方框，称为夹点。不同的对象，其夹点各不相同，如图 4-13 所示。利用夹点可以进行几种常见编辑命令的快捷操作。

由菜单栏："工具"—"选项"，或在命令窗口任一位置点击右键，出现快捷菜单，选择"选项"，则可打开如图 4-14 所示的对话框。在此对话框中选择"选择集"选项，可以设置夹点的颜色、大小等。

图 4-13　夹点

图 4-14　夹点的设置

使用夹点编辑对象，首先必须用鼠标选择其中一个夹点作为基准夹点（一般用红色），然后选择一种编辑模式进行编辑对象。夹点编辑模式包括：镜像、移动、旋转、拉伸和比例缩放。当用户选取选中对象上的一个夹点作为基准点后，命令窗口提示：

**　拉伸　**

指定拉伸点或 [基点(B)/复制(C)/放弃(U)/退出(X)]：

这时命令处于拉伸模式，用户可以在该提示下按 Enter 键或按空格键，在镜像、移动、旋转、拉伸和比例缩放几种编辑模式之间循环切换，如下所示：

**　拉伸　**

指定拉伸点或 [基点(B)/复制(C)/放弃(U)/退出(X)]：　✓

**　移动　**

指定移动点或 [基点(B)/复制(C)/放弃(U)/退出(X)]：　✓

**　旋转　**

指定旋转角度或 [基点(B)/复制(C)/放弃(U)/参照(R)/退出(X)]：　✓

**　比例缩放　**

指定比例因子或 [基点(B)/复制(C)/放弃(U)/参照(R)/退出(X)]：　✓

**　镜像　**

指定第二点或 [基点(B)/复制(C)/放弃(U)/退出(X)]：　✓

【例 4-10】 利用夹点命令编辑图形如图 4-15 所示。

（1）拉伸。

选择如图 4-15（a）所示直线，选择直线右侧夹点。

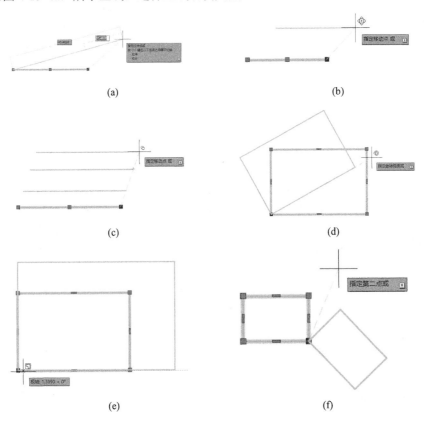

(a)　　　　　　　　　　　　　　　　　(b)

(c)　　　　　　　　　　　　　　　　　(d)

(e)　　　　　　　　　　　　　　　　　(f)

图 4-15　夹点编辑

（a）拉伸；（b）移动；（c）复制；（d）旋转；（e）缩放；（f）镜像

＊＊ 拉伸 ＊＊

指定拉伸点或 [基点(B)/复制(C)/放弃(U)/退出(X)]：　　　　　　　　(拖动鼠标)

（2）移动。

选择如图 4-15（b）所示直线，选择直线右侧夹点。

＊＊ 拉伸 ＊＊

指定拉伸点或 [基点(B)/复制(C)/放弃(U)/退出(X)]： ↙

＊＊ 移动 ＊＊

指定移动点或 [基点(B)/复制(C)/放弃(U)/退出(X)]：　　　　　　　　(拖动鼠标)

（3）复制。

选择如图 4-15（c）所示直线，选择直线右侧夹点。

＊＊ 拉伸 ＊＊

指定拉伸点或 [基点(B)/复制(C)/放弃(U)/退出(X)]： ↙

＊＊ 移动 ＊＊

指定移动点或 [基点(B)/复制(C)/放弃(U)/退出(X)]： C　↙

＊＊ 移动 ＊＊

指定移动点或 [基点(B)/复制(C)/放弃(U)/退出(X)]：　　　　　　　　(拖动鼠标)

（4）旋转。

选择如图 4-15（d）所示矩形，选择矩形右下角夹点。

＊＊ 拉伸 ＊＊

指定拉伸点或 [基点(B)/复制(C)/放弃(U)/退出(X)]： ↙

＊＊ 移动 ＊＊

指定移动点或 [基点(B)/复制(C)/放弃(U)/退出(X)]： ↙

＊＊ 旋转 ＊＊

指定旋转角度或 [基点(B)/复制(C)/放弃(U)/参照(R)/退出(X)]：　　　(拖动鼠标)

（5）缩放。

选择如图 4-15（e）所示矩形，选择矩形右下角夹点。

＊＊ 拉伸 ＊＊

指定拉伸点或 [基点(B)/复制(C)/放弃(U)/退出(X)]： ↙

＊＊ 移动 ＊＊

指定移动点或 [基点(B)/复制(C)/放弃(U)/退出(X)]： ↙

＊＊ 旋转 ＊＊

指定旋转角度或 [基点(B)/复制(C)/放弃(U)/参照(R)/退出(X)]： ↙

＊＊ 比例缩放 ＊＊

指定比例因子或 [基点(B)/复制(C)/放弃(U)/参照(R)/退出(X)]：　　　(拖动鼠标)

（6）镜像。

选择如图 4-15（f）所示矩形，选择矩形右下角夹点。

＊＊ 拉伸 ＊＊

指定拉伸点或 [基点(B)/复制(C)/放弃(U)/退出(X)]： ↙

＊＊ 移动 ＊＊

指定移动点或 [基点(B)/复制(C)/放弃(U)/退出(X)]： ↙

＊＊ 旋转 ＊＊

指定旋转角度或 [基点(B)/复制(C)/放弃(U)/参照(R)/退出(X)]： ↙

＊＊ 比例缩放 ＊＊

指定比例因子或 [基点(B)/复制(C)/放弃(U)/参照(R)/退出(X)]： ↙

＊＊ 镜像 ＊＊

指定第二点或 [基点(B)/复制(C)/放弃(U)/退出(X)]：　　　　　　　　(拖动鼠标)

4.2　图形的对象特性

AutoCAD 2017 中，对象特性是指系统赋予对象的颜色、线型、图层、文字样式等。改变对象特性一般使用对象特性管理器和对象特性匹配命令。

4.2.1　对象特性管理器

（1）功能：用于显示或修改对象的图层、颜色、线型、线宽和文本属性等特性。

（2）命令执行方式：

菜单栏："修改"—"特性"或"工具"—"选项板"—"特性"。

功能区："默认"—"特性"。

工具栏："标准" 回 。

命　令：PROPERTIES 或 DDMODIFY。

（3）操作过程：

用户可以通过对象特性管理器对对象的特性进行修改。

当未选择对象时，打开"特性"管理器，管理器将显示当前视图的常规、三维效果、打印样式、视图和其他等特性，效果如图 4-16（a）所示；当选择一条直线时，打开"特性"管理器，管理器将显示该直线的常规、三维效果和几何图形等特性，效果如图 4-16（b）所示；当选择多个对象时，打开"特性"管理器，管理器将显示所选择对象共有的常规、三维效果和几何图形等特性，效果如图 4-16（c）所示。

(a)　　　　　　　　　　(b)　　　　　　　　　　(c)

图 4-16　对象特性管理器

（a）未选择对象；（b）选择直线；（c）选择多个对象

【例 4-11】　修改如图 4-17 所示的图形中心线的线型比例。

（1）选择如图 4-17（a）所示图形中的中心线。

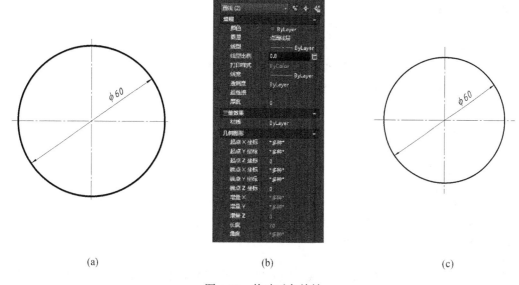

(a)   (b)   (c)

图 4-17 修改对象特性

（a）原图形；（b）修改线型比例；（c）修改后图形

（2）打开"特性"管理器，并修改其常规栏中的线型比例为 0.8，如图 4-17（b）所示。

（3）按键盘中的 Esc 键取消选择。修改后的结果如图 4-17（c）所示。

4.2.2 快捷特性

除了使用对象特性管理器外，用户还可以使用"快捷特性"对对象特性进行修改。在屏幕下方的状态栏中打开"快捷特性"，如图 4-18 所示。当选择对象后就会在对象附近显示其快捷特性。

图 4-18 快捷特性

在［例 4-11］中打开状态栏中的"快捷特性"并选中中心线后，将显示中心线的快捷特性，效果如图 4-19 所示，修改其线型比例也可以达到题目要求。

图 4-19 利用快捷特性修改线型比例

4.2.3　对象特性匹配

（1）功能：将源对象的特性应用于目标对象上。

（2）命令执行方式：

菜单栏："修改"—"特性匹配"。

功能区："默认"—"特性"—"特性匹配" 。

工具栏："标准" 。

命　令：MATCHPROP。

（3）操作过程：

执行该命令后，命令窗口提示如下：

命令：MATCHPROP　✓

选择源对象：

当前活动设置：　颜色 图层 线型 线型比例 线宽 透明度 厚度 打印样式 标注 文字 图案填充 多段线 视口 表格材质 多重引线中心对象

选择目标对象或 [设置(S)]：S　✓

当选择设置项后，AutoCAD 将出现如图 4-20 所示"特性设置"对话框，在对话框中可以对匹配的特性进行设置。

图 4-20　"特性设置"对话框

【例 4-12】　将如图 4-21（a）所示的圆改为点画线，如图 4-21（b）所示。

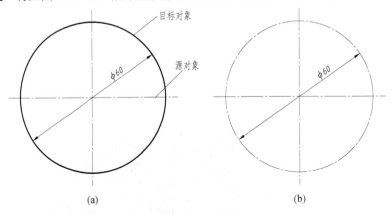

(a)	(b)

图 4-21　特性匹配

（a）特性匹配前；（b）特性匹配后

命令：MATCHPROP　✓

选择源对象：　　　　　　　　　　　　　　（选择源对象，如图 4-20（a）所示）

当前活动设置：　颜色　图层　线型　线型比例　线宽　透明度　厚度　打印样式　标注　文字　图案填充　多段线　视口　表格材质　多重引线中心对象

选择目标对象或［设置(S)］：　　　　　　　　（选择目标对象，如图 4-20（a）所示）

选择源对象后，光标变成类似"刷子"形状，用此"刷子"选取接受属性匹配的目标对象，结果如图 4-20（b）所示。

4.3　三　视　图　的　绘　制

4.3.1　三视图的基本要求

三视图是工程图样中最常用的图形。三视图是将物体放在三投影面体系内，分别向三个投影面投影，形成"主视图、俯视图和左视图"。三视图之间的投影对应关系是："长对正、高平齐、宽相等"，这"三等"关系是三视图的重要特性，也是画图和看图的主要依据。利用 AutoCAD 绘制三视图，除了应用前面所述的绘图、编辑命令等绘制相应的图形外，还可以应用 XLINE 命令、RAY 命令绘制辅助线，以保证三视图之间的正确关系。

1. 构造线命令

（1）功能：生成两端无限延长的直线。例如，为保证主视图、俯视图和左视图的投影关系，使用构造线作为辅助线进行图形对齐。

（2）命令执行方式：

菜单栏："绘图" — "构造线"。

功能区："默认" — "绘图" — "构造线" ↗。

工具栏："绘图" — "构造线" ↗。

命　令：XLINE。

（3）操作过程：

执行该命令后，命令窗口提示如下：

命令：XLINE　✓

指定点或［水平(H)/垂直(V)/角度(A)/二等分(B)/偏移(O)］：

命令各选项功能如下：

1）指定点：为缺省选项，将创建通过指定点的构造线。

2）水平：创建一条通过选定点的水平构造线。

3）垂直：创建一条通过选定点的垂直构造线。

4）角度：以指定的角度创建一条构造线。

5）二等分：创建一条经过选定的角顶点，并且将选定的两条线之间的夹角平分的角平分构造线。

6）偏移：创建平行于另一个对象的构造线。

【例 4-13】　绘制如图 4-22 所示图形。

命令：XLINE　✓

指定点或［水平(H)/垂直(V)/角度(A)/二等分(B)/偏移(O)］：

指定通过点：　　　　　　　　（选择如图 4-22（a）所示 P_1 点）

指定通过点：　　　　　　　　（选择如图 4-22（a）所示 P_2 点）

指定点或［水平(H)/垂直(V)/角度(A)/二等分(B)/偏移(O)］：H　✓

指定通过点：　　　　　　　　（选择如图 4-22（b）所示 P_3 点）

图 4-22　构造线的绘制

（a）指定点；（b）水平；（c）垂直；（d）角度；（e）二等分；（f）偏移

命令：XLINE ✓
指定点或 [水平(H)/垂直(V)/角度(A)/二等分(B)/偏移(O)]：V ✓
指定通过点：　　　　　　　　（选择如图 4-22(c)所示 P_4 点）

命令：XLINE ✓
指定点或 [水平(H)/垂直(V)/角度(A)/二等分(B)/偏移(O)]：A ✓
输入构造线的角度 (0) 或 [参照(R)]：45 ✓
指定通过点：　　　　　　　　（选择如图 4-22(d)所示 P_5 点）

命令：XLINE ✓
指定点或 [水平(H)/垂直(V)/角度(A)/二等分(B)/偏移(O)]：B ✓
指定角的顶点：　　　　　　　（选择如图 4-22(e)所示 O 点）
指定角的起点：　　　　　　　（选择如图 4-22(e)所示 P_6 点）
指定角的端点：　　　　　　　（选择如图 4-22(e)所示 P_7 点）

命令：XLINE ✓
指定点或 [水平(H)/垂直(V)/角度(A)/二等分(B)/偏移(O)]：O ✓
指定偏移距离或 [通过(T)] <10.0000>：15
选择直线对象：　　　　　　　（选择如图 4-22(f)所示直线 L_1）
指定向哪侧偏移：　　　　　　（选择如图 4-22(f)所示直线 L_1 下方一点）

2. 射线命令

（1）功能：以指定点为起始点，绘制在单方向无限延伸的直线。

（2）命令执行方式：

菜单栏："绘图" — "射线"。

功能区："默认" — "绘图" — "射线" ↗。

命　令：RAY。

（3）操作过程：

执行该命令后，命令窗口提示如下：

命令：RAY　↙

指定起点：　　　　　　　　　　（指定射线的起始点）

指定通过点：　　　　　　　　　（指定射线上的另一点）

4.3.2　三视图的绘图步骤

在 AutoCAD 中绘制三视图一般需要按以下步骤进行。

（1）绘图准备：设置图层、颜色、线型、线宽、绘图界限和单位等。

（2）选择投影方向，画主视图。

（3）由主视图，按投影对应关系画俯视图和左视图。

【例 4-14】　绘制如图 4-23 所示的三视图。

图 4-23　绘制三视图

1. 绘制主视图

（1）绘图准备：设置图层、颜色、线型、线宽、绘图界限和单位等（过程略）。

（2）绘制主视图，如图 4-24 所示（过程略）。

（3）绘制俯视图。

1）绘制俯视图基准线（过程略）。

2）绘制与主视图对齐的轮廓线，如图 4-25 所示。

命令：RAY　↙

指定起点：　　　　　（指定主视图上与俯视图上有投影的点，如图 4-25 所示）

指定通过点：　　　　（指定起点下方一点，如图 4-25 所示）

使用射线命令绘制俯视图上所有的与主视图对齐的轮廓线。结果如图 4-25 所示。

3）编辑并完成俯视图，如图 4-26 所示（过程略）。

（4）绘制左视图。

图 4-24　绘制主视图

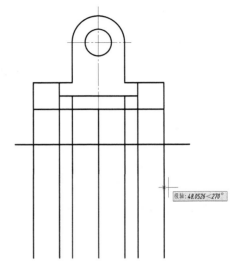

图 4-25　绘制俯视图基准线和与主视图对齐的轮廓线

1）绘制左视图基准线（过程略）。

2）绘制与主视图对齐的轮廓线，如图 4-27 所示。

命令：RAY　↙

指定起点：　　　　　　（指定主视图上与左视图上有投影的点,如图 4-27 所示）

指定通过点：　　　　　（指定起点右方一点,如图 4-27 所示）

图 4-26　绘制俯视图

图 4-27　绘制左视图基准线和与主视图对齐的轮廓线

使用射线命令绘制俯视图上所有的与主视图对齐的轮廓线。结果如图 4-27 所示。

3）编辑并完成俯视图，如图 4-28 所示（过程略）。

图 4-28　绘制左视图

4.4 轴 测 图 的 绘 制

4.4.1 轴测图的基本要求

1. 轴测图的基本知识

轴测图是工程图中的辅助用图。它是将空间的物体和构成该物体的直角坐标系一起，用平行投影的方法向一个轴测投影面投影所得的图形。其特点是在一个投影面上同时反映物体长、宽、

图 4-29　等轴测平面

高三个方向的尺寸，立体感强，便于看图。对于初学者来说，可以以辅助的手段学习理解三视图，从而看懂三视图。轴测图的种类有多种，这里主要介绍"正等轴测图"。

在 AutoCAD 2017 中，绘制轴测图的主要方法是应用轴测捕捉和对象捕捉、极轴等功能。

在正等轴测投影中，空间坐标轴 *OX*、*OY*、*OZ* 的轴测投影分别为 *OX*、*OY*、*OZ*，坐标轴的轴测投影称为轴测轴；轴测轴之间的夹角称为轴间角，分别用 ∠*OX*、∠*OY*、∠*OZ* 表示，各轴间角的夹角为 120°。其中，*OX* 与 *OY* 轴决定的轴测面称为上面；*OY* 与 *OZ* 轴决定的轴测面称为左面；*OX* 与 *OZ* 轴决定的轴测面称为右面，如图 4-29 所示。

2. 设置正等轴测模式

单击状态栏上最右侧的"自定义"按钮 ▤，选择"等轴测草图"。状态栏上将会显示"等轴测草图"按钮 ▨。单击"等轴测草图"按钮 ▨，该按钮由灰色变为彩色，即打开等轴测草图绘制状态。

3. 切换当前轴测面

启用等轴测捕捉功能并打开正交功能后，用户只能在一个轴测面上绘图，因此在绘制物体上不同方向的面时，必须首先切换到相应的轴测面上。

单击"等轴测草图"按钮 ▨ 右侧小黑三角，将会显示"等轴测平面"设置列表，如图 4-30 所示。通过选择列表中的相应选项、按 F5 键或 Ctrl+E 快捷键可以选择在不同的轴测平面进行绘图。

4.4.2 绘制轴测图

轴测模式设置完成后，用户可以方便地绘制出各种不同物体的轴测图。

图 4-30　"等轴测平面"设置列表

1. 绘制平面体

平面体是由平面多边形构成，画平面体轴测图时，可沿着轴测轴的方向，输入相应的尺寸画

图 4-31　平面体的轴测图画法

出。对于平面体上的倾斜线，可采用画出线段两端点的坐标，然后再连线的方法。若绘制复杂组合体的轴测图，则先画出基本体的轴测图，然后再进行叠加或切割即可。如图 4-31 所示。

2. 绘制不同坐标面圆的轴测图

在轴测图中，空间坐标面上圆的投影为椭圆。在设置了轴测模式的状态下，使用绘制椭圆命令（轴，端点方式）可直接画出圆的正等轴测图。

命令: ELLIPSE ✓
指定椭圆轴的端点或 [圆弧(A)/中心点(C)/等轴测圆(I)]: I ✓   (选择画等轴测圆)
指定等轴测圆的圆心: (指定圆心)
指定等轴测圆的半径或 [直径(D)]: 30 ✓   (输入半径,数值为圆的实际半径)

在绘制时,可应用 F5 功能键切换,画出三个轴测面上圆的正等

轴测图,如图 4-32 所示。

4.4.3 绘制轴测图实例

【例 4-15】 根据图 4-33 所示的三视图,绘制出轴测图。

(1) 设置等轴测模式。

1) 单击状态栏上的"等轴测草图"按钮 ,打开等轴测草图
绘制状态。

图 4-32　圆的等轴测图的画法

图 4-33　轴测图实例

2) 单击状态栏上的"正交"按钮 ⊡,打开正交绘制状态。

(2) 绘制底板。

1) 绘制顶面矩形。

使用 F5 键切换当前轴测面为顶部等轴测平面。

命令: LINE ✓
指定第一点: (指定任意一点)
指定下一点或 [放弃(U)]: 100 ✓   (光标指向长度正方向)
指定下一点或 [放弃(U)]: 40 ✓   (光标指向宽度正方向)
指定下一点或 [闭合(C)/放弃(U)]:100 ✓   (光标指向长度负方向)
指定下一点或 [闭合(C)/放弃(U)]:   (光标指向宽度负方向)
绘制结果如图 4-34 (a) 所示。

2) 绘制底面矩形。

使用 F5 键切换当前轴测面为右等轴测平面。

命令: COPY ✓
选择对象: (选择顶面矩形)
指定对角点: 找到 4 个
选择对象: ✓
当前设置: 复制模式 = 多个
指定基点或 [位移(D)/模式(O)] <位移>:   (选择任意一点)
指定第二个点或 [阵列(A)] <使用第一个点作为位移>: 20 ✓   (光标指向基点下方)

指定第二个点或 [阵列(A)/退出(E)/放弃(U)] <退出>：✓

结果如图 4-34（b）所示。

图 4-34　轴测图实例绘图过程

（a）绘制顶面矩形；（b）复制底面矩形；（c）连接对应点；（d）删除隐藏线；（e）绘制切槽；
（f）绘制立板基准线；（g）绘制立板；（h）绘制圆；（i）绘制切线、修整

3）连接对应点。

连接顶部矩形和底部矩形对应点，结果如图 4-34（c）所示（过程略）。

4）删除隐藏线。

删除底板上的隐藏线，结果如图 4-34（d）所示（过程略）。

5）绘制切槽。

使用 F5 键切换当前轴测面为顶部等轴测平面。

绘制底板上的切槽，结果如图 4-34（e）所示（过程略）。

（3）绘制立板基准线。

用直线命令连接两线中点 P_1、P_2。使用复制命令将绘制的直线向两侧各复制 20。结果如图 4-34（f）所示（过程略）。

（4）绘制立板。

绘制立板，结果如图 4-34（g）所示（过程略）。

（5）绘制圆。

使用 F5 键切换当前轴测面为右等轴测平面。

命令: ELLIPSE ✓
指定椭圆轴的端点或 [圆弧(A)/中心点(C)/等轴测圆(I)]: I ✓   (选择画等轴测圆)
指定等轴测圆的圆心: (指定如图 4-34(h)所示 O_1 点)
指定等轴测圆的半径或 [直径(D)]: 20 ✓   (输入半径,数值为圆的实际半径)

使用同样的方法绘制圆心为 O2 的右等轴测圆。结果如图 4-34（h）所示。

（6）绘制切线、修整。

使用直线命令捕捉前后两个圆右上侧的象限点。并对轴测图进行修整，结果如图 4-34（i）所示。

思 考 题

1. 比较"移动""旋转"和"对齐"命令的不同，哪一种更具有综合性？
2. 试比较"拉伸""延伸""拉长"命令的不同，各应用的场合？
3. 打断命令与修剪命令有何不同？
4. 夹点编辑的方法有哪些？如何使用？
5. 如何应用"特性"对话框修改对象的属性？
6. 如何应用"特性匹配"命令？
7. 在 AutoCAD 2017 中绘制三视图时，如何保证其投影对应关系？
8. 轴测图的特点是什么？如何设置等轴测模式，包括哪些内容？怎样绘制轴测图？

第 5 章　向图形中添加文字和表格

学习目标

（1）向工程图样中输入文字、说明等。
（2）正确填写标题栏、明细栏，技术要求等内容。
（3）绘制表格。

学习内容

（1）掌握文字样式的设置。
（2）应用 TEXT、MTEXT 命令正确标注文字、输入特殊符号等。
（3）应用 DDEDIT 命令、特性管理器对文字进行编辑。
（4）应用 AutoCAD 2017 版本中的表格功能绘制表格。

5.1　文 字 样 式 设 置

在文字标注中，有时需要不同的文字字体，如汉字有宋体、黑体、楷体等字体；英文有 Roman、Romant、Romantic、Complex、Italic 等字体。尤其是汉字是我国用户常用的。因此，针对不同的要求，需要设置不同的文字样式以满足用户。在 AutoCAD 2017 中，用于文字标注的文字样式包括字体、文字高度、宽度以及倾斜角度等，字型可以选择使用字型文件（通常后缀为.shx），也可以使用 Windows 操作系统的系统 TrueType 字体（如宋体、楷体等）。

功能：创建或修改文字样式并设置当前的文字样式。
命令执行方式：
菜单栏："格式"—"文字样式"。
功能区："注释"—"文字"—"管理文字样式"。
工具栏："样式"—"文字样式" 。
命　令：STYLE（也可 ′ STYLE 透明使用）。
操作过程：
执行该命令后，AutoCAD 弹出如图 5-1 所示的"文字样式"对话框。

AutoCAD 2017 中默认的字体样式为标准样式（Standard）。用户可以使用文字样式对话框创建新的文字样式或者修改已有的文字样式。

文字样式对话框的主要内容：
1. 样式（S）
列出了当前可以使用的文字样式，默认的字体样式为"Standard"。
（1）新建（N）。该按钮用于定义一个新的文字样式。单击该按钮，在弹出的"新建文件样式"对话框的"样式名"编辑框中输入要创建的新文字样式的名称，然后单击"确定"，回到"文字样式"对话框，如图 5-2 所示。
（2）置为当前（C）。单击该按钮，可将样式对话框中选定的样式设置为当前。

图 5-1 "文字样式"对话框　　　　　　　　　图 5-2 "新建文字样式"对话框

（3）删除（D）。单击该按钮，可以删除一个已有的文字样式，但无法删除已经被使用的文字样式和默认的字体样式"Standard"。

2. 字体

该区域用于设置当前字型的字体、字体格式等。

（1）字体名（F）。用户可任选取一种样式作为当前字型的字体样式。选择不同的文字字体，其可设置的文字样式不同，对于 True Type 字体一般只有"常规"一种设置，如图 5-3 所示。

（2）SHX 字体（X）。当用户选用"shx"后，复选框"使用大字体"可选，则用"大字体"下拉列表框替代"字体样式"下拉列表框图，如图 5-4 所示，这时用户可以从中选择一种大字体。

图 5-3 设置文字字体　　　　　　　　　　图 5-4 使用大字体

3. 大小

（1）注释性（I）。指定文字为注释性。勾选后，"使文字方向与布局匹配"变为可选，表示在指定图纸空间视口中的文字方向与布局方向匹配。

（2）高度（T）。该编辑框用于设置当前字符高度。一般用户可使用默认的高度为 0，这样用户可以在使用该文字样式进行文字标注时，由用户随机指定文字的高度。

4. 效果

该区域用于设置字符的书写效果。它包括如下内容：

（1）颠倒（E）：该复选框用于设置是否将文本上下颠倒书写。

（2）反向（K）：该复选框用于设置是否将文本左右反向书写。

（3）垂直（V）：该复选框用于设置是否垂直书写文本。True Type 字体不能设置为垂直书写方式。

（4）宽度比例（W）：该编辑框用于设置字符的宽度比例，即字符的宽度和高度之比。取值为 1 表示保持正常字符宽度，大于 1 表示加宽字符，小于 1 表示使字符变窄。

（5）倾斜角度（O）：该编辑框用于设置文本的倾斜角度，大于 0°时，字符向右倾斜；小于 0°时，字符向左倾斜。

如图 5-5 所示，其字符的设置为"颠倒""反向""垂直"时的效果。

【例 5-1】　新建文字样式"用户"，设置其文字样式为"gbenor.shx"，"使用大字体"，大字体样式为"gbcbig.shx"。

（1）点击功能区："注释"—"文字"—"管理文字样式"，如图 5-6 所示。

图 5-5　字符的效果

图 5-6　管理文字样式

（2）AutoCAD 显示"文字样式"对话框，单击"新建"按钮，出现如图 5-2 所示对话框。输入新文字样式名称"用户"。单击确定按钮，返回文字样式对话框。

（3）设置"用户"文字样式如图 5-7 所示。

图 5-7　设置文字样式

（4）单击"关闭"按钮。

5.2　单行文字标注

应用 TEXT 或 DTEXT 可动态地进行文字标注，就如同直接在屏幕上键入文字一样，用户可动态看到输入的文字，并且可以使用后退键（Backspace）逐步删除已经输入的文字。TEXT 或

DTEXT 可为图形标注一行或多行文字，每一行文字作为一个实体。

功能：标注单行文字

命令执行方式：

菜单栏："绘图"—"文字"—"单行文字"。

功能区："默认"—"注释"—"单行文字" 🅰。

命　令：TEXT 或 DTEXT。

操作过程：

执行该命令后，命令窗口提示：

命令：TEXT ✓

当前文字样式："Standard" 文字高度：2.5000 注释性：否 对正：左

指定文字的起点 或 [对正(J)/样式(S)]：S ✓

输入样式名或 [?] <Standard>：?

指定文字的起点 或 [对正(J)/样式(S)]：J ✓

输入选项 [左(L)/居中(C)/右(R)/对齐(A)/中间(M)/布满(F)/左上(TL)/中上(TC)/右上(TR)/左中(ML)/正中(MC)/右中(MR)/左下(BL)/中下(BC)/右下(BR)]：MC ✓

指定文字的中间点：(在屏幕上指定一点)

指定高度 <5.0000>：7 ✓

指定文字的旋转角度 <0>：✓

TEXT:

命令各选项功能如下：

（1）指定文字的起点。

这是该命令的默认选项，也是最常用的选项。当用户指定了一个起点后，命令窗口继续提示：

指定高度 <2.5000>：　　　　　　　　　　　　　(指定文字的高度)

指定文字的旋转角度 <0>：✓　　　　　　　　　(指定文字的旋转角度)

按 Enter 键后，在绘图窗口将出现一个可写文本框，在该框内输入内容即可。

（2）对正（J）。

对正选项决定所标注的文字排列方式。当键入"J"后，命令窗口提示：

输入选项 [左(L)/居中(C)/右(R)/对齐(A)/中间(M)/布满(F)/左上(TL)/中上(TC)/右上(TR)/左中(ML)/正中(MC)/右中(MR)/左下(BL)/中下(BC)/右下(BR)]：MC ✓　　　　　　　　　(用户从中选择一个选项)

单行文字各对正点位置如图 5-8 所示。

图 5-8　单行文字各对正点位置

单行文字对齐方式示意如图 5-9 所示。

命令各选项功能如下：

1）左：指定文字基线上的左点对正文字。

2）居中：指定文字基线上中点对正文字。

左(L)	AutoCAD中文版实用教程	右上(TR)	AutoCAD中文版实用教程
居中(C)	AutoCAD中文版实用教程	左中(ML)	AutoCAD中文版实用教程
右(R)	AutoCAD中文版实用教程	正中(MC)	AutoCAD中文版实用教程
对齐(A)	AutoCAD中文版实用教程	右中(MR)	AutoCAD中文版实用教程
中间(M)	AutoCAD中文版实用教程	左下(BL)	AutoCAD中文版实用教程
布满(F)	AutoCAD中文版实用教程	中下(BC)	AutoCAD中文版实用教程
左上(TL)	AutoCAD中文版实用教程	右下(BR)	AutoCAD中文版实用教程
中上(TC)	AutoCAD中文版实用教程		

图 5-9　单行文字对齐方式示意图

3）右：指定文字基线上右点对正文字。

4）对齐：通过指定基线上的两端点来指定文字的高度和方向。字符的大小根据其高度按比例调整。文字字符串越长，字符越矮。

5）中间：指定文字在基线的水平中点和指定高度的垂直中点上对正文字。

6）布满：通过指定基线上的两端点来指定文字的宽度和方向。文字按照由两点定义的方向和一个宽度值布满一个区域。

7）左上：指定文字顶线上左上点对正文字。

8）中上：指定文字顶线上中点对正文字。

9）右上：指定文字顶线上右上点对正文字。

10）左中：指定为文字左中点对正文字。

11）正中：通过在文字的中央水平和垂直居中点对正文字。"正中"选项与"中间"选项不同，"正中"选项使用大写字母高度的中点，而"中间"选项使用的中点是所有文字包括下行文字在内的中点。

12）右中：指定为文字右中点对正文字。

13）左下：以指定为底线上左下点对正文字。

14）中下：以指定为底线上中点对正文字。

15）右下：以指定为底线上右下点对正文字。

（3）样式（S）。

选择该项，可将当前图形中用户已定义的某种字型设置为当前字型。

命令：TEXT ↙
当前文字样式："Standard" 文字高度： 10.0000 注释性： 否 对正： 左
指定文字的起点 或 [对正(J)/样式(S)]：S ↙
输入样式名或 [?] <Standard>：？ ↙
输入要列出的文字样式 <*>：

若接受默认值，可直接按 Enter 键；或输入所需的样式名称；若键入"？"在如图 5-10 所示的 AutoCAD 文本窗口中显示当前图形已有的文字样式。

【例 5-2】　绘制如图 5-10 所示图形并标注倒角尺寸。

图 5-10　绘制图形并标注倒角尺寸

（1）绘制如图 5-10 所示图形（过程略）。

（2）绘制引出线（过程略）。

（3）标注倒角尺寸。

命令：TEXT ✓

当前文字样式："Standard" 文字高度：2.5000 注释性：否 对正：左

指定文字的起点 或 [对正(J)/样式(S)]：S ✓

输入样式名或 [?] <Standard>：用户 ✓

指定文字的起点 或 [对正(J)/样式(S)]：J ✓

输入选项 [左(L)/居中(C)/右(R)/对齐(A)/中间(M)/布满(F)/左上(TL)/中上(TC)/右上(TR)/左中(ML)/正中(MC)/右中(MR)/左下(BL)/中下(BC)/右下(BR)]：R ✓

指定文字基线的右端点：   (捕捉如图 5-10 右侧倒角引出线的交点)

指定高度 <2.5000>：5 ✓

指定文字的旋转角度 <0>：✓

TEXT：C2 ✓

TEXT：✓

命令：TEXT ✓

当前文字样式："用户" 文字高度：5.0000 注释性：否 对正：右

指定文字基线的右端点 或 [对正(J)/样式(S)]：J ✓

输入选项 [左(L)/居中(C)/右(R)/对齐(A)/中间(M)/布满(F)/左上(TL)/中上(TC)/右上(TR)/左中(ML)/正中(MC)/右中(MR)/左下(BL)/中下(BC)/右下(BR)]：L ✓

指定文字的起点：   (捕捉如图 5-10 左侧倒角引出线的交点)

指定高度 <5.0000>：✓

指定文字的旋转角度 <0>：✓

TEXT：C5 ✓

TEXT：✓

结果如图 5-10 所示。

5.3 多 行 文 字 标 注

在 AutoCAD 2017 中，用户还可以用多行文字 MTEXT 的形式标注文字，与单行文字标注的不同点在于：单行文字命令所创建的文字每一行是一个对象，而多行文字所创建的文字不管包含多少行都作为一个单独的对象。

5.3.1 创建多行文字

（1）功能：标注多行段落文字。

（2）命令执行方式：

菜单栏："绘图"—"文字"—"多行文字"。

功能区："默认"—"注释"—"多行文字" 🅰。

工具栏："绘图"—"多行文字" 🅰。

命 令：MTEXT。

（3）操作过程：

命令操作过程如下：

命令：MTEXT ✓

当前文字样式："用户" 文字高度：5 注释性：否

指定第一角点：

指定对角点或 [高度(H)/对正(J)/行距(L)/旋转(R)/样式(S)/宽度(W)/栏(C)]：

MTEXT：

命令窗口提示用户定义段落文字的边界框，通过定义边界框的两个对角顶点来确定边界框的大小，也可选择一个选项来定义文字的高度、对正方式、行距、旋转角度、文字样式以及宽度，用户可在此处设置这些参数，也可以在随后弹出"文字编辑器"选项卡中进行设置。

5.3.2　设置文字格式

当用户指定边界框的对角点后，AutoCAD 弹出如图 5-11 所示的"文字编辑器"选项卡，并在绘图窗口显示在位文字编辑器。用户可以在在位文本编辑器中编辑文字，在"文字编辑器"选项卡中选择相应的命令按钮进行文字样式或格式的编辑。

图 5-11　"文字编辑器"选项卡

1．在位文字编辑器

用户除了可以进行文字的编辑外，还可以通过其上面的相应功能项进行大小及对齐样式的调整。在位文字编辑器各功能各功能项如图 5-12 所示。

2．样式

样式面板如图 5-13 所示，在样式面板中可以设置多行文字的文字样式、注释性、文字高度和遮罩属性等。

图 5-12　在位文字编辑器

图 5-13　样式面板

（1）样式：指定用于多行文字的文字样式。

（2）注释性：打开或关闭当前文字对象的"注释性"。注释性对象会自动进行调整，以采用相同的大小或比例实现显示的一致性，而不考虑视图的比例。使用此特性，用户可以自动完成缩放注释的过程，从而使注释能够以正确的大小在图纸上打印或显示。

（3）文字高度：先设置文字高度再输入文字或先选中已经输入的文字再设置文字高度可以进行文字高度的设置。

（4）遮罩：设置在文字后放置的不透明背景。选择该项后，AutoCAD 显示"背景遮罩"对话框，如图 5-14 所示。设置遮罩后的文字效果如图 5-15 所示。

图 5-14　"背景遮罩"对话框　　　　　图 5-15　背景遮罩效果

3. 格式

格式面板如图 5-16 所示，在格式面板中可以设置多行文字的字体、颜色、匹配文字格式、粗

图 5-16　格式面板

体、斜体、删除线、下划线、上划线、堆叠、上标、下标、改变字体大小写、清除、字体倾斜角度、字符间距和字符宽度等。

（1）匹配文字格式：将选定文字的格式应用到目标文字。

（2）颜色：指定新文字的颜色或更改选定文字的颜色。

（3）字体：为新输入的文字指定字体或更改选定文字的字体。

（4）粗体、斜体、删除线、下划线、上划线：打开或关闭新文字或选定文字的粗体、斜体、删除线、下划线、上划线。".shx"字体不支持粗体和斜体文字。

（5）上标、下标：将选定文字转换为上标（下标）或将选定的上标（下标）文字更改为普通文字。

（6）堆叠：按下 $\frac{b}{a}$ 按钮可将文字框中含有 "/" "#" "^" 选中字符转换成堆叠表示方式。

1）当字符中包含有 "/" 时，采用水平分数的表示方式，"/" 前的为分子，"/" 后的作分母，如选中 "3/4" 后按下 $\frac{b}{a}$ 按钮后其表示方式为 $\frac{3}{4}$。

2）当字符中包含有 "#" 时，采用斜分式表示方式，如选中 "3#4" 后按下 $\frac{b}{a}$ 按钮，其表示方式为 $\frac{3}{4}$。

3）当字符中包含有 "^" 时，采用上下并排堆叠表示方式，如选中 "3^4" 后按下 $\frac{b}{a}$ 按钮后其表示方式为 $\frac{3}{4}$。

在进行数字输入时，若两数字间含堆叠符号，直接按空格键或按 Enter 键，AutoCAD 会采用自动堆叠特性，并且在堆叠字符右下角显示快捷符号，点击快捷符号将会显示图 5-17 堆叠快捷菜单。单击堆叠特性选项，将会显示如图 5-18 所示堆叠特性对话框。

（7）改变字体大小写：将选定文字更改为大写或小写。

（8）字体倾斜角度：确定文字是向前倾斜还是向后倾斜。如图 5-19 所示，倾斜角度表示的是相对于 90° 角方向的偏移角度。输入一个 –85～85 之间的数值使文字倾斜。倾斜角度的值为正时文字向右倾斜。倾斜角度的值为负时文字向左倾斜。

图 5-17　堆叠快捷菜单　　　图 5-18　"堆叠特性"对话框　　　　　图 5-19　带上下偏差的尺寸

（9）字符间距：增大或减小选定字符之间的空间。常规间距设置是 1.0。

（10）字符宽度：扩展或收缩选定字符。字母的常规宽度设置是 1.0。

【例 5-3】 使用多行文字标注带上下偏差的尺寸 $50^{+0.02}_{-0.03}$。

命令：MTEXT ✓

当前文字样式："Standard" 文字高度：5 注释性：否

指定第一角点：　　　（指定多行文字左下角点）

指定对角点或 [高度(H)/对正(J)/行距(L)/旋转(R)/样式(S)/宽度(W)/栏(C)]：（指定多行文字右上角点）

MTEXT：　　　（在出现的在位文字编辑器中输入 50+0.02^ -0.03）

选中在位文字编辑器中的+0.02^-0.03，如图 5-20 所示。并点击"文字编辑器"选项卡格式面板中的堆叠按钮 ，完成带上下偏差的尺寸的标注。

图 5-20　段落面板

4. 段落

段落面板如图 5-20 所示，在段落面板中可以设置多行文字的对正方式、项目符号和编号、行距、段落对正方式、合并段落、段落等。

（1）文字对正：设置文字的对正方式，共有九个对正选项，如图 5-21 所示。

（2）项目符号和编号：对多行文字进行编号，可以采用数字标记、字母标记、项目符号标记，如图 5-22 所示。

（3）行距：设置多行文字间的行距，可以设置 1.0x、1.5x、2.0x、2.5x 行距，也可以点击"更多"按钮通过显示的"段落"对话框进行行距的设置。点击"清除段落间距"按钮可以删除选定段落或当前段落的行距设置，段落将默认为文字间距设置。行距设置菜单如图 5-23 所示，"段落"对话框如图 5-24 所示。

（4）段落对正方式：设置多行文字段落的对正方式，有默认、左对齐、居中、右对齐、对正和分散对齐六种方式，如图 5-25 所示。

图 5-21　文字对正

图 5-22　项目符号和编号

图 5-23　行距

图 5-24　"段落"对话框

图 5-25　段落对正方式

（5）合并段落：对选中的段落进行合并。合并后的段落间用空格间隔。

5. 插入

插入面板如图 5-26 所示，在插入面板中可以设置多行文字的分栏、符号和字段等。栏如图 5-27 所示。

图 5-26　插入面板　　　　　　　　　　　图 5-27　栏

（1）分栏：设置多行文字的分栏方式，有不分栏、动态栏和静态栏三个选项，如图 5-21 所示。在多行文字中一般仅对汉字进行自动换行，若希望对数字或字母进行换行需要在文本中插入分栏符、Enter 符或空格。

（2）符号：在多行文字中插入特殊的符号，如图 5-28 所示。若符号列表中没有所需要的符号，可以通过点击该列表底部的"其他…"选项，调出"字符映射表"进行选择。

（3）字段：在多行文字中插入特殊的字段，如图 5-29 所示。

图 5-28　符号　　　　　　　　　　　　　图 5-29　字段

6. 拼写检查

拼写检查面板如图 5-30 所示，在拼写检查面板中可以设置多行文字在输入时是否进行拼写检查及检查过程中使用的自定义词典。

（1）拼写检查：确定键入时拼写检查处于打开还是关闭状态。

（2）编辑词典：显示如图 5-31 所示的"词典"对话框，从中可添加或删除在拼写检查过程中使用的自定义词典。

7. 工具

工具面板如图 5-32 所示，在工具面板中可以进行多行文字的查找与替换、插入文本和全部大写等操作。

图 5-30　拼写检查面板　　　　　　图 5-31　"词典"对话框

（1）查找与替换：显示如图 5-33 所示"查找和替换"对话框，进行文本的查找与替换。

（2）插入文本：显示"选择文件"对话框，可以在当前多行文字中插入".txt"或".rtf"格式文本。

（3）全部大写：在选中"全部大写"状态下，不管 CAPS LOCK 键是否处于活动状态，输入的字母均为大写状态。

图 5-32　工具面板　　　　　　图 5-33　"查找和替换"对话框

8. 选项

选项面板如图 5-34 所示，在选项面板中可以设置多行文字的其他文字选项、在位文字编辑器顶部是否显示标尺，以及放弃与重做按钮。

（1）更多：显示文字选项的字符集、编辑器设置和帮助列表，如图 5-35 所示。

（2）标尺：设置是否在在位文字编辑器顶部显示标尺。

【例 5-4】　用多行文字命令输入如图 5-36 所示特殊字符。

$\phi 50$
$30°$
30 ± 0.02
$\overline{Welcome\ to\ BeiJing}$
$\phi 40 \underline{\nabla} 8$

图 5-34　选项面板　　图 5-35　"更多"选项　　图 5-36　特殊字符标注示例

命令: MTEXT ✓
当前文字样式:"Standard" 文字高度: 5 注释性: 否
指定第一角点: (指定多行文字左下角点)
指定对角点或 [高度(H)/对正(J)/行距(L)/旋转(R)/样式(S)/宽度(W)/栏(C)]: (指定多行文字右上角点)
MTEXT: (在出现的在位文字编辑器中输入 50)
在出现的在位文字编辑器中输入:
 %%c50 ✓
30%%d ✓
30 %%p0.02 ✓
 Welcome to BeiJing ✓   (选中"Welcome"点击如图 5-16 格式面板中的下划线按钮 U ；选中"BeiJing"点击如图 5-16 格式面板中的上划线按钮 O)
 %%c40x8 ✓   (选中"x"在如图 5-16 格式面板中设置其字体为"GDT"。或点击图 5-26 插入面板中的符号按钮,在出现的如图 5-28 所示符号菜单中选择"其他"选项,在出现的"字符映射表"中选择"GDT"字体,复制下沉符号,如图 5-37 所示。再在多选文字中粘贴。)

图 5-37 字符映射表

5.4 编 辑 文 字

编辑文字的常用方法有三种,第一种是双击文字,即可打开文字编辑器;第二种方法是用 DDEDIT 命令来编辑使用 TEXT 和 MTEXT 命令绘制的文字;第三种方法是使用对象特性来编辑文字对象的各种属性。下面分别介绍后面两种方法。

5.4.1 用 TEXTEDIT 命令编辑文字

(1)功能:编辑文字
(2)命令执行方式:
菜单栏:"修改"—"对象"—"文字"—"编辑"。

工具栏："文字"—"编辑" 。

命　令：TEXTEDIT。

（3）操作过程：

执行该命令后，命令窗口提示如下：

命令:TEXTEDIT。

当前设置: 编辑模式 = Single

选择注释对象或 [模式(M)]:

命令各选项功能如下：

模式：控制是否自动重复命令。选择该项后系统显示：

选择注释对象或 [模式(M)]: m

输入文本编辑模式选项 [单个(S)/多个(M)] <Single>: M

1）单一：修改选定的文字对象一次，然后结束命令。

2）多个：进入多个模式，该模式允许您在命令持续时间内编辑多个文字对象。

5.4.2　利用对象特性窗口编辑文字

（1）功能：显示和修改选择文字对象的特性。

（2）命令执行方式：

菜单栏："修改"—"特性"。

功能区："默认"—"特性"—"特性" 。

工具栏："标准"—"特性" 。

命　令：PROPERTIES 或 DDMODIFY。

（3）操作过程：

执行该命令后，AutoCAD 弹出如图 5-38 所示的"特性"对话框。若选中的是由 DTEXT 命令创建的单行文字对象，则弹出如图 5-38（a）所示的"特性"对话框；若选中的是由 MTEXT 命令创建的多行文字对象，则弹出如图 5-38（b）所示的"特性"对话框。

用户可在窗口特性列表中编辑文字对象的各种特性。

(a)　　　　　　　　　　　　(b)

图 5-38　文字特性

（a）单行文字特性；（b）多行文字特性

5.5　创 建 与 编 辑 表 格

在 AutoCAD 2017 中文版中，用户可以使用创建表格命令来建立表格，还可以从 Microsoft Excel 中直接复制表格，并将其作为 AutoCAD 表格对象粘贴到图形中。此外，用户还可以输出来自 AutoCAD 的表格数据，以供在 Microsoft Excel 或其他应用程序中使用。

5.5.1　表格样式设置

（1）功能：创建或修改表格样式并设置当前的表格样式。

（2）命令执行方式：

菜单栏："格式"—"表格样式"。

功能区："默认"—"注释"—"表格样式" ▣。

命 令：TABLESTYLE。

（3）操作过程：

执行该命令后，AutoCAD 弹出如图 5-39 所示的"表格样式"对话框。

图 5-39　"表格样式"对话框

该对话框的主要内容：

1）样式（S）。用于显示当前图形所有的表格样式。

2）预览。用于预览选中的表格样式的显示效果。

3）列出（L）。是显示图形中的所有样式，还是显示正在使用的样式。

4）置为当前（U）。该按钮用于将选中的表格样式设置为当前。

5）新建（N）。该按钮用于创建新的表格样式。

6）修改（M）。该按钮用于在打开的"修改表格样式"对话框中修改选中的表格样式。

7）删除（D）。该按钮用于删除选中的表格样式。

5.5.2　新建表格样式

在"表格样式"对话框中，单击"新建"按钮，打开"创建新的表格样式"对话框，如图 5-40 所示。

在"新样式名"文本框中输入新的表格样式名，在"基础样式"下拉列表中选择一种基础样式，新样式将在该样式的基础上进行修改，然后单击"继续"，将打开"新建表格样式"对话框，如图 5-41 所示。使用该对话框，用户可以设置表格的样式。

图 5-40　"创建新的表格样式"对话框

图 5-41　"新建表格样式"对话框

1. 起始表格

用户可以在图形中指定一个表格用作样例来设置当前表格样式的格式，选择表格后，可以指定要从该表格复制到表格样式的结构和内容。

2. 常规

设置表格方向。"向下"将创建由上而下读取的表格。"向上"将创建由下而上读取的表格。

3. 单元样式

定义新的单元样式或修改现有单元样式。单元样式主要包括标题、表头和数据三类，用户可以单击 （创建新单元样式）或 （管理单元样式）按钮，以创建新单元样式或对单元样式进行管理。

每一类单元样式主要包括常规、文字和边框三个方面，用户可以通过三个选项卡进行设置。三个选项卡的含义如下：

（1）常规：主要对单元格的填充颜色、单元内容的对齐方式、格式、类型，以及单元内容与单元格四周的间距进行设置。一般设置对齐方式为正中；格式为文字；水平、垂直间距为 0.5。

（2）文字：主要对单元内容的文字样式、文字高度、文字颜色和文字角度进行设置，一般设置文字高度为 3.5 或 5，如图 5-42 所示。

（3）边框：主要对单元格边框的线宽、线型、颜色、间距及有无边框等进行设置，一般采用默认设置即可，如图 5-43 所示。

图 5-42　文字标签页

图 5-43　边框标签页

5.5.3 创建表格

（1）功能：创建一张新的表格。

（2）命令执行方式：

菜单栏："绘图"—"表格"。

功能区："默认"—"注释"—"表格"▦。

工具栏："绘图"—"表格"▦。

命　令：Table。

（3）操作过程：

执行该命令后，AutoCAD 弹出如图 5-44 所示的"插入表格"对话框。

图 5-44　"插入表格"对话框

1）表格样式。用于选择表格样式。

2）插入选项。选择"从空白表格开始"单选按钮，创建可以手动填充数据的空表格；选择"自数据链接"单选按钮，可以从外部电子表格中的数据创建表格；选择"自图形中的对象数据（数据提取）"单选按钮，启动"数据提取"向导。

3）插入方式。选择"指定插入点"单选按钮，可以在绘图窗口中的某点插入固定大小的表格；选择"指定窗口"单选按钮，可以在绘图窗口中通过拖拉表格边框来创建任意大小的表格。

4）列和行设置。可以通过改变"列""列宽""数据行"和"行高"文本框中的数值来调整表格的外观大小。

表格的行高是以行的倍数形式来设置的，其具体的高度值有一个最小值，行高的最小值与表格样式中的文字高度和垂直页边距有关。一般说来表格的最小行高=4×文字高度÷3+2×垂直页边距。

5）设置单元样式。设置表格第一行、第二行和其他行的单元样式，主要有标题、表头和数据，结果可在预览中看出。

【例 5-5】 绘制如图 5-45 所示的 6 行 9 列，列宽 20，1 行高的表格（表格样式：第一行单元样式为标题，第二行单元样式为表头，所有其他行单元样式为数据）。

（1）单击功能区默认—注释—表格 ▦ 命令，AutoCAD 弹出"插入表格"对话框。设置结果如图 5-44 所示。

（2）单击如图 5-44 所示"插入表格"对话框中的"确定"按钮。AutoCAD 返回绘图窗口，在绘图窗口单击鼠标完成表格的绘制。

图 5-45　创建表格

5.5.4　编辑表格和表格单元

1. 表格文字的输入

双击表格中的单元格即可打开文字编辑器，对单元格式进行文字输入，如图 5-46 所示。

2. 利用夹点编辑表格

当选中表格后，在表格的四周、标题行上将显示许多夹点，如图 5-47 所示。用户可以通过拖动这些夹点来编辑表格。利用夹点编辑整个表格的方法如图 5-48（a）所示，利用夹点编辑某一单元格的方法如图 5-48（b）所示。

图 5-46　表格文字的输入

图 5-47　显示表格的夹点

(a)

(b)

图 5-48　利用夹点编辑表格

（a）夹点编辑整个表格；（b）夹点编辑单元格

3. 利用"表格单元"选项卡编辑表格

选中表格中的单元格后，AutoCAD 弹出如图 5-49 所示"表格单元"选项卡。利用该选项卡中相应功能按钮可以进行表格行、列的插入、删除，单元格合并与取消，单元格样式设置、单元格格式设置等操作。

图 5-49　"表格单元"选项卡

4. 利用右键快捷菜单和"特性"选项板编辑表格

选中表格中的单元格，右击鼠标 AutoCAD 弹出的快捷菜单如图 5-50 所示。利用快捷菜单中的相应选项可以对表格进行单元样式、背景填充、对齐、边框等进行编辑操作。

单击图 5-51 所示表格右键快捷菜单中的特性选项可以打开表格"特性"选项板，利用该选项板可以修改单元格的高度、宽度、颜色等特性，如图 5-51 所示。

图 5-50　表格右键快捷菜单　　　　　图 5-51　表格的"特性"选项板

【**例 5-6**】　对 [例 5-5] 创建的表格进行编辑，使其如图 5-52 所示。

图 5-52　编辑表格

（1）打开［例 5-5］创建的表格。

（2）选中表格第一行和第二行，点击如图 5-49 所示"表格单元"选项卡，"行"面板上的"删除行"命令，删除表格的上面两行。

（3）选中表格的所有单元格，右击鼠标 AutoCAD 弹出的快捷菜单如图 5-50 所示，选择"特性"选项，打开表格"特性"选项板如图 5-51 所示。修改单元格的文字高度为 5；垂直单元边距为 0.5；单元高度为 8；对齐方式为正中。

（4）根据如图 5-52 所示单元格宽度，选择中相应单元格后，在"特性"选项板修改相应单元宽度。

（5）选中需要合并的单元格，点击如图 5-49 所示"表格单元"选项卡，"合并"面板上的"合并单元"命令，AutoCAD 弹出如图 5-53 所示合并单元列表，单击其中的"合并全部"命令完成单元格的合并。

（6）选中表格的所有单元格，点击如图 5-49 所示"表格单元"选项卡，"单元样式"面板上的"编辑边框"命令，出现如图 5-54 所示"单元边框特性"对话框，设置"边框特性"栏中的线宽为 0.35，再点击预览上方的外边框按钮 。

图 5-53　合并单元格　　　　　图 5-54　单元边框特性

5.6　文字标注实例

【例 5-7】　绘制如图 5-55 所示的明细栏，并应用 TEXT 命令填写明细栏中的文字。

1. 分析

明细栏是工程图样"装配图"中不可缺少的内容之一。其特点是在明细栏中有多项内容，且每个零件都不同，要分别填写。

5		齿 轮	1	m=1.5 z=30
4		端 盖	2	
3	GB/T276-94	轴 承	2	
2		轴	1	
1		箱 体	1	
序号	代 号	名 称	数量	备 注

图 5-55　绘制明细栏

2. 绘制步骤

（1）使用表格命令或绘图命令绘制如图 5-55 所示明细栏（过程略）。

（2）填写明细栏标题，如图 5-56 所示（过程略）。

命令：TEXT ✓
当前文字样式："Standard" 　文字高度：10 　注释性：　否
指定文字的起点或 [对正(J)/样式(S)]：j ✓　　　　　　　　　（设置对齐形式）
输入选项
[对齐(A)/布满(F)/居中(C)/中间(M)/右对齐(R)/左上(TL)/中上(TC)/右上(TR)/左中(ML)/正中(MC)/右中(MR)/左下(BL)/中下(BC)/右下(BR)]：mc ✓　　　　（设置正中对齐形式）
指定文字的中间点：　　　　　　　　　　　　　　　　（在"序号"矩形框中间拾取一点）
指定高度 <10>：3.5 ✓
指定文字的旋转角度 <0>：✓　　　　　　　　　　　　　（出现矩形文本窗口）
输入"序号"文字后按 Enter 键。

重复上述操作，填写完明细栏第一行，如图 5-46 所示。

注 意

1. 文字中间的间隔可以用空格键调整。

2. 图中的尺寸作为参考，不用标出。

图 5-56　书写明细栏标题

（3）复制明细栏标题，如图 5-57 所示（过程略）。

命令：COPY ✓
选择对象：指定对角点：找到 14 个　　　　　　　　　（用交叉窗口全选）
选择对象：✓
指定基点或 [位移(D)] <位移>：　　　　　　　　　　（拾取矩形框左下角点）
指定第二个点或 <使用第一个点作为位移>：　　　　　　（拾取矩形框左上角点）
指定第二个点或 [退出(E)/放弃(U)] <退出>：　　　　　（按顺序向上继续拾取）

指定第二个点或 [退出(E)/放弃(U)] <退出>:

指定第二个点或 [退出(E)/放弃(U)] <退出>:　✓　　　　　(完成复制)

结果如图 5-47 所示。

序 号	代 号	名 称	数 量	备 注
序 号	代 号	名 称	数 量	备 注
序 号	代 号	名 称	数 量	备 注
序 号	代 号	名 称	数 量	备 注
序 号	代 号	名 称	数 量	备 注
序 号	代 号	名 称	数 量	备 注

图 5-57　复制不同零件明细栏的位置

（4）使用 DDEDIT 命令修改明细栏内容。

命令：DDEDIT　✓

选择注释对象或 [放弃(U)]:　　　　　　　　　　（选择要修改的文字"序号"，改为"1"）

选择注释对象或 [放弃(U)]:　　　　　　　　　　（继续选择修改文字，直至结束）

如图 5-58 所示。

序 号	代 号	名 称	数 量	备 注
序 号	代 号	名 称	数 量	备 注
序 号	代 号	名 称	数 量	备 注
2	代 号	轴	1	备 注
1	代 号	箱 体	1	备 注
序 号	代 号	名 称	数 量	备 注

图 5-58　修改文字内容

完成后的明细栏如图 5-55 所示。

思 考 题

1. 如何设置"文字样式"？

2. 单行文字的输入步骤是什么？

3. 如何理解文字的对齐方式，怎么设置？

4. 多行文字的输入特点？

5. 如何输入"°""ϕ""±"等特殊符号？

6. 编辑文字的命令有哪些？

7. 如何设置表格样式和创建一张新的表格？

第6章 尺寸标注

 学习目标

（1）按照国家标准的要求，完成图样中各种不同类型尺寸的标注。
（2）在尺寸标注的过程中，要做到正确、完整、清晰。

学习内容

（1）掌握尺寸标注样式的设置。
（2）正确应用基本的标注类型，标注线性、角度等尺寸。
（3）掌握引线标注、快速标注等方法。
（4）应用 DIMEDIT 命令、夹点方式、特性管理器等对所标注的尺寸进行编辑。
（5）在标注时要灵活应用目标捕捉等辅助的定位工具，提高作图的准确性和绘图速度。

6.1 尺 寸 标 注 概 述

6.1.1 尺寸标注的组成

一个完整的尺寸标注由尺寸线、尺寸界线和尺寸数字组成，如图 6-1 所示。

图 6-1 尺寸的组成

1. 尺寸界线

从图形的轮廓线、轴线、对称中心线引出，有时也可以借助于轮廓线，用以表示尺寸起始位置的线。一般情况下，尺寸界线应与尺寸线相互垂直。

2. 尺寸线

一般与所标注的对象平行，放在两尺寸界线之间的线。尺寸线不能借助于任何的图线，必须单独画出。

3. 尺寸数字

标注在尺寸线的上方或中断处，用以表示所选定图形的具体大小。AutoCAD 自动生成所要标注图形的尺寸数值，用户可以接受、添加或修改此尺寸数值。

除此之外，在 AutoCAD 中出现的旁注线标注、中心标记等都是尺寸组成内容的延伸，在具体的标注中，给予介绍。

6.1.2 尺寸标注的准备工作

为准确、快速地标注尺寸并方便尺寸的修改，在标注尺寸前应做好下面的准备工作：

（1）建立一个新图层，专门用于标注尺寸。

（2）创建尺寸文字的文字样式。

（3）设置尺寸标注样式。

（4）保存或输出用户所设置的尺寸标注格式，供以后作图时使用，从而提高作图效率。

（5）打开自动捕捉模式，并设定"端点""圆心""中点""交点"等捕捉类型。

（6）检查所标注的尺寸，并用尺寸标注编辑命令进行调整、修改不合适的尺寸。

6.2 设置尺寸标注样式

在标注尺寸中所使用的标注文字字体、放置形式、文字高度、箭头样式和大小、尺寸界线的偏移距离以及超出标注线的延伸量等尺寸标注的特性称为标注样式。用户可以通过"标注样式管理器"对话框来设置和管理标注样式。AutoCAD 中默认的尺寸标注样式是 ISO-25。

（1）功能：创建和修改尺寸标注样式，并设置当前尺寸标注样式。

（2）命令执行方式：

菜单栏："格式" — "标注样式"。

功能区："默认" — "注释" — "标注样式" ⊞。

工具栏："标注" — "标注样式" ⊠。

图 6-2 "标注样式管理器"对话框

命　令：DIMSTYLE。

（3）操作过程：

执行该命令后，AutoCAD 弹出如图 6-2 所示的"标注样式管理器"对话框。

6.2.1 标注样式管理器

在"标注样式管理器"对话框中，用户可以新建、修改、替换和编辑尺寸标注样式。下面介绍各项功能。

1. 当前标注样式

显示当前正在使用的标注样式。

2. 样式

在"样式"列表框中列出所有的样式的名称，可单击名称选择某种样式。AutoCAD 提供了三种样式，ANNOTATIVE（注释性标注）、ISO-25（国际标准）和 STANDARD（AutoCAD 自带的标注标准）。

3. 列出

从该下拉列表中选择在"样式"列表框显示的样式种类，默认的所有类型的样式都显示在"样式"列表框，也可以选择仅列出正在使用的样式。

4. 不列出外部参照中的样式

该复选框控制是否在"样式"列表框中列出外部参照中的标注样式。

5. 置为当前

用户在"样式"列表框中选择一个标注样式，然后单击此按钮，即将它设置为当前标注样式。用户也可以双击"样式"列表框中的样式名将该样式置为当前样式。

6. 新建

单击此按钮新建一种标注样式，AutoCAD 弹出如图 6-3（a）所示的"创建新标注样式"对话框，用户可以使用该对话框创建新样式。

（a）   （b）

图 6-3 创建新标注样式

（a）"创建新标注样式"对话框；（b）新标注样式应用范围

（1）新样式名：用于指定新样式的名称。

（2）基础样式：该下拉列表框用于选择从哪个样式开始创建新样式，即选择基础样式。

（3）注释性：指定标注样式为注释性。单击信息图标 ⓘ 以了解有关注释性对象的详细信息。

（4）用于：限定新标注格式的应用范围。该下拉列表框共有 7 个选项：所有标注、线性标注、角度标注、半径标注、直径标注、坐标标注、引出线和公差标注，如图 6-3（b）所示。例如：如果用户想改变标注直径时尺寸文字的书写方式，就可以在此选择"直径"项，然后再进行具体的设置。这样，只有标注直径尺寸时，这种新方式才被应用，其他类型的标注样式维持原有的标注方式。

完成上述操作后选择"继续"按钮进入样式的各种特性设置。AutoCAD 弹出如图 6-4 所示的"新建标注样式"对话框。

在"新建标注样式"对话框中包含有七个选项卡：线、符号和箭头、文字、调整、主单位、换算单位和公差。其中还有很多的特性设置，后面再详细介绍。

7. 修改

单击该按钮弹出"修改标注样式"对话框，用户可以使用该对话框对选中标注样式的各种设置进行修改。

8. 替代

用户可以通过此按钮为一种标注样式建立临时替代样式，以满足某些特殊要求。在进行具体尺寸标注时，当前标注样式的替代样式将应用到所有尺寸标注中，直到用户删除替代样式为止。

9. 比较

该按钮用于比较两种标注样式的不同点。单击"比较"按钮后，AutoCAD 弹出如图 6-5 所示的"比较标注样式"对话框。其中：

图 6-4　"新建标注样式"对话框　　　　　　　图 6-5　"比较标注样式"对话框

（1）比较：选择要比较的标注样式。

（2）与：选择一种用于比较的标注样式。

（3）AutoCAD 发现 20 个区别：在此框中将显示两种标注样式的区别。其中的 20 为有 20 个方面有所不同，并在列表框图中显示这 20 个方面的内容。

6.2.2　设置尺寸标注样式

用户可以单击"标注样式管理器"中的"修改"或"替代"按钮以及"创建新标注样式"对话框中的"继续"按钮后，都可打开"新建标注样式"对话框，进行具体的尺寸样式设置。

1. 线

用户可以通过"线"选项卡，来设置尺寸线、尺寸界线的格式和位置特征。该选项卡如图 6-4 所示。

（1）尺寸线。

该栏用于设置尺寸线的特征，主要包括颜色、线型、线宽、超出标记、基线间距和尺寸线的可见性等。

1）颜色：设置尺寸线的颜色，用户可从"颜色"下拉列表框中直接选择一种颜色，系统默认的颜色为"By Block"。

2）线型：设置尺寸线的线型，用户可从"线型"下拉列表框中直接选择一种线型，系统默认的线型为"By Block"。

3）线宽：设置尺寸线的线宽，用户可从"线型"下拉列表框中直接选择一种线型，系统默认的线宽为"By Block"。

4）超出标记：当尺寸箭头设置为建筑标记、倾斜、小点、积分和无标记时，该值用于设置尺

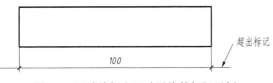

图 6-6　尺寸线超出尺寸界线的标记示例

寸线超出尺寸界线并延伸出来的长度，如图 6-6 所示。

5）基线间距：此选项决定了平行尺寸线间的距离。例如：当创建基线标注尺寸时，相邻尺寸线间的距离由该选项控制，如图 6-7 所示。

6）隐藏：该项包含两个复选框"尺寸线 1"和"尺寸线 2"，分别控制是否显示尺寸线 1 和尺寸线 2，选中的为不显示。尺寸线的显示效果如图 6-8 所示。

图 6-7　基线间距　　　　　　　　　　图 6-8　隐藏尺寸线

（2）尺寸界线。

尺寸界线栏用于设置尺寸界线的特性，主要包括颜色、线型、线宽、尺寸界线超出尺寸线的伸长量、起点偏移量和尺寸界线的可见性等。

1）颜色：设置尺寸线的颜色，用户可从"颜色"下拉列表框中直接选择一种颜色，系统默认的颜色为"By Block"。

2）线型：设置尺寸线的线型，用户可从"线型"下拉列表框中直接选择一种线型，系统默认的线型为"By Block"。

3）线宽：设置尺寸线的线宽，用户可从"线型"下拉列表框中直接选择一种线型，系统默认的线宽为"By Block"。

4）超出尺寸线：用于设置尺寸界线超出尺寸线的长度，如图 6-9 所示。

5）起点偏移量：设置尺寸界线起点离标注尺寸源点的偏移距离，如图 6-10 所示。

图 6-9　超出尺寸线　　　　　　　　　图 6-10　起点偏移量

6）隐藏：该项包含两个复选框"尺寸界线 1"和"尺寸界线 2"，分别控制是否显示尺寸界线 1 和尺寸界线 2，选中的为不显示。尺寸界线的显示效果如图 6-11 所示。

图 6-11　隐藏尺寸界线

2. 符号和箭头

用户可以通过"符号和箭头"选项卡，设置标注箭头的类型、圆心标记、弧长符号和半径标注折弯，如图 6-12 所示。

（1）箭头。

用于控制箭头的显示外观，用户可以将两尺寸线箭头设置为不同的形式。

1）第一项和第二项：这两个下拉列表用于选择尺寸线两端箭头的样式，AutoCAD 中提供了 20 种标准的箭头类型，如图 6-13 所示。如果选择了第一个箭头的形式，第二个箭头也将采用相同的形式，要想使它们不同，就需要在第一个下拉列表和第二个下拉列表中分别进行设置。

图 6-12 "符号和箭头"选项卡

图 6-13 选择箭头的标志符号

2）引线：用于设置引线标注时引线起点处的箭头样式。

3）箭头大小：用于设置箭头的大小尺寸。

（2）圆心标记。

用于设置标注圆或圆弧中心的标记类型和标记大小。

1）类型：该列表有 3 个选项，可以控制是否产生圆心标记或画中心线，其效果如图 6-14 所示。

无 标记 直线

图 6-14 圆心标记

注 意

只有把尺寸线放在圆或圆弧的外边时，AutoCAD 才绘制圆心标记或中心线。

2）大小：在该选项中设定圆心标记或圆心中心线大小。

3）折断标注：显示和设置用于折断标注的间距大小。

可以将折断标注添加到线性标注、角度标注和坐标标注等，如图 6-15 所示。

4）弧长符号。

用于设置弧长标注时符号的前缀、上方和有无形式，如图 6-16 所示。

图 6-15　折断标注

图 6-16　弧长符号

5）半径折弯标注。

设置半径标注折弯的角度，如图 6-17 所示。

6）线性折弯标注：用于控制线性标注折弯的显示，当标注不能精确表示实际尺寸时将折弯线添加到线性标注中，如图 6-18 所示。

图 6-17　半径折弯标注　　　　　图 6-18　线性折弯标注

3. 文字

用户可以通过"文字"选项卡来设置尺寸标注文字的样式、放置以及对齐方式等特性，在"新建标注样式"对话框中选择"文字"标签后，弹出的"文字"选项卡如图 6-19 所示。

（1）文字外观。

1）字体样式：在这个下拉列表中选择文字样式，或单击"文字样式"框右边的按钮打开"文字样式"对话框来新建或修改文字样式。

2）文字颜色：设置尺寸文字的颜色，默认是"ByBlock"。

3）填充颜色：设置尺寸文字背景的填充颜色，默认是"无"。

4）文字高度：在此框中指定尺寸文字的高度。若在文字样式中已设定了文字高度，则此框中设置的文字高度无效。

5）分数高度比例：设定相对于标注文字的

图 6-19　"文字"选项卡

分数比例。仅当在"主单位"选项卡上选择"分数"作为"单位格式"时，此选项才可用。

6）绘制文字边框：选中该复选框，则在标注文字周围绘制一个方框，用于工程图样中特殊尺寸的标注。

（2）文字位置。

在该栏中用户可控制标注文字的放置方式和位置。

1）垂直：控制文字相对尺寸线的位置对正方式，即垂直方向文字的放置位置。有五种位置放置，如图 6-20 所示。其中 JIS 为日本工业标准，它是在 ISO 标准的基础上做了一些修改。

图 6-20　文字垂直位置

2）水平：控制文字沿尺寸线靠近尺寸界线线的对正方式，即水平方向文字的放置位置。有五种位置，如图 6-21 所示。

图 6-21　文字水平位置

3）从尺寸线偏移：设置尺寸标注文字离尺寸线的间隙距离，文字间隙距离定义如图 6-22 所示。

（3）文字对齐。

1）水平：水平放置文字，文字角度与尺寸线角度无关，如图 6-23（a）所示。

2）与尺寸线对齐：文字角度与尺寸线角度保持一致，如图 6-23（b）所示。

图 6-22　文字偏移

3）ISO 标准：当文字在尺寸尺寸界线内时，文字与尺寸线对齐。当文字在尺寸界线外时，文字水平排列，如图 6-23（c）所示。

图 6-23　文字对齐形式

（a）水平；（b）与尺寸线对齐；（c）ISO 标准

图 6-24 "调整"选项卡

4. 调整

用户可以通过"调整"选项卡来控制尺寸标注文字、箭头、引出线以及尺寸线的位置。在"新建标注样式"对话框中选择"调整"标签,弹出如图 6-24 所示的"调整"选项卡。

(1)调整选项。

根据尺寸界线之间的有效空间控制文字和箭头放置在尺寸界线的里面还是外面,以达到最佳效果。AutoCAD 提供了以下选项:

1)文字或箭头(最佳效果):对标注文字及箭头进行综合考虑,自动选择将其中之一放在尺寸界线外侧,以达到最佳标注效果。

2)箭头:选择此选项后,AutoCAD 尽量将箭头放在尺寸界线内;否则,文字和箭头都放在尺寸界线外。

3)文字:选择此项后,AutoCAD 尽量将文字放在尺寸界线内;否则,文字和箭头都在尺寸界线外。

4)文字和箭头:当尺寸界线间不能同时放下文字和箭头时,就将文字和箭头都放在尺寸界线外。

5)文字始终保持在尺寸界线之间:选择此选项后,AutoCAD 总是把文字放置在尺寸界线内。

6)若不能放在尺寸界线内,则消除箭头:该选项可以和前面的选项一同使用。若尺寸界线间的空间不足以放下尺寸箭头,且箭头也没有被调整到尺寸界线外时,AutoCAD 将不绘出箭头。

(2)文字位置。

1)尺寸线旁边:当标注文字在尺寸界线外时,将文字放置在尺寸线旁边,如图 6-25 所示。

2)尺寸线上方,加引线:当标注文字在尺寸界线外时,把标注文字放在尺寸线上方,并用指引线与其相连,如图 6-25 所示。若选中此选项,则移动文字时将不改变尺寸线位置。

3)尺寸线上方,不加引线:当标注文字在尺寸界线外时,把标注文字放在尺寸线上方,但不用指引线与其连接,如图 6-25 所示。若选中此项,则移动文字时将不改变尺寸线的位置。

(3)标注特征比例。

用于设置所有标注的比例值或图纸空间的比例。

1)使用全局比例:全局比例值将影响尺寸标注所有组成元素的大小,如标注文字、尺寸箭头等,如图 6-26 所示。

图 6-25 文字放置的位置   图 6-26 全局比例对尺寸标注的影响

2)将标注缩放到布局。

选择此项后,全局比例不再起作用。当前尺寸标注的缩放比例是模型空间相对于图纸空间的比例。

(4)优化。

1)手动放置文字:该选项使用户可能手工放置文字位置。

2)在尺寸界线之间绘制尺寸线:选中该选项后,AutoCAD 总是在尺寸界线间绘制尺寸线。

否则，当将尺寸箭头移至尺寸界线外侧时，不画出尺寸线，如图 6-27 所示。

打开"在尺寸界线之间绘制尺寸线"　　　　　关闭"在尺寸界线之间绘制尺寸线"

图 6-27　在尺寸界线之间绘制尺寸线

5. 主单位

用户可以通过"主单位"选项卡来设置尺寸标注主单位的精度和格式，并可给标注文字设置前缀和后缀。在"新建标注样式"对话框中选择"主单位"标签，弹出如图 6-28 所示的"主单位"选项卡。

（1）线性标注。用于设置线性标注的主单位格式和精度。

1）单位格式：在此下拉列表中选择所需的长度单位类型。

2）精度：设定长度型尺寸数字的精度（小数点后显示的位数）。

3）分数格式：当单位格式为建筑或分数时设置分数的格式。

4）小数分隔符：当单位格式为小数时设置小数部分的分隔符号，AutoCAD 提供了 3 种分隔符：逗号、句点、空格。

图 6-28　"主单位"选项卡

5）舍入：用于设定标注测量数值的四舍五入规则（角度除外）。例如：如果在此栏中输入 0.04，则 AutoCAD 将标注数字的小数部分近似到最接近 0.04 的整数倍。

6）前缀/后缀：用于给标注文字添加一个前缀或后缀。

（2）测量单位比例。

用于设置尺寸标注时测量的比例因子，默认值为 1，表示按绘图的实际长度进行标注。选中"仅应用到布局标注"复选框表示只对布局尺寸标志有效。

（3）消零。

用于控制线性标注文字是否显示无效的数字 0。

1）前导：隐藏小数点前的 0 的显示，如 0.034 将显示.034。

2）后续：隐藏小数点后的 0 的显示，如 0.020 将显示 0.02。

3）辅助单位因子：将辅单位的数量设定为一个单位。它用于在距离小于一个单位时以辅单位为单位计算标注距离。例如，如果后缀为 m 而辅单位后缀为以 cm 显示，则输入 100。

4）辅助单位后缀：在标注值子单位中包含后缀。可以输入文字或使用控制代码显示特殊符号。例如，输入 cm 可将.96m 显示为 96cm。

5）0 英尺：如果长度小于一英尺，则消除英尺一英寸标注中的英尺部分。例如，0′-6 1/2 ″

变成 6 1/2 "。

6）0 英寸：如果长度为整英尺数，则消除英尺—英寸标注中的英寸部分。例如，1′-0 " 变为 1′。

（4）角度标注。

用于设置角度尺寸的单位格式和精度。

1）单位格式：选择角度的单位类型，默认为十进制度数。

2）精度：设置角度型尺寸数字的精度（小数点后显示的位数）。

3）前导：隐藏角度型尺寸数字前面的 0。

4）后续：隐藏角度型尺寸数字后面的 0。

6. 换算单位

用户可以通过"换算单位"选项卡来设置替代测量单位的格式和精度以及前缀和后缀等。在"新建标注样式"对话框中选择"换算单位"标签，弹出"换算单位"选项卡如图 6-29 所示。

默认时尺寸标注不显示替代单位标注，该选项卡无效呈灰色显示。只有选中"显示换算单位"复选框才有效。

（1）换算单位。用于设置当前除角度之外所有标注的换算单位格式、精度、换算单位乘法器、舍入精度及前后缀等。

1）单位格式：在此下拉列表中设置换算单位类型，主要有科学、小数、工程等。

2）精度：设置换算单位的精度。

3）换算单位倍数：在此栏中指定主单位与换算单位间的比例因子。例如：若主单位是英制，换算单位为十进制，则比例因子为 25.4。

4）舍入精度：用于设定标注测量数值的四舍五入规则（角度除外）。

5）前缀/后缀：用于给标注文字添加一个前缀或后缀。

（2）消零。用于控制线性标注文字是否显示无效的数字 0。

（3）位置。用于控制替代单位的放置方式。

主值后：将替代单位标注放置在主单位的后面。

主值下：将替代单位标注放置在主单位的下面。

7. 公差

用户可以通过"公差"选项卡来控制尺寸标注文字公差的格式。在"新建标注样式"对话框中选择"公差"标签，弹出"公差"选项卡如图 6-30 所示。

图 6-29 "换算单位"选项卡

图 6-30 "公差"选项卡

（1）公差格式。

用于指定公差显示方式、精度、上偏差、下偏差等格式。

1）方式：设置以何种形式标注公差。下拉列表中包含无、对称、极限偏差、极限尺寸和基本尺寸 5 个选项，常用的几种如图 6-31 所示。

图 6-31　尺寸公差标注示例

2）精度：设置尺寸公差的精度。

3）上偏差：设置尺寸的上偏差值。

4）下偏差：设置尺寸的下偏差值。

5）高度比例：设定公差文字高度与主标注文字高度的比例。

6）垂直位置：用于控制对称和极限偏差公差文字和主标注文字的对正方式。有"上""中""下"三种形式："上"表示公差文字与主标注文字的顶线对齐；"中"表示与主标注文字中线对齐；"下"表示与主标注文字底线对齐。

7）消零：隐藏偏差数字中前、后面零的显示。

（2）换算单位公差。

该栏用于设置换算单位公差的精度和消零规则，与前述相同。

【例 6-1】 新建标注样式"USER"，基础样式为 ISO-25，并合理设置该标注样式。

（1）点击功能区默认—注释—标注样式，AutoCAD 弹出如图 6-2 所示的"标注样式管理器"对话框。

（2）单击"新建"按钮，AutoCAD 弹出如图 6-3（a）所示的"创建新标注样式"对话框，在新样式名中输入"USER"。

（3）单击"创建新标注样式"对话框中的"继续"按钮后，打开"新建标注样式"对话框。

（4）单击"线"选项卡，设置尺寸线栏的基线间距为 10，尺寸界线超出尺寸线度长为 2；尺寸界线起点偏移量为 0。

（5）单击"文字"选项卡，设置文字外观栏的文字高度为 5；文字对齐栏为 ISO 标准。

（6）单击"调整"选项卡，调整选项栏为文字和箭头。

（7）单击"主单位"选项卡，线性标注栏的精度为 0.000；小数分隔符为句点。

（8）单击"确定"按钮，返回"标注样式管理器"对话框。

（9）单击"新建"按钮，AutoCAD 弹出如图 6-3（a）所示的"创建新标注样式"对话框，在用于栏选择角度标注。

（10）单击"创建新标注样式"对话框中的"继续"按钮后，打开"新建标注样式"对话框。

（11）单击"文字"选项卡，设置文字位置栏的垂直位置为居中；文字对齐栏为水平。

（12）单击"确定"按钮，返回"标注样式管理器"对话框。

（13）单击"关闭"按钮，完成尺寸样式设置。

6.3　形体尺寸标注方法

在本节主要介绍怎样利用前面讲述的尺寸标注方法和样式给图形标注尺寸。"标注"工具栏与"标注"菜单分别如图 6-32、图 6-33 所示。

图 6-32 "标注"工具栏

图 6-33 "标注"菜单

6.3.1　线性尺寸标注

（1）功能：用于标注两点之间的距离。

（2）命令执行方式：

菜单栏："标注"—"线性"。

功能区："默认"—"注释"—"线性" 。

工具栏："标注"—"线性" 。

命　令：DIMLINEAR 或 DIMLIN。

（3）操作过程：

执行该命令后，命令窗口提示如下：

命令：DIMLINEAR ↙

指定第一个尺寸界线原点或 <选择对象>：

指定第二条尺寸界线原点：

指定尺寸线位置或[多行文字(M)/文字(T)/角度(A)/水平(H)/垂直(V)/旋转(R)]：

标注文字 = 30

命令各选项功能如下：

1）指定第一个尺寸界线原点：通过指定两个点作为尺寸界线的起始、终止点的方法进行标注。选择尺寸的起点后，AutoCAD 提示：

指定第二条尺寸界线原点：

指定尺寸线位置或[多行文字(M)/文字(T)/角度(A)/水平(H)/垂直(V)/旋转(R)]：

2）<选择对象>：通过"选择对象"的方法进行标注。选择该选项后，AutoCAD 提示：

选择标注对象：

指定尺寸线位置或[多行文字(M)/文字(T)/角度(A)/水平(H)/垂直(V)/旋转(R)]：

3）指定尺寸线位置：用户可以通过拖拉鼠标，在屏幕上合适的位置单击，确定所标尺寸水平或垂直放置的位置。

4）多行文字（M）：选择该项后，尺寸文字变为多行文字的编辑状态，用户可以对选定的尺寸文字进行编辑修改。

5）单行文字（T）：选择该项后，尺寸文字变为单行文字的编辑状态，用户可以对选定的尺寸文字进行编辑修改。

6）角度（A）：选择此项用于调整尺寸文字的放置角度。

7）水平（H）：此选项用于强制水平放置尺寸文字。

8）垂直（V）：此选项用于强制垂直放置尺寸文字。

9）旋转（R）：此选项用于旋转标注的尺寸。

【例6-2】　标注如图6-34所示图形的线性尺寸。

图6-34　线性尺寸标注

分析：在该图形中线性尺寸主要包括1个水平尺寸和2个垂直尺寸。在标注过程中，若存在尺寸误差，尽量通过修改图形使其符合尺寸要求，当不适合修改图形时，可通过修改尺寸数字的方法使其符合尺寸要求。标注过程如下：

（1）标注尺寸125。

命令：DIMLINEAR ✓

指定第一个尺寸界线原点或 <选择对象>：　　　　　　　　　　(拾取如图6-35所示A点)

指定第二条尺寸界线原点：　　　　　　　　　　　　　　　　(拾取如图6-35所示B点)

指定尺寸线位置或[多行文字(M)/文字(T)/角度(A)/水平(H)/垂直(V)/旋转(R)]：(在绘图窗口拾取一点)

标注文字 = 125

（2）使用同样的方法，通过拾取B、C两点标注尺寸42，通过拾取A、D两点标注尺寸50。结果如图6-34所示。

6.3.2　对齐尺寸标注

（1）功能。标注具有一定倾斜角度、不平行于X轴或Y轴对象的实际尺寸。

（2）命令执行方式：

菜单栏："标注"—"对齐"。

功能区："默认"—"注释"—"对齐"■。

工具栏："标注"—"对齐"■。

命　令：DIMALIGNED。

（3）操作过程：

执行该命令后，命令窗口提示如下：

指定第一条尺寸界线原点或 <选择对象>：

指定第二条尺寸界线原点：　　　(与线性标注相同,拾取两个点或选择要标注的对象)

指定尺寸线位置或[多行文字(M)/文字(T)/角度(A)]：

标注文字 = 22.72　　　　(也可修改尺寸数字)

【例 6-3】 标注如图 6-35 所示图形的对齐尺寸。

图 6-35   对齐尺寸标注

分析：在该图形中对齐尺寸有 4 个，16、23、30、62。标注过程如下：

（1）标注尺寸 23。

命令：DIMALIGNED ✓

指定第一个尺寸界线原点或 <选择对象>： ✓   （直接按 Enter 键，通过"选择对象"方式标注尺寸）

选择标注对象：   （选择如图 6-35 所示线段 AB）

指定尺寸线位置或

[多行文字(M)/文字(T)/角度(A)]：

标注文字 = 23

（2）使用同样的方法，通过拾取线段 BC 标注尺寸 16，通过拾取线段 CD 标注尺寸 30。

（3）标注尺寸 62，通过拾取 F、G 两点的方式标注尺寸 62。

结果如图 6-35 所示。

6.3.3　标注半径/直径

1. 标注半径

（1）功能。用于标注圆或圆弧的半径值。

（2）命令执行方式：

菜单栏："标注"—"半径"

功能区："默认"—"注释"—"半径" ◎。

工具栏："标注"—"半径" ◎。

命　令：DIMRADIUS。

（3）操作过程：

执行该命令后，命令窗口提示如下：

命令：DIMRADIUS ✓

选择圆弧或圆：

标注文字 = 15

指定尺寸线位置或 [多行文字(M)/文字(T)/角度(A)]：

直接指定尺寸线位置后，AutoCAD 按测量值标注圆或圆弧的半径。半径尺寸标注是由带一个箭头指向圆或圆弧的半径尺寸线和一前面带有字母 R 的标注文字组成，R 表示为半径标注。

【例 6-4】 标注如图 6-36 所示图形的半径尺寸。

图 6-36 半径尺寸标注

分析：在该图形中半径尺寸有 3 个，R40、R5、R15。标注过程如下：

（1）标注尺寸 R40。

命令：DIMRADIUS ✓

选择圆弧或圆：   （选择 R40 圆弧）

标注文字 = 40

指定尺寸线位置或 [多行文字(M)/文字(T)/角度(A)]： （指定尺寸线位置）

（2）使用同样的方法标注尺寸 R5、R15。

结果如图 6-36 所示。

6.3.4 标注直径

（1）功能：用于标注圆或圆弧的直径值。

（2）命令执行方式：

菜单栏："标注" — "直径"。

功能区："默认" — "注释" — "直径" ◎。

工具栏："标注" — "直径" ◎。

命 令：DIMDIAMETER。

（3）操作过程：

执行该命令后，命令窗口提示如下：

命令：DIMDIAMETER ✓

选择圆弧或圆：

标注文字 = 40

指定尺寸线位置或 [多行文字(M)/文字(T)/角度(A)]：

直径标注与半径标注相似，只是在尺寸数字前加一个直径符号 "ϕ"。

◎ 注 意

在半径和直径标注时，如果对该标注进行修改时，需重新输入其 "R" 或 "ϕ" 标识符，而 "ϕ" 的输入则要输入控制符 "%%C"。

【例 6-5】 标注如图 6-37 所示图形的直径尺寸。

图 6-37　直径尺寸标注

分析：在该图形中直径尺寸有 2 个，ϕ40、ϕ15。标注过程如下：

（1）标注尺寸ϕ40。

命令：DIMDIAMETER　✓

选择圆弧或圆：　　　　　　　　　　　　　　　　　　（选择ϕ40 圆弧）

标注文字 = 40

指定尺寸线位置或 [多行文字(M)/文字(T)/角度(A)]：　　　（指定尺寸线位置）

（2）使用同样的方法标注尺寸ϕ15。

结果如图 6-37 所示。

6.3.5　角度标注

（1）功能。用于标注圆、圆弧、两条非平行线段或三个点间的角度，尺寸线为弧线。

（2）命令执行方式：

菜单栏："标注" — "角度"。

功能区："默认" — "注释" — "角度" 。

工具栏："标注" — "角度" 。

命　　令：DIMANGULAR。

（3）操作过程：

执行该命令后，命令窗口提示如下：

命令：DIMANGULAR　✓

选择圆弧、圆、直线或 <指定顶点>：

选择第二条直线：

指定标注弧线位置或 [多行文字(M)/文字(T)/角度(A)/象限点(Q)]：

标注文字 = 30

命令各选项功能如下：

1）选择圆弧、圆、直线或 <指定顶点>：

① 选择圆弧：标注圆弧两端点与圆心连线间的圆心角。选择该项后，AutoCAD 提示：

选择圆弧、圆、直线或 <指定顶点>：　　　　　　　选择如图 6-38(a)中的圆弧）

指定标注弧线位置或 [多行文字(M)/文字(T)/角度(A)/象限点(Q)]：（指定标注弧线位置）

标注文字 = 90

② 选择圆：标注所选圆上的第一点与圆心连线及第二点与圆心连线间的圆心角。选择该项后，

AutoCAD 提示：

选择圆弧、圆、直线或 <指定顶点>：　　　　　　　　　（选择如图 6-38(b)中圆上的 A 点 ）

指定角的第二个端点：　　　　　　　　　　　　　　　　　(选择如图 6-38(b) 中圆上的 B 点)
指定标注弧线位置或 [多行文字(M)/文字(T)/角度(A)/象限点(Q)]：(选指定标注弧线位置)
标注文字 = 90

③ 选择直线：标注两直线间的夹角。选择该项后，AutoCAD 提示：

选择圆弧、圆、直线或 <指定顶点>：　　　　　　　　　　(选择如图 6-38(C) 中直线 L_1)
选择第二条直线：　　　　　　　　　　　　　　　　　　　(选择如图 6-38(C) 中直线 L_2)
指定标注弧线位置或 [多行文字(M)/文字(T)/角度(A)/象限点(Q)]：(选指定标注弧线位置)
标注文字 = 90

④ 指定顶点：通过指定角度的顶点和两个端点的方式标注角度。选择该项后，AutoCAD 提示：

选择圆弧、圆、直线或 <指定顶点>：　　　　　　　　　　(直接按 Enter 键选择"指定顶点"选项)
指定角的顶点：　　　　　　　　　　　　　　　　　　　　(选择如图 6-38(d) 中的顶点 O)
指定角的第一个端点：　　　　　　　　　　　　　　　　　(选择如图 6-38(d) 中的顶点 A)
指定角的第二个端点：　　　　　　　　　　　　　　　　　(选择如图 6-38(d) 中的顶点 B)
指定标注弧线位置或 [多行文字(M)/文字(T)/角度(A)/象限点(Q)]：(选指定标注弧线位置)
标注文字 = 90

(a)　　　　　　　　　　(b)　　　　　　　　　　(c)　　　　　　　　　　(d)

图 6-38　角度标注

(a) 选择圆弧；(b) 选择圆；(c) 选择直线；(d) 指定顶点

 注　意

① 当光标移动到角顶点的不同侧时，标注值将不同。

② 角度标注时，其数字的字头要设置为水平放置。

2）象限点（Q）：指定标注应锁定到的象限。

【例 6-6】 标注如图 6-39 所示图形的角度尺寸。

图 6-39　角度尺寸标注

分析：在该图形中角度尺寸有 1 个。标注过程如下：

命令：DIMANGULAR ✓
选择圆弧、圆、直线或 <指定顶点>：   （选择如图 6-39 中直线 L1 ）
选择第二条直线：   （选择如图 6-39 中直线 L2)
指定标注弧线位置或 ［多行文字(M)/文字(T)/角度(A)/象限点(Q)］：（选指定标注弧线位置）
标注文字 = 30
结果如图 6-39 所示。

6.3.6 坐标标注

（1）功能。用于标注相对于原点（基准点）的图形中任意点的 X 和 Y 坐标值。

（2）命令执行方式：

菜单栏："标注"—"坐标"。

功能区："默认"—"注释"—"坐标" 。

工具栏："标注"—"坐标" 。

命 令：DIMORDINATE。

（3）操作过程：

执行命令后，命令窗口提示如下：

命令：DIMORDINATE ✓
指定点坐标：
指定引线端点或 ［X 基准(X)/Y 基准(Y)/多行文字(M)/文字(T)/角度(A)］：
标注文字 = 10
命令各选项功能如下：

1）指定点坐标：确定需要标注坐标的点。拾取一点后左右拖动鼠标时，AutoCAD 根据用户指定的引出线端点的位置与特征的差异来确定标注测量 X 还是 Y 坐标。对于 X 坐标值的引出线垂直于 X 轴，对于 Y 坐标值的引出线垂直于 Y 轴。

2）X 基准（X）。该选项将标注类型固定为 X 坐标标注。选择该选项后，拖动鼠标不能改变标注的类型。

3）Y 基准（Y）。该选项将标注类型固定为 Y 坐标标注。选择该选项后，拖动鼠标不能改变标注的类型。

4）多行文字（M）、文字（T）和角度（A）。这三个选项的功能及使用方法与线性标注中对应选项相同。

【例 6-7】 绘制如图 6-40 所示图形，并标注其 4 个圆的圆心坐标。

图 6-40 坐标尺寸标注

（1）绘制如图 6-40 所示图形。（绘图过程略）

（2）标注圆心坐标

命令：DIMORDINATE ✓

指定点坐标：　　　　　　　　　　　　　　　（选择如图 6-40 左下角圆的圆心）

指定引线端点或 [X 基准(X)/Y 基准(Y)/多行文字(M)/文字(T)/角度(A)]:(拖动鼠标,确定 X 坐标位置)

标注文字 = 20

命令：DIMORDINATE ✓

指定点坐标：　　　　　　　　　　　　　　　（选择如图 6-40 左下角圆的圆心）

指定引线端点或 [X 基准(X)/Y 基准(Y)/多行文字(M)/文字(T)/角度(A)]:(拖动鼠标,确定 Y 坐标位置)

标注文字 = 10

同理标注其他 3 个圆的圆心坐标。

结果如图 6-40 所示。

6.3.7　基线/连续尺寸标注

1. 基线标注

（1）功能：从上一个标注或选定标注的基线处创建线性标注、角度标注或坐标标注。

（2）命令执行方式：

菜单栏："标注" — "基线"。

功能区："注释" — "标注" — "基线" 。

工具栏："标注" — "基线" 。

命　令：DIMBASELINE 或 DIMBASE。

（3）操作过程：

要创建基线标注，用户首先要创建或选择一个长度型、坐标型或角度尺寸标注作为基准标注。AutoCAD 将基准标注的第一条尺寸界线作为基线标注的起始点，然后选择第二条基准线的起点。AutoCAD 在基准标注的上面按一定的偏移距离创建第二个尺寸标注。

执行该命令后，命令窗口提示如下：

命令：DIMBASELINE ✓

选择基准标注：

指定第二个尺寸界线原点或 [选择(S)/放弃(U)] <选择>:

标注文字 = 30

命令各选项功能如下：

1）选择基准标注：选择基准标注并将靠近选择点的尺寸界线作为基准标注的基准。

2）指定第二条尺寸界线原点：以同一基准标注来标注多个基线型标注。

3）选择（S）：重新选择基准标注。

4）放弃（U）：取消创建的前一个基准标注。

【例 6-8】　绘制如图 6-41 所示图形，并标注其基线尺寸。

（1）绘制如图 6-41 所示图形。（绘图过程略）

（2）完成基准标注。标注如图 6-41 所示线性尺寸 15。

（3）基线尺寸标注。

命令：DIMBASELINE ✓

选择基准标注：　　　　　　　　　　　（选择如图 6-41 所示尺寸 15 靠近基线一侧 A 点）

指定第二个尺寸界线原点或 [选择(S)/放弃(U)] <选择>:　　　　(选择如图 6-41 所示 B 点)
标注文字 = 25
指定第二个尺寸界线原点或 [选择(S)/放弃(U)] <选择>:　　　　(选择如图 6-41 所示 C 点)
标注文字 = 45
指定第二个尺寸界线原点或 [选择(S)/放弃(U)] <选择>:　　　　(选择如图 6-41 所示 D 点)
标注文字 = 65
指定第二个尺寸界线原点或 [选择(S)/放弃(U)] <选择>:　✓
选择基准标注:　✓
结果如图 6-41 所示。

图 6-41　基线尺寸标注

2. 连续标注

（1）功能：用于标注在同一方向上连续的线性标注、角度标注或坐标标注。

（2）命令执行方式：

菜单栏："标注"—"连续"。

功能区："注释"—"标注"—"连续" 。

工具栏："标注"—"连续" 。

命　令：DIMCONTINUE 或 DIMCONT。

（3）操作过程：

连续标注与基线标注类似，不同的是基线标注是基于相同尺寸标注起点，而连续标注是一系列首尾相连的标注形式，即每一个连续标注的第二条尺寸界线作为下一个连续标注的起点。

执行该命令后，命令窗口提示如下：

命令：DIMCONTINUE　✓
选择连续标注：
指定第二个尺寸界线原点或 [选择(S)/放弃(U)] <选择>:
标注文字 = 34.65
指定第二个尺寸界线原点或 [选择(S)/放弃(U)] <选择>:
选择连续标注：

【例 6-9】 绘制如图 6-42 所示图形，并标注其连续线尺寸。

（1）绘制如图 6-42 所示图形。（绘图过程略）

（2）完成基准标注。标注如图 6-42 所示线性尺寸 15。

图 6-42　连续线尺寸标注

（3）连续线尺寸标注。

命令：DIMCONTINUE ↙

选择连续标注：　　　　　　　　　　　　　　　　　　（选择如图 6-42 所示尺寸 15 靠近基线一侧 A 点）

指定第二个尺寸界线原点或 [选择(S)/放弃(U)] <选择>：　（选择如图 6-42 所示 B 点）

标注文字 = 10

指定第二个尺寸界线原点或 [选择(S)/放弃(U)] <选择>：　（选择如图 6-42 所示 C 点）

标注文字 = 10

指定第二个尺寸界线原点或 [选择(S)/放弃(U)] <选择>：　（选择如图 6-42 所示 D 点）

标注文字 = 10

指定第二个尺寸界线原点或 [选择(S)/放弃(U)] <选择>：↙

选择连续标注：↙

结果如图 6-41 所示。

> 🔊 注 意
>
> 　　在基线标注和连续标注之前，用户都应该进行至少一次长度型、角度型或坐标型的尺寸标注。另外，使用基线型标注和连续型标注时，系统不允许用户改变标注文字的内容，因此要求作图准确。

6.3.8　引线尺寸标注

引线命令可以画出一条引线来标注对象，其一端带有箭头，另一端有多行文字对象或块等。如图 6-43 所示。通过"多重引线样式管理器"设置引线标注样式的组成元素及其作用。该命令在用旁注法标注孔的尺寸及生成装配图的零件编号时特别有用。

图 6-43　引线标注形式

（a）带有块内容的引线；（b）带有多行文字内容的引线

1. 多重引线标注样式

（1）功能：创建和修改多重引线样式。

（2）命令执行方式：

菜单栏："格式"—"多重引线样式"。

功能区："注释"—"标注"—"多重引线样式" 。

工具栏："样式"—"多重引线样式" 。

命　　令：MLEADERSTYLE。

（3）操作过程：

执行该命令后，弹出如图 6-44 所示的"多重引线样式管理器"对话框。

在"多重引线样式管理器"对话框中，用户单击"新建"按钮，弹出如图 6-45 所示的"创建新多重引线样式"对话框，利用该对话框创建新多重引线样式。对话框中各选项的功能如下。

图 6-44 "多重引线样式管理器"对话框　　　　图 6-45 "创建新多重引线样式"对话框

1）新样式名：用于输入新样式的名称。

2）基础样式：用于选择一种基础样式，新样式将在该样式的基础上进行修改。

设置了新样式的名称和基础样式后，单击该对话框中的"继续"按钮，将弹出如图 6-46 所示"修改多重引线样式"对话框，对话框中各选项的功能如下：

1）"引线格式"选项卡：设置障碍多重引线的基本外观。该选项卡包括：确定引线类型，可以选择直引线、样条曲线或无引线；引线的颜色、线型和线宽；箭头的符号和大小等。如图 6-47 所示为箭头的符号形式。

图 6-46 "修改多重引线样式"对话框　　　　　图 6-47 "引线格式"选项卡

2）"引线结构选项卡"：控制多重引线的约束，如图 6-48 所示。在该选项卡中可以设置引线的最大点数、引线中第一个点的角度、引线基线中的第二个点的角度、基线距离和引线的缩放比例内容等。

图 6-48　"引线结构"选项卡

3）"内容"选项卡：确定多重引线是包含文字还是块，如图 6-49 所示。如果内容需要包含的是多行文字，需单击"多重引线类型"选项框选择多行文字选项，此时"内容"选项卡如图 6-49（a）所示，则需要设置文字的样式、颜色、角度、对齐、高度和引线连接位置等内容。如果内容中包含的是块，单击"多重引线类型"选项框，选择块选项，此时"内容选项卡如图 6-49（b）所示，则要指定用于多重引线内容的块（即源块）；指定块附着到多重引线对象的方式，可能通过指定块的插入点或块的圆心来附着块；指定多重引线块内容的颜色。

(a)　　　　　　　　　　　　　　　　　(b)

图 6-49　"内容"选项卡
（a）包含多行文字；（b）包含块

注　意

选择了包含多行文字选项后，在"引线连接"选择中，连接位置的选择如图 6-50（a）所示；连接位置选项的示意图如图 6-50（b）所示。

(a)

(b)

图 6-50 "内容"选项卡-引线连接

（a）引线连接位置选项；（b）连接位置选项示意图

2. 多重引线

    常用的多重引线相关命令有多重引线、添加引线、删除引线、对齐引线和合并引线 4 种。这 4 个命令可以通过如图 6-51 所示功能区的注释栏或"多重引线"工具栏进行调用。

          （a）   （b）

图 6-51 多重引线命令

（a）功能区中的"多重引线"命令；（b）工具栏中的"多重引线"命令

（1）功能：创建多重引线对象。

（2）命令执行方式：

菜单栏："标注"—"多重引线"。

功能区："默认"—"注释"—"引线"。

工具栏："多重引线"—"多重引线" 。

命　令：MLEADER。

（3）操作过程：

执行该命令后，命令窗口提示如下：

命令：MLEADER ✓

指定引线箭头的位置或［引线基线优先(L)/内容优先(C)/选项(O)］<选项>：✓

输入选项［引线类型(L)/引线基线(A)/内容类型(C)/最大节点数(M)/第一个角度(F)/第二个角度(S)/退出选项(X)］<退出选项>：✓

指定引线箭头的位置或［引线基线优先(L)/内容优先(C)/选项(O)］<选项>：

指定下一点：

指定引线基线的位置：

命令各选项功能如下：

1）引线基线优先（L）：输入"L"后，按 Enter 键，指定多重引线对象基线的位置，并且后续的多重引线也将先创建基线，除非重新设置。

2）内容优先（C）：输入"C"后，按 Enter 键，指定与多重引线对象相关联的文字或块的位置，后续的多重引线对象也将先创建内容，除非重新设置。

3）选项（O）：输入"O"，按 Enter 键，提示如下：

输入选项［引线类型（L）/引线基线（A）/内容类型（C）/最大节点数（M）/第一个角度（F）/第二个角度（S）/退出选项（X）］<退出选项>：分别针对各选项进行设置。

引线类型（L）：输入"L"后，按 Enter 键，根据提示指定要使用的引线类型。

引线基线（A）：输入"A"后，按 Enter 键，确定是否使用基线。

内容类型（C）：输入"C"后，按 Enter 键，根据提示确定内容类型是块还是多行文字。

最大节点数（M）：输入"M"后，按 Enter 键，确定引线最大的节点数。

第一个角度（F）：输入"F"后，按 Enter 键，输入新引线中的第一个点的角度。

第二个角度（S）：输入"S"后，按 Enter 键，输入新引线中的第二个点的角度。

4）指定引线箭头的位置：在绘图窗口指定引线位置后，若在多重引线样式"内容"选项卡中设置的多重引线类型为多行文字，则会出现如图 6-52 所示"文字格式"对话框；若多重引线类型为块则会出现如图 6-53 所示"编辑属性"对话框。多重引线标注过程如图 6-54 所示。

图 6-52　多重引线类型为多行文字

3. 其他多重引线命令

（1）🔶：添加引线。将引线添加至现有的多重引线对象，如图 6-55（a）所示。

（2）🔶：删除引线。将引线从现有的多重引线对象中删除，如图 6-55（b）所示。

（3）🔶：对齐引线。将选定多重引线对象对齐并按一定间距排列，如图 6-55（c）所示。

图 6-53　多重引线类型为块　　　　图 6-54　多重引线的标注

（4）：合并引线。将包含块的选定多重引线组织到行或列中，并引用单引线显示结果，如图 6-55（d）所示。

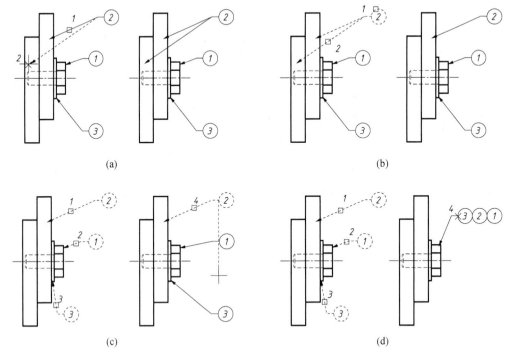

图 6-55　其他"多重引线"命令
（a）添加引线；（b）删除引线；（c）对齐引线；（d）合并引线

6.3.9　尺寸公差与形位公差标注

尺寸公差和形位公差是反映零件使用性能的重要的技术指标，正确地标注尺寸和形位公差，对实际生产起着决定性的作用。在 AutoCAD 2017 中，提供了方便、快捷的标注方法，下面通过具体实例详细介绍。

【例 6-10】 给下面图形标注尺寸公差和形位公差，如图 6-56 所示。

图 6-56 标注尺寸和形位公差示例

1. 利用修改尺寸属性方式标注尺寸公差

（1）标注尺寸 30（标注过程略）。

（2）选择尺寸 30，并单击"标准"工具栏中的"特性"按钮，打开"特性对话框"。

（3）在"主单位"栏"标注前缀"后输入直径符号"%%C"，如图 6-57（a）所示。

（4）在"公差"栏，"显示公差"项，选择"极限偏差"；在"公差下偏差"项输入 0.03；在"公差上偏差"项输入 0.05；在"公差文字高度"项输入 0.5，如图 6-57（b）所示。

关闭取消"特性"对话框，完成尺寸公差的标注。

(a)   (b)

图 6-57 标注尺寸公差

（a）标注直径符号；（b）标注公差

2. 通过利用文字格式标注尺寸公差

命令：DIMLINEAR ✓

指定第一条尺寸界线原点或 <选择对象>：<对象捕捉 开>   （捕捉如图 6-58 所示 A 点）

指定第二条尺寸界线原点：   （捕捉如图 6-58 所示 B 点）

指定尺寸线位置或[多行文字(M)/文字(T)/角度(A)/水平(H)/垂直(V)/旋转(R)]：M ✓

打开如图 6-59（a）所示"文字格式"对话框，在尺寸 30 前加入直径符号%%C，在尺寸 30 后输入尺寸公差+0.05^-0.03选中后，按 $\frac{b}{a}$ 并按 Enter 键，结果如图 6-59（b）所示。

指定尺寸线位置或［多行文字（M）/文字(T)/角度(A)/水平(H)/垂直(V)/旋转(R)]：（移动光标指定标注文字的位置）。

图 6-58　标注尺寸和形位公差

注　意

在采用这种方法标注公差时，要将"公差"选项卡中"公差格式"下拉列表设置为"无"。

图 6-59　通过文字格式标注尺寸公差

（a）打开并编辑尺寸；（b）通过堆叠生成尺寸公差

3. 标注形位公差

（1）功能：创建包含在特征控制框中的形位公差。

（2）命令执行方式：

菜单栏："标注"—"形位公差"。

功能区："注释"—"标注"—"形位公差" ⊞。

工具栏："标注"—"形位公差" ⊞。

命　　令：TOLERANCE。

（3）操作过程：

执行该命令后，系统弹出如图 6-60（a）所示的"形位公差"对话框。

1）单击符号项下方的小方框，系统弹出如图 6-60（b）所示"特征符号"对话框，用户可在其中选择形位公差符号。

2）单击公差项下方的小方框将出现直径符号，单击公差下方的长方框可以输入公差数值。

3）单击基准项下方的长方框，可以输入基准符号，如图 6-60（c）所示。

4）单击公差项或基准项下方后侧的小方框可以弹出附加符号对话框。

在如图 6-59（a）所示形位公差对话框中选择圆柱度符号并输入其公差值 0.02，如图 6-60（d）所示。

注　意

应用该命令只能标注形位公差的项目框格，而框格前的引线还需要用"多重引线"命令绘制。

（4）应用"LEADER"命令标注形位公差。

命令：LEADER　✓

指定引线起点：　　　　　　　　　　　　　　　　　　（捕捉如图 6-58 所示 C 点）

指定下一点：　　　　　　　　　　　　　　　　　　　（捕捉如图 6-58 所示 D 点）

指定下一点或 [注释(A)/格式(F)/放弃(U)] <注释>：　（捕捉如图 6-58 所示 E 点）

指定下一点或 [注释(A)/格式(F)/放弃(U)] <注释>：　✓

输入注释文字的第一行或 <选项>：　✓

输入注释选项 [公差(T)/副本(C)/块(B)/无(N)/多行文字(M)] <多行文字>:T　✓

选择如图 6-61 所示"公差"选项，出现如图 6-60（a）所示的"形位公差"对话框。点击"符号"，出现"特征符号"，如图 6-60（b）所示，选择应标注的形位公差项目符号后退出。再输入公差值，单击"确定"按钮，完成标注。

(a)

(b)

(c)

(d)

图 6-60　"形位公差"对话框

（a）"形位公差"对话框；（b）特征符号；（c）附加符号；（d）标注形位公差

图 6-61　选择 LEADER 命令"公差"选项

6.3.10　快速标注

（1）功能：从选定对象快速创建一系列标注。

（2）命令执行方式：

菜单栏："标注"—"快速标注"。

功能区："注释"—"标注"—"快速标注" ▦。

工具栏："标注"—"快速标注" ▦。

命　令：QDIM。

（3）操作过程：

执行该命令后，命令窗口提示如下：

命令：QDIM ✓

关联标注优先级 = 端点

选择要标注的几何图形：　　(选择需要进行标注的几何图形)

选择要标注的几何图形：　✓

指定尺寸线位置或〔连续(C)/并列(S)/基线(B)/坐标(O)/半径(R)/直径(D)/基准点(P)/编辑(E)/设置(T)〕<连续>：

命令各选项功能如下：

1）连续（C）：执行连续尺寸标注方式。

2）并列（S）：根据选择的对象创建一系列并列标注。

3）基线（B）：执行基线尺寸标注方式。

4）坐标（O）：以一基点为准，标注其他端点相对于基点的相对坐标。

5）半径（R）：执行半径尺寸标注方式。

6）直径（D）：执行直径尺寸标注方式。

7）基准点（P）：在不改变用户坐标系（UCS）原点的条件下，改变坐标型标注或基准型标注的基准参考点位置。

8）编辑（E）：选择此项，可编辑标注点。即可删除或添加标注点。

9）设置（T）：为指定尺寸界线原点设置默认对象捕捉。将显示以下提示：

关联标注优先级〔端点（E）/交点（I）〕

【例6-11】　利用"快速尺寸标注"命令给如图6-62所示的图形标注尺寸。

图6-62　快速尺寸标注

（1）标注连续型尺寸。

命令：QDIM ✓

关联标注优先级 = 端点

选择要标注的几何图形：(使用交叉窗口方式选择左侧 3 个圆和底部直线,如图 6-63(a)所示。)

选择要标注的几何图形： ✓

指定尺寸线位置或［连续(C)/并列(S)/基线(B)/坐标(O)/半径(R)/直径(D)/基准点(P)/编辑(E)/设置(T)］

<连续>： (光标向左移动指定尺寸线位置)

结果如图 6-63（b）所示。

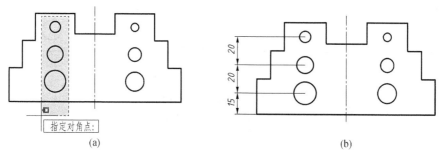

(a)   (b)

图 6-63　快速标注—连续尺寸

（a）选择对象；（b）标注连续尺寸

（2）标注基线型尺寸。

命令：QDIM ✓

关联标注优先级 = 端点

选择要标注的几何图形： (使用交叉窗口方式选择右侧直线,如图 6-64(a)所示。)

选择要标注的几何图形：

指定尺寸线位置或 ［连续(C)/并列(S)/基线(B)/坐标(O)/半径(R)/直径(D)/基准点(P)/编辑(E)/设置(T)］ <连续>:B ✓

指定尺寸线位置或 ［连续(C)/并列(S)/基线(B)/坐标(O)/半径(R)/直径(D)/基准点(P)/编辑(E)/设置(T)］ <基线>： (光标向右移动指定尺寸线位置)

结果如图 6-64（b）所示。

(a)   (b)

图 6-64　快速标注—基线尺寸

（a）选择对象；（b）标注基线尺寸

（3）标注直径型尺寸。

命令：QDIM ✓

关联标注优先级 = 端点

选择要标注的几何图形： (使用窗口方式选择左侧 3 个圆,如图 6-65(a)所示。)

选择要标注的几何图形：

指定尺寸线位置或 [连续(C)/并列(S)/基线(B)/坐标(O)/半径(R)/直径(D)/基准点(P)/编辑(E)/设置(T)] <连续>:D ✓

指定尺寸线位置或 [连续(C)/并列(S)/基线(B)/坐标(O)/半径(R)/直径(D)/基准点(P)/编辑(E)/设置(T)] <基线>:   (光标向上移动指定尺寸线位置)

结果如图 6-65（b）所示。

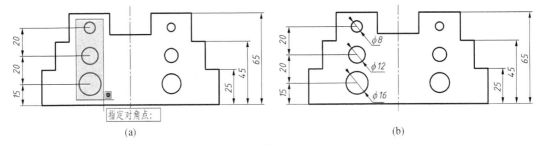

图 6-65   快速标注—直径尺寸
（a）选择对象；（b）标注基线尺寸

（4）标注半径型尺寸。

命令：QDIM ✓

关联标注优先级 = 端点

选择要标注的几何图形：（使用窗口方式选择右侧 3 个圆，如图 6-66(a)所示。）

选择要标注的几何图形：

指定尺寸线位置或 [连续(C)/并列(S)/基线(B)/坐标(O)/半径(R)/直径(D)/基准点(P)/编辑(E)/设置(T)] <连续>:R ✓

指定尺寸线位置或 [连续(C)/并列(S)/基线(B)/坐标(O)/半径(R)/直径(D)/基准点(P)/编辑(E)/设置(T)] <基线>:   (光标向右下移动指定尺寸线位置)

结果如图 6-66（b）所示。

图 6-66   快速标注—半径尺寸
（a）选择对象；（b）标注半径尺寸

（5）标注并列型尺寸。

命令：QDIM ✓

关联标注优先级 = 端点

选择要标注的几何图形：（使用窗口方式选择上侧直线和圆，如图 6-67(a)所示。）

选择要标注的几何图形：

指定尺寸线位置或 [连续(C)/并列(S)/基线(B)/坐标(O)/半径(R)/直径(D)/基准点(P)/编辑(E)/设置(T)] <连续>:S ✓

指定尺寸线位置或 [连续(C)/并列(S)/基线(B)/坐标(O)/半径(R)/直径(D)/基准点(P)/编辑(E)/设置(T)] <基线>:   (光标向上移动指定尺寸线位置)

结果如图 6-67（b）所示。

（6）调整尺寸位置。

调整如图 6-67（b）所示尺寸，结果如图 6-62 所示。

图 6-67　快速标注—并列尺寸

（a）选择对象；（b）标注并列尺寸

6.3.11　智能标注

（1）功能：在同一命令任务中创建多种类型的标注。

（2）命令执行方式：

功能区："注释" — "标注" — "标注" 📐。

命　令：DIM。

（3）操作过程：

执行该命令后，命令窗口提示如下：

命令：DIM ↙

选择对象或指定第一个尺寸界线原点或［角度(A)/基线(B)/连续(C)/坐标(O)/对齐(G)/分发(D)/图层(L)/放弃(U)］：

使用该命令后，当将光标悬停在标注对象上时，DIM 命令将自动预览要使用的合适标注类型。选择对象、线或点进行标注，然后单击绘图区域中的任意位置绘制标注。

命令各选项功能如下：

1）角度（A）：执行角度标注方式。

2）基线（B）：执行基线标注方式。

3）连续（C）：执行连续标注方式。

4）坐标（O）：执行坐标标注方式。

5）对齐（G）：执行对齐标注方式。

6）分发（D）：按指定的距离或均匀间距布置一组选定的孤立线性标注或坐标标注。

7）图层（L）：为指定的图层指定新标注，以替代当前图层。

8）放弃（U）：反转上一个标注操作。

6.4　编 辑 尺 寸 标 注

尺寸标注的编辑，包括尺寸文字位置、内容、标注样式、尺寸公差等方面的编辑，用户可以使用 AutoCAD 的标注编辑命令或使用尺寸标注对象的夹点，来编辑尺寸标注。

6.4.1　编辑标注

（1）功能：编辑标注文字和尺寸界线。

（2）命令执行方式：

菜单栏："标注"—"对齐文字"。

功能区："注释"—"标注"—"编辑标注" ⚞。

工具栏："标注"—"编辑标注" ⚞。

命　令：DIMEDIT。

（3）操作过程：

执行该命令后，命令窗口提示如下：

命令：DIMEDIT ✓

输入标注编辑类型 [默认(H)/新建(N)/旋转(R)/倾斜(O)] <默认>：N

选择对象：

命令各选项功能如下：

1）默认（H）：将旋转标注文字移回默认位置。

2）新建（N）：使用在位文字编辑器更改标注文字。

3）旋转（R）：旋转标注文字。

4）倾斜（O）：倾斜尺寸界线。当尺寸界线与图形的其他要素冲突时，"倾斜"选项将很有用处。

【例 6-12】　利用"编辑标注"命令将图 6-68（a）所示尺寸修改成如图 6-68（b）所示。

          （a）   （b）

图 6-68　编辑标注

（a）原尺寸；（b）修改后的尺寸

图 6-68（a）中尺寸 30、40、60 三个尺寸在图 6-68（b）中被添加了直径符号 φ，这可以使用"编辑标注"命令中的"新建"选项完成。另外，尺寸 30 还需要使用旋转选项进行旋转，尺寸 40 需要使用倾斜选项进行倾斜。

（1）新建尺寸。

命令：DIMEDIT ✓

输入标注编辑类型 [默认(H)/新建(N)/旋转(R)/倾斜(O)] <默认>：N ✓

系统出现如图 6-69 所示"文字格式"对话框，在默认文字前加入直径符号%%C。

选择对象：　（选择尺寸 30,40,60）

选择对象：✓

（2）旋转尺寸。

命令:DIMEDIT ✓
输入标注编辑类型 [默认(H)/新建(N)/旋转(R)/倾斜(O)] <默认>: R ✓

图 6-69 编辑尺寸

指定标注文字的角度: 30 ✓
选择对象: (选择尺寸 30)
选择对象: ✓
（3）倾斜尺寸。

命令:DIMEDIT ✓
输入标注编辑类型 [默认(H)/新建(N)/旋转(R)/倾斜(O)] <默认>: O ✓
选择对象: (选择尺寸 40)
选择对象: ✓
输入倾斜角度 (按 ENTER 表示无): 120 ✓
结果如图 6-68（b）所示。

6.4.2 编辑标注文字

（1）功能：移动和旋转标注文字并重新定位尺寸线。

（2）命令执行方式：

菜单栏："标注" —"DIMTEDIT"。

功能区："注释" —"标注" —"对齐文字" 🅰。

工具栏："标注" —"对齐文字" 🅰。

命 令：DIMTEDIT。

（3）操作过程：

执行该命令后，命令窗口提示如下：

命令：DIMTEDIT ✓
选择标注: (选择需要编辑标注文字)
为标注文字指定新位置或 [左对齐(L)/右对齐(R)/居中(C)/默认(H)/角度(A)]:
命令各选项功能如下：

1）为标注文字指定新位置：此选项是默认值，用户可动态地拖动文字到一个新的位置。

2）左对齐（L）：将所选择的尺寸文字调整为左对齐。

3）右对齐（R）：将所选择的尺寸文字调整为右对齐。

4）居中（C）：将所选择的尺寸文字放在尺寸线中间。

5）默认（H）：将所选择的尺寸文字调整到尺寸格式设置的方位。

6）角度（A）：改变所选择的尺寸文字放置角度。

【例 6-13】 利用"编辑标注文字"命令将图 6-68（b）所示尺寸修改成如图 6-70 所示。
图 6-68（b）中尺寸 30 被旋转放正，且移到了右侧，尺寸 60 被移到了左侧。

图 6-70   编辑标注文字

（1）将尺寸 30 转回默认位置。

命令：DIMTEDIT ✓
选择标注：   (选择尺寸 30)
为标注文字指定新位置或 [左对齐(L)/右对齐(R)/居中(C)/默认(H)/角度(A)]：H ✓
（2）将尺寸 30 移动到尺寸右侧。

命令：DIMTEDIT ✓
选择标注：   (选择尺寸 30)
为标注文字指定新位置或 [左对齐(L)/右对齐(R)/居中(C)/默认(H)/角度(A)]：R ✓
（3）将尺寸 60 移动到尺寸左侧。

命令：DIMTEDIT ✓
选择标注：   (选择尺寸 60)
为标注文字指定新位置或 [左对齐(L)/右对齐(R)/居中(C)/默认(H)/角度(A)]：L ✓

6.4.3   利用夹点方式编辑标注

使用"夹点"来编辑尺寸标注，是最快捷、最简单的方法。利用鼠标选中要修改的尺寸后，可以拖动该尺寸到合适的位置，也可以进行拉伸、移动、复制或镜像标注对象等。各种尺寸标注对象的夹点位置如图 6-71 所示。

使用"特性"可以来编辑对象的各种特性，同样也可以方便地使用它来编辑尺寸标注对象。其方法是：选择已标注的某个尺寸，打开"特性"对话框，如图 6-72 所示。

图 6-71   尺寸夹点

图 6-72   尺寸特性

在对话框中，显示了所有尺寸标注的内容，用户可以根据具体的要求，修改其中的一项或多项。比如：可以通过"特性"对话框的特性列表中的"常规"项，编辑和修改标注的通用特性，如线型、颜色、线宽等；从"其他"项中修改使用的标注样式；在"直线和箭头"项中，修改标注的尺寸线、尺寸界线以及箭头等标注特性。

思 考 题

1. 尺寸标注的组成有哪些内容？

2. 在 AutoCAD 2017 中，标注尺寸前应做哪些准备工作？

3. 如何设置尺寸标注样式？"标注样式管理器"中有哪些需要设置的选项？各选项的作用？

4. 尺寸标注有哪些种类，各有何特点？

5. 基线型、连续型尺寸标注的注意点是什么？

6. 如何根据要求设置引线标注的内容？

7. 尺寸公差的标注方法有几种？

8. 形位公差的标注如何设置？

9. 快速标注的特点是什么？

10. 如何编辑尺寸标注？

第7章 图块和块属性

 学习目标

（1）将工程图样中的"表面粗糙度符号"定义为带属性的块。
（2）将标题栏、明细栏定义为带属性的块。

学习内容

（1）掌握图块的定义、保存方法。
（2）掌握图块的插入方法。
（3）掌握图块属性的定义方法。
（4）正确定义带属性的图块。
（5）掌握图块的编辑方法。

7.1 图 块 的 定 义

图块的定义就是将图形中的一个或几个实体组合成一个整体，并定名保存，以后将其作为一个实体在图形中随时调用和编辑。

7.1.1 定义块

（1）功能：将选定的多个对象定义为块。
（2）命令执行方式：
菜单栏："绘图"—"块"—"创建"。
功能区："默认"—"块"—"创建" 。
工具栏："绘图" 。
命　　令：BLOCK 或 BMAKE。
（3）操作过程：
执行该命令后，AutoCAD 弹出如图 7-1 所示"块定义"对话框。该对话框中各选项的含义：

图 7-1 "块定义"对话框

1）名称。该框用于输入预定义的图块名。其下拉列表框列出了当前图形中所有的块名，如果用户输入的图块名是列表框中已有的块名，则单击"确定"按钮，系统将提示该图块已定义，是否重新定义它。新块的名称最多可以由 255 个字符组成，这些字符包括字母、数字、空格等字符。

2）基点。用于指定图块的插入基点。一般情况下，通过单击"拾取点"旁边的 按钮来定义新块的基点，单击 按钮返回到绘图窗口，在绘图窗口内拾取一点后，AutoCAD 返回"块定义"对话框，并在 X、Y、Z 文本框中显示出基点的坐标。

3）对象。用于选择设置成块的对象，以及选择的对象转换为块后原有对象的操作方式。

其中，选择对象按钮用于选取组成块的实体，单击该按钮后对话框暂时消失，等待用户在屏幕上用目标选取方式选取预组成块的实体。实体选取操作结束后自动回到对话框状态。单选框的使用说明如下：

① 保留：将选择对象设置为块后在绘图窗口保留原选择的对象。

② 转换为块：将原选择的对象直接转换为块，该方式在绘图窗口的显示与"保留"方式相同，但在绘图窗口显示的对象不再为单个的对象，而是作为一个块来显示。

③ 删除：将选择对象设置为块后在绘图窗口删除原选择的对象。

④ （快速选择）：单击该按钮，将弹出如图 7-2 所示的"快速选择"对话框，可快速选择需要的对象。

4）设置。用于指定块的设置。

① 块单位：可在选项框中选择块参照的插入单位。

② 说明：用于输入块的文字说明。

③ 超链接：单击该按钮，将弹出如图 7-3 所示的"插入超链接"对话框，可以选择要附着的超链接。

图 7-2　"快速选择"对话框

图 7-3　"插入超链接"对话框

5）方式：指定块的行为。

① 注释性：指定块为注释性。

② 使块方向与布局匹配：指定在图纸空间视口中的块参照的方向与布局的方向匹配。如果未选择"注释性"选项，则该选项不可用。

③ 按统一比例缩放：勾选该复选框，插入块时将按统一比例缩放。

④ 允许分解：勾选该复选框，插入的块参照将允许分解。

用户依次输入块名、插入点并选择预定义为块的对象后就完成了块的定义。用此命令定义完块后，组成块的对象将消失，用 OOPS 命令将其恢复。

图 7-4 "写块"对话框

说明：采用"Block 或 Bmake"命令设置的块，只能在块所在的图形文件中使用，而不能被其他的图形引用，因此也称为"内部块"。

7.1.2　存储块

（1）功能：将图形文件中的整个图形、内部块或某些实体写入一个新的图形文件，其他图形文件均可以将它作为块调用。（也称为外部块）

（2）命令执行方式：

命　令：WBLOCK。

（3）操作过程：

执行该命令后，AutoCAD 弹出如图 7-4 所示的"写块"对话框。

该对话框中各选项的含义：

1）源。该栏用于指定存储为块的对象及块的基点。

① 块：该单选项指定将内部块写入外部块文件，用户可以通过下拉列表框选择一个块名将该块进行保存。保存块的基点与原块的基点相同。

② 整个图形：该单选项指定将整个图形写入外部块文件，块的基点为坐标原点。

③ 对象：该单选项指定将用户选取的实体作为块存储。当用户选中本单选框后，下面的"基点"栏和"对象"栏均激活用以选择，其含义及使用方法与"定义块"对话框中的对应选项相同。

2）目标。该区域用于设置保存块的名称、路径和插入单位。

7.2　图　块　的　调　用

7.2.1　插入单一块

（1）功能：将已定义的块按照用户指定的位置、图形比例和旋转角度插入到图中。

（2）命令执行方式：

菜单栏："插入"—"块"。

功能区："默认"—"块"—"插入块" 。

工具栏："绘图" 。

命　令：INSERT。

（3）操作过程：

执行该命令后，AutoCAD 弹出如图 7-5 所示的"插入"对话框。该对话框中各选项的含义：

图 7-5 "插入"对话框

1）名称。通过"名称"下拉框用户可以选择将要插入的已在本图形中定义的块名。如果用户需要插入在别的图形文件中定义过的块或别的图形，可以单击"浏览"按钮浏览。

2）插入点。用于指定图块基点在图形中的插入位置。用户可选中"在屏幕上指定"复选框，在屏幕上选择一个插入点，也可以不选中复选框，而直接在 X、Y、Z 文本框中输入点的坐标。

3）比例。用户可以选中"在屏幕上指定"复选框，在屏幕上确定插入时的缩放比例，也可以不选中该复选框，而直接在本栏的 X、Y、Z 文本框中输入插入时用户所需的 X、Y、Z 三个方向的缩放比例。当用户选中"统一比例"项，仅需要设置 X 一个方向的缩放比例，此时其他两个方向的缩放比例与 X 向缩放比例相同。

注 意

在插入块时，若在提示下输入的缩放比例为负值，则 AutoCAD 插入图形将是原图形的镜像图形。

4）旋转。用户可以利用"在屏幕上指定"来确定插入时的旋转角度，也可以直接在"角度"文本框中输入旋转角度。

5）块单位。用户可以改变块的单位和比例。

6）分解。块在插入时，AutoCAD 是将块中图形对象作为一个整体看待的，如果选中该复选框，则在块插入时，将块进行分解为各独立的图形对象。

7.2.2 插入图块阵列

（1）功能：在插入块的同时将块按要求的矩形阵列排列，该命令是将块插入和矩阵排列结合在一起的操作。

（2）命令执行方式：

命　令：MINSERT。

（3）操作过程：

执行该命令后，命令窗口提示如下：

输入块名或 [?]：(输入块名)

单位：毫米　转换：　1.0000

指定插入点或 [基点(B)/比例(S)/X/Y/Z/旋转(R)]：(指定插入点、缩放比例及旋转角度)
...

输入行数 (---) <1>：　　　　　　　　　　(输入阵列的行数)

输入列数 (|||) <1>：　　　　　　　　　　(输入阵列的列数)

输入行间距或指定单位单元 (---)：　　　　(输入阵列的行距)

指定列间距 (|||)：　　　　　　　　　　　(输入阵列的列距)

【例 7-1】 将零件螺母定义成块 LM，再作阵列插入。如图 7-6 所示。

（1）绘制单个的螺母，并将其定义为块"LM"。

命令：_BLOCK　　　　　　　　　　　　　　(打开"块定义"对话框)

指定插入基点：<对象捕捉 开>　　　　　　(指定螺母的中心点)

选择对象：指定对角点：找到 5 个　　　　(交叉窗口全选)

选择对象：✓　　　　　　　　　　　　　　(单击对话框中的"确定"按钮)

（2）插入矩形阵列。

命令：MINSERT ✓

输入块名或 [?] <11>：lm ✓　　　　　　　　　　　　　(输入"LM"块名)

单位：毫米　转换：1.000

指定插入点或 [基点(B)/比例(S)/X/Y/Z/旋转(R)]：　　　　　　　　（指定插入基点）

输入 X 比例因子,指定对角点,或 [角点(C)/XYZ] <1>：✓　　　（接受默认值）

输入 Y 比例因子或 <使用 X 比例因子>：✓　　　　　　　　　　（接受默认值）

指定旋转角度 <0>：✓

输入行数 (---) <1>：3 ✓　　　　　　　　　　　　　　　　　（输入 3 行）

输入列数 (|||) <1>：4 ✓　　　　　　　　　　　　　　　　　（输入 4 列）

输入行间距或指定单位单元 (---)：50 ✓　　　　　　　　　　　（输入行间距为 50）

指定列间距 (|||)：60 ✓　　　　　　　　　　　　　　　　　　（输入列间距为 60）

图 7-6　插入阵列图块

按 Enter 键后，完成作图。因为基点在左下角，输入的行距、列距均为正值，阵列的方向是由左下角向右上角。

7.3 图 块 的 编 辑

7.3.1 图块的特性

在建立一个块时，组成块的实体的特性将随块定义一起存储。当在其他图形中插入块时，这些特性也随着一起带入，并根据不同的情况有所变化。

1. "随层"块特性

如果由某个层的具有"随层"设置的实体组成一个内部块，这个层的颜色、线型等特性将设置并储存在块中，以后不管在哪一层插入都保持这些特性。

如果在当前图形中插入一个具有"随层"设置的外部块，当外部块所在层在当前图形中没定义，则 AutoCAD 自动建立该层来放置块，块的特性与块定义时一致；如果当前图形中存在与之同名而特性不同的层，当前图形中该层的特性将覆盖图块原有特性。

2. 0 层上"随层"块的特性

如果组成块的实体是在 0 层上绘制的并且用"随层"设置特性，则该块无论插入哪一层，其特性都采用当前插入层的设置。例如：当前层为 1 层，1 层的颜色为红色，而 0 层的颜色为蓝色，则插入当前层的 0 层"随层"块的特性同样为"随层"的红色。0 层上"随层"块的特性随插入层的特性的改变而改变。

3."随块"块特性

如果组成的实体采用"随块"设置，则块在插入前没有任何层、颜色、线型、线宽设置，被视为白色连续线。当块插入当前图形中时，块的特性按当前绘图环境的层、颜色、线型和线宽设置。例如：当前绘图环境为 0 层、颜色为绿色，则此时插入"随块"的特性同样为 0 层、绿色。"随块"块的特性是随不同的绘图环境而变化的。

4. 指定颜色和线型的块的特性

如果组成块的实体特性具有指定的颜色和线型，则块的特性也是固定的，在插入时不受当前图形设置的影响。

> 注　意
>
> 　0 层上建立的块是随各插入层浮动的，插入哪层，0 层块就置于哪层上。因此，一般是在 0 层上定义块。

7.3.2　块嵌套

块嵌套就是指在一个块中还包含有其他的块引用，AutoCAD 对块的嵌套没有限制，用户可以根据需要来确定块的嵌套数。当用户在进行块的嵌套时，块内的图层、线型和颜色等都会发生变化，其变化规律与块插入图形时的规律相同。

块的嵌套为用户利用现有的块来构建新的块提供了极大的便利。在工程图样的绘制中，用户可以将几个块嵌套在一起，定义成为一个新的块。比如：可以将螺纹连接件中的螺栓、螺母、垫圈等分别定义成块，然后，再将其嵌套（组装）在一起，组成一个新的"螺纹连接件"的块。这样，在调用的时候，既可以单独使用各个块，又可以使用组合后的块，给绘制装配图样带来很大的方便。

7.3.3　重新定义图块

当在一幅图形中已插入了很多相同的图块，而用户又需将这些相同的块统一做一些修改或改换成另一个标准时，可以运用块的重新定义功能，快速、准确地完成修改任务。

1. 重新定义块的方法

重新定义块，就是以相同的名字重新定义块内容。重新定义块的具体步骤如下：

1）插入要修改的块或使用图形中已存在的块。

2）用分解命令将块分解，使之成为独立的对象。

3）用编辑命令按新块图形要求修改旧块图形。

4）运行"块定义"命令，选择新块图形作为块定义选择对象，给出与分解前的块相同的名字。

5）完成此命令后会弹出如图 7-7 所示的警告信息对话框，单击"是"按钮，块被重定义，图中所有对该块的引用在插入的同时被自动修改更新。

2. 实例

用重新定义块的方法将如图 7-6 所示"LM"图块的形状作修改为如图 7-8 所示形状，其操作步骤：

（1）绘制一个新的带有垫圈的螺母。

（2）将其定义为与原螺母同名（LM）的图块，替换原有的图块。

（3）用"Minsert"命令重新插入。

图 7-7　块重定义信息框　　　　　　　　　　图 7-8　图块的替代

命令:INSERT ✓ 　　　　　　　　　　　　　　　　　　　(插入"LM"块)
指定插入点或 [基点(B)/比例(S)/X/Y/Z/旋转(R)]:
　　　　　　　　　　　　　　　　　　　　　　　　　(在屏幕上指定一点)
⋮
命令:_EXPLODE ✓ 　　　　　　　　　　　　(分解原图块)
选择对象:找到 1 个命令:

命令:_CIRCLE ✓
指定圆的圆心或 [三点(3P)/两点(2P)/切点、切点、半径(T)]:
指定圆的半径或 [直径(D)] <20>: 　　　　(在原图形上绘制一垫圈圆)

命令:_BLOCK ✓ 　　　　　　　　　　　　　(打开"块定义"对话框)
指定插入基点: <对象捕捉 开> 　　　　　　(捕捉新螺母图形的中心点)
选择对象:指定对角点:找到 7 个 　　　　(应用交叉窗口全选)
选择对象: ✓ 　　　　　　　　　　　　　　(按 Enter 键后出现"信息框",如图 7-7 所示)

命令:MINSERT ✓ 　　　　　　　　　　　　　(插入一阵列图块)
输入块名或 [?] <LM>: ✓

单位: 毫米　转换:1.000
指定插入点或 [基点(B)/比例(S)/X/Y/Z/旋转(R)]:
输入 X 比例因子,指定对角点,或 [角点(C)/XYZ(XYZ)] <1>: ✓
输入 Y 比例因子或 <使用 X 比例因子>: ✓
指定旋转角度 <0>: ✓
输入行数 (---) <1>: 3 ✓
输入列数 (||||) <1>: 4 ✓
输入行间距或指定单位单元 (---): 50 ✓
指定列间距 (||||): 60 ✓
结果如图 7-8 所示。

7.3.4　利用对象特性窗口编辑图块

在设计时,有时需要修改已插入图块的插入点、缩放比例、旋转角度等,利用对象特性窗口是一种方便、快捷的方法。选中需修改的图块,打开"特性"对话框,如图 7-9 所示。

在此对话框中,可修改插入点的 X、Y、Z 坐标;块插入时在 X、Y、Z 方向的缩放比例系数;插入的块名和块插入时的旋转角度等。

图 7-9　"特性"对话框修改图块

7.4　块　属　性

工程图样中，零件或符号除自身的形状外，还包含许多参数和文字说明信息，比如：图样中的技术要求、零件的表面粗糙度、装配图中的序号和明细栏等一些可变的文本信息。在 AutoCAD 中，系统将图块所含的附加信息称为属性，可以赋予属性值，以便更好地说明其具体要求。属性是图块的附属物，它必须依赖于图块而存在，没有图块就没有属性。

7.4.1　定义属性

在定义带属性的图块前，需要先定义该图块的属性，即定义每个属性的标记名、属性提示、属性默认值、属性的显示格式（可见或不可见）、属性在图块中的位置等。定义属性后，该属性以其标记名在图中显示出来，并保存有关的信息。

（1）功能：定义属性。

（2）命令执行方式：

菜单栏："绘图" — "块" — "定义属性"。

功能区："默认" — "块" — "定义属性" 🔲 。

命　令：ATTDEF。

（3）操作过程：

执行该命令后，AutoCAD 弹出如图 7-10 所示的"属性定义"对话框。该对话框各选项的含义如下：

1）模式。"模式"栏用于设置属性的模式。其中"不可见"复选框用于设置在插入块后是否显示其属性值；"固定"复选框用于设置其属性值是否为常量；"验证"复选框用于设置在插入块时是否提示用户确认输入的属性值；"预设"复选框用于设置是否将属性值设置为其默认值。"锁定位置"复选框用于锁定块参照中属性的位置。"多行"指定属性值可以包含多行文字。

图 7-10　"属性定义"对话框

2）属性。该栏用于设置属性的标记、插入块时的提示及属性的默认值。一般情况下，用户可以在"标记"选项中输入块的名称或代号；"提示"选项中可以不输入提示内容，则 AutoCAD 自动将其设置成与属性标记一样；"默认"选项可以输入缺省的属性值，也可以是空值。

3）插入点。该栏用于设置属性的插入点。用户可以选中"在屏幕上指定"复选框，在绘图窗口中指定一点作为插入点，或者直接在 X、Y、Z 坐标文本框中输入插入点的坐标值。

4）文字选项。该栏用于设置属性文字的字体、对齐方式、字高及旋转角度等。

5）在上一个属性定义下对齐。若选择该复选框，则当前属性将采用上一个块属性的文字样式、字高及旋转角度，且另起一行按上一个属性的对正方式排列。

7.4.2　使用带属性的图块

使用带属性的图块的操作过程：

（1）先画好要插入的图形。

（2）进行属性定义（ATTDEF）。

（3）将属性和相应的图形一起定义成块（BLOCK 或 BMAKE）或块文件（WBLOCK）。

（4）插入带属性的块，输入属性值（INSERT）。

（5）属性编辑（DDATTE）。

【例 7-2】　将表面结构代号定义为带属性的块，并插入到图形中，如图 7-11 所示。

步骤：

（1）绘制表面结构符号，如图 7-12 所示。

图 7-11　使用带属性的块示例   图 7-12　表面结构符号

（2）属性定义：

菜单栏："绘图" — "块" — "定义属性"。

出现对话框如图 7-13 所示，在其中填写所示内容，单击"确定"按钮，并在屏幕上拾取属性的插入点如图 7-14 所示，完成属性定义。

图 7-13　表面结构属性定义   图 7-14　属性插入点

（3）定义带属性的块：

命令:BLOCK ↙

指定插入基点: <对象捕捉 开>　　　　　　　　（选择下面的端点）

选择对象: 指定对角点: 找到 4 个　　　　　（交叉式全选）

选择对象: ↙　　　　　　　　　　　　　　　（按 Enter 键后，单击"确定"按钮）

（4）存储块：

命令:WBLOCK ↙

弹出"写块"对话框，在此对话框的相关栏中选择"块名"后，单击"确定"，完成存储块。（此步骤根据具体要求，也可不做。）

（5）插入块：

在如图 7-15 所示的零件表面插入结构代号。

图 7-15　零件图

命令:　_INSERT ↙

指定插入点或 [基点(B)/比例(S)/X/Y/Z/旋转(R)]:　　　　　（在图形外表面拾取一点）

输入属性值

表面结构 <Ra　3.2>:　↙　　　　　　　　　　（选择默认值，确定外表面的数值）

命令:INSERT ↙

指定插入点或 [基点(B)/比例(S)/X/Y/Z/旋转(R)]:　　　　　（在图形内表面拾取一点）

输入属性值

表面结构 <Ra　3.2>:　Ra 6.3 ↙　　　　　　（更改属性值为 Ra 6.3，确定内表面的数值）

插入左下角的表面结构代号后，完成作图，其效果如图 7-16 所示。

图 7-16　插入表面结构代号后的零件图

7.5 属性编辑

属性编辑包括三部分内容：一是用 DDEDIT 命令对已赋予属性，但未定义成块的或已赋予属性并已定义成块的属性进行编辑；二是用 ATTEDIT 命令修改图形中已插入的属性块的属性值；三是用 EATTEDIT 命令、_ATTEDIT 命令修改单个块属性和修改全局的块属性。下面主要介绍前两种编辑方法。

7.5.1 改变属性定义

DDEDIT 命令：

（1）功能：修改属性定义中的属性标记、提示及默认值。

（2）命令执行方式：

菜单栏："修改"—"对象"—"文字"—"编辑"。

命 令：DDEDIT。

（3）操作过程：

执行该命令后，命令窗口提示如下：

选择注释对象或 [放弃(U)]：

两种情况：

1）已赋予属性，但未定义成块。

用户选择要修改的属性标记后，AutoCAD 弹出如图 7-17 所示的"编辑属性定义"对话框。用户可以修改属性定义的标记、提示和默认值。

图 7-17 "编辑属性定义"对话框

2）已赋予属性并已定义成块。

用户选择要修改的属性标记后，AutoCAD 弹出如图 7-18 所示的"增强属性编辑器"对话框。该对话框各选项的内容如图 7-18 所示。

使用该对话框可以编辑属性特性、属性值，文字样式和特性等。完成一个属性的修改后，AutoCAD 接着提示：

选择注释对象或 [放弃(U)]：

用户可以接着选择要修改的属性标记对其进行修改，若选择"放弃（U）"选项则取消上一个属性的修改，在此提示下按 Enter 键则确认修改，并退出 DDEDIT 命令。

（a）   （b）   （c）

图 7-18 "增强属性编辑器"对话框

（a）属性；（b）文字选项；（c）特性

7.5.2 改变属性值

对已插入到图形中的块属性，用户可以对其属性进行编辑来改变属性的值以及位置、方向、可见性等。

1．ATTEDIT 命令

（1）功能：用于修改图形中已插入的属性块的属性值。

（2）命令执行方式：

命　令：ATTEDIT。

（3）操作过程：

执行该命令后，命令窗口提示如下：

选择块参照：

用户选择了带属性的图块后，AutoCAD 弹出如图 7-19 所示的"编辑属性"对话框，可以使用该对话框来修改属性值。

2．使用"块属性管理器"

（1）功能：管理块定义上的属性。

（2）命令执行方式：

菜单栏："修改"—"对象"—"属性"—"块属性管理器"。

命　令：BATTMAN。

（3）操作过程：

执行该命令后，AutoCAD 弹出如图 7-20（a）所示的"块属性管理器"。选中属性值后，点击"编辑"按钮，弹出如图 7-20（b）所示的"编辑属性"对话框，可进行块属性的编辑。

图 7-19　"编辑属性"对话框

(a)

(b)

图 7-20　"块属性管理器"对话框

（a）块属性管理器；（b）编辑属性

7.6　图块和块属性应用实例

在第 5 章中曾经介绍用"复制"命令和"单行文字"以及"编辑文字"命令的方法绘制装配图中的明细栏，下面介绍另一种应用定义带属性的块及其插入块的方法绘制明细栏，两种方法可以加以比较，灵活应用。

【例 7-3】　将明细栏定义为带属性的块，并进行插入，结果如图 7-21 所示。

步骤如下：

序号	代　　号	名　　称	数　量	备　　注
5		齿　轮	1	m=1.5　z=30
4		端　盖	2	
3	GB/T 276-94	轴　承	2	
2		轴	1	
1		箱　体	1	
序号	代　　号	名　　称	数　量	备　　注

图 7-21　明细栏

（1）绘制明细栏图框，如图 7-22 所示，尺寸参见图 5-56。

图 7-22　明细栏图框

（2）属性定义，如图 7-23、图 7-24 所示。

命令:ATTDEF　✓　　　　　　　　　　　（属性定义命令）

弹出如图 7-23 所示的"属性定义"对话框，所输入的内容和文字选项的设置见图。

图 7-23　"属性定义"对话框

按顺序从左向右依次输入其他内容。

（3）将图 7-24 所示图形定义成块，名称为"MXL"。

序号	代　　号	名　　称	数　量	备　　注

图 7-24　完成属性定义

命令:BLOCK　✓　　　　　　　　　　　　　　　　　（定义块命令）

弹出如图 7-25 所示的"块定义"对话框。在名称栏中输入"MXL"，单击"拾取点"按钮。

指定插入基点：<对象捕捉　开>　　　　　　　　　　（选择图框的左下角）

选择对象：指定对角点：找到 13 个　　　　　　　　（交叉窗口全选）

选择对象：　✓　　　　　　　　　　　　　　　　（按 Enter 键后，单击"确定"按钮）

图 7-25　"块定义"对话框

（4）插入明细栏。

命令：INSERT ✓　　　　　　　　　　　　　　　　（插入块命令，弹出"插入"对话框）

指定插入点或 [基点(B)/比例(S)/X/Y/Z/旋转(R)]：　（图框左下角）

输入属性值

备注 <备注>：✓　　　　　　　　　　　　　　　　　（输入具体属性值）

数量 <数量>：1 ✓

名称 <名　称>：箱　体 ✓

代号 <代　号>：✓

序号 <序号>：1 ✓

按顺序依次插入各零件的明细栏，如图 7-26 所示。

5	代　号	齿　轮	1	$m=1.5$　$z=30$
4	代　号	端　盖	2	备　注
3	GB/T 276－94	轴　承	2	备　注
2	代　号	轴	1	备　注
1	代　号	箱　体	1	备　注
序号	代　号	名　称	数　量	备　注

图 7-26　完成插入后的明细栏

（5）属性编辑。

在图 7-26 中，可看出在有些栏中还有不需要的内容，如："备注"等，可以用编辑属性命令"DDATTE"进行修改。

命令：DDATTE ✓　　　　　　　　　　　　　　　　（改变属性值命令）

选择块参照：　　　　　　　　　　　　　　　　　　（选择需修改的块）

弹出如图 7-27 所示的"编辑属性"对话框。

在该对话框中，删除不需要的属性值，如："备注""代号"，也可对其他参数进行修改。

编辑完成后的明细栏如图 7-21 所示。

【例 7-4】　将流程图做成带属性的块，完成如图 7-28 所示流程图的制作。

图 7-27 "编辑属性"对话框

图 7-28 流程图

图 7-29 开始框

（1）分别绘制"开始框""过程框""判断框"图形，如图 7-29 所示（以开始框为例）；

（2）分别定义成带属性的块，如图 7-30、图 7-31 所示；

（3）画出箭头，并定义成块，如图 7-32 所示。

图 7-30 "开始框"属性定义

图 7-31 完成带属性块的定义

图 7-32 "箭头"块

多段线命令。

① 功能。用于绘制由若干直线和圆弧连接而成的不同宽度的曲线或折线，并且无论该多段线

中含有多少条直线或圆弧，它们都是一个实体。

② 命令执行方式：

菜单栏："绘图" —"多段线"。

工具栏："绘图" 🖫。

命　令：PLINE 或 PL。

③ 操作过程：

执行该命令后，命令窗口提示如下：

指定起点：　　　　　　　　　　　　　　　　　　　（指定多段线的起点）

当前线宽为 0.0000　　　　　　　　　　　　　　（默认值）

指定下一个点或 [圆弧(A)/半宽(H)/长度(L)/放弃(U)/宽度(W)]：

各选项说明。

圆弧（A）：键入 A，以画圆弧的方式绘制多段线。

半宽（H）：该选项用于设置多段线的半宽值。

长度（L）：定义下一段多段线的长度。

宽度（W）：该选项用于设置多段线的宽度值。

画箭头

命令：PLINE ↙　（多段线）

指定起点：　　　　　　　　　　　　　　　　　　（在屏幕上指定一点）

当前线宽为 0.0000

指定下一个点或 [圆弧(A)/半宽(H)/长度(L)/放弃(U)/宽(W)]：w ↙

指定起点宽度 <0.0000>：1 ↙

指定端点宽度 <1.0000>：0 ↙

指定下一个点或 [圆弧(A)/半宽(H)/长度(L)/放弃(U)/宽度(W)]：5 ↙

指定下一个点或 [圆弧(A)/半宽(H)/长度(L)/放弃(U)/宽度(W)]：↙

完成箭头图形。

（4）插入各带属性的块，排列成流程图，如图 7-33 所示。

（5）用直线连接，如图 7-34 所示。

图 7-33　插入各带属性的图块　　　　　图 7-34　用直线连接

注 意

为了排列整齐，可打开栅格命令，进行栅格捕捉操作。

（6）插入箭头和输入相应的字母，如图 7-35 所示（插入箭头时，注意其方向，利用如图 7-36 所示的"插入"对话框调整箭头方向）。

完成后的流程图如图 7-28 所示。

图 7-35　插入箭头与字母

图 7-36　箭头插入方向的调整

思 考 题

1. 图块的作用是什么？有何特点？

2. 何谓内部块？何谓外部块？如何定义？有何区别？

3. 图块的插入有哪几种方法？图块的阵列插入方法是怎样？其与一般的图形阵列命令有什么区别？

4. 在 0 层上建立图块有何特点和好处？

5. 创建带属性块的操作步骤有哪些？

6. 熟悉并掌握表面结构代号、明细栏的建块步骤。

7. 图块的编辑命令有哪些？"DDEDIT"与"ATTEDIT"有何区别？

第 8 章　零件图的绘制

学习目标

（1）正确绘制轴类零件工作图。
（2）正确绘制盘盖类零件工作图。
（3）正确绘制叉架类零件工作图。
（4）正确绘制箱体类零件工作图。

学习内容

（1）掌握图案填充命令的使用方法。
（2）创建符合 CAD 标准的样板图。
（3）掌握零件图中尺寸公差、表面粗糙度的标注方法。
（4）掌握形位公差标注和旁注法标注方法。
（5）应用多段线命令绘制箭头、基准符号等。

8.1　零件图的基本内容

零件图是设计部门提交给生产部门的重要技术文件。它不仅反映了设计者的设计意图，而且表达了零件的各种技术要求，如表面粗糙度、尺寸公差和形位公差等。零件图是制造和检验零件的重要依据，如图 8-1 所示。

一张完整的零件图包括以下内容。

1. 一组视图

主要表达零件的结构形状。要根据零件的结构特点选择适当的剖视、断面等表达方法，将零件的结构形状表达清楚。在 AutoCAD 中，涉及剖面线的画法（图案填充）。

2. 完整的尺寸

主要反映零件的大小，尺寸标注要正确、完整、清晰和合理。在 AutoCAD 中，要进行尺寸标注样式的设置。

3. 技术要求

零件图上的技术要求主要包括：尺寸公差、形位公差、表面粗糙度、表面处理、热处理等。在 AutoCAD 中，可将有关内容定义成块，还可以使用文字命令输入相关的技术要求。

4. 标题栏

其内容包括：零件的名称、材料、数量、比例、图样的编号以及设计、制图、审核人员的签名等。在 AutoCAD 中，要绘制表格和应用文字输入方法输入相关的内容。

图 8-1　起重螺杆

8.2　图案填充（剖面线的画法）

在图 8-1 中可看出，该视图的局部采用了剖切的画法，因此在剖视区域要用图案进行填充，即画剖面线。关于剖面线的画法，在工程制图国家标准中已有规定。对于工程上常用的金属材料，一般用与水平成 45° 的等距的细实线绘制，并且还规定了同一个零件的几个剖视图，其剖面线的方向、间距要一致。

8.2.1　创建图案填充

（1）功能。在指定的填充边界内填充一定样式的图案。

（2）命令执行方式：

菜单栏："绘图"—"图案填充"。

功能区："默认"—"绘图"—"图案填充" 。

工具栏："绘图"—"图案填充" 。

命　令：BHATCH。

（3）操作过程：

执行该命令后，AutoCAD 弹出如图 8-2 所示的"图案填充和渐变色"对话框。

在这个对话框，选择"图案填充"选项卡中一种图案，确定填充边界后，单击"确定"按钮，就可以完成简单的图案填充操作。

1）设置填充图案。"图案填充"选项卡主要用于控制用户剖面线的图案样式及有关特性。它包括如下内容：

① 类型：用户选择和设置所用的填充图案的类型。单击下拉列表箭头，其中图样类型有"预定义""用户定义"和"自定义"三种，可选择需要的填充方式。AutoCAD 默认的是"预定义"方式。

② 图案：用户可在"图案"下拉列表框中选择预设置填充图案。在"图案"下拉列表框中，列出了所有可用的预设置填充图案。用户还可以单击"图案"下拉列表框右边□的按钮，AutoCAD 弹出如图 8-3 所示的"填充图案选项板"对话框，用户可从该对话框中选择一个可用的填充图案。

图 8-2　"图案填充与渐变色"对话框

图 8-3　"填充图案选项板"对话框

③ 颜色：给填充图案设定颜色。

④ 样例：该框显示了所选中填充图案的预览图像。单击此框也可弹出"填充图案选项板"对话框。

⑤ 角度：图样中剖面线的倾斜角度。默认值是 0，用户可输入值改变角度。

⑥ 比例：图样填充时的比例因子。AutoCAD 提供的各图案有默认的比例，如果此比例不合适（太稀或太密），可以输入值，给出新比例。在实际使用时，填充图案的比例设置太小，其填充速度较慢，有时甚至会出现死机的现象。因此，剖面线填充比例不宜设置太小。

还有其他的项目："自定义图案""相对图纸空间""间距""双向"，这四项只有在选择了"用户自定义"选项后，才可使用，一般情况下都不用。"双向"是指确定用户临时定义的填充线为一组平行线还是相互垂直的两组平行线。"ISO 笔宽"也只有用户选择了 ISO 填充图案后，才可确定它的内容。

2）设置填充色。

使用"边界填充与渐变色"对话框中的"渐变色"选项卡，可设定填充色，如图 8-4 所示。

① 单色：使用一种颜色的渐变色来填充图形。双击右边的颜色条或单击按钮，都可选择需要的颜色，并通过"渐深"至"渐浅"的滑块调整渐变效果。

② 双色：使用由两种颜色形成的渐变色来填充图形。

③ 渐变图案：显示可用的 9 种渐变填充图案。

④ 居中：选中该复选框，所选颜色将以居中的方式渐变。

⑤ 角度：用于设置渐变的方向。

图 8-4 "渐变色"选项卡

3）设定填充方式。

使用"图案填充和渐变色"对话框中的"孤岛"选项可以进一步设置填充边界的填充方式。

① 孤岛检测样式：用于定义最外面填充边界内部对象的图案填充方法。所谓"孤岛"指位于选定填充区域内，但不进行图案填充的区域。

孤岛的填充方式有三种：

普通方式：从外向里，每奇数个相交区域进行填充，在交替的区域间填充图案。

外部方式：只将最外层画上剖面线。

忽略方式：忽略边界内的孤岛，全部画上剖面线。

② 对象类型：用于设置是否将填充边界以对象的形式保留下来以及保留的类型。用户选择了"保留边界"复选框后，可单击右边的小箭头，从下拉列表中选取面域或多段线。

③ 边界集：相当于"边界"命令，建立填充剖面线的边界。

④ 允许的间隙：用于设定填充区域允许的最大间隙。该文本框的默认值为 0。若不设置该间隙值，则在填充时，遇到不封闭的边界会出现"图案填充—边界未闭合"对话框，如图 8-5 所示。图 8-6 所示的为设置允许间隙的效果。

图 8-5 "图案填充—边界未闭合"对话框　　　　图 8-6 设置"允许间隙"的效果

4）其他选项。

① 拾取点：用户在要填充剖面线的区域内拾取点，AutoCAD 自动分析当前对象，以便决定剖面线边界。

② 选择对象：选择形成填充边界的对象。此时，无须对象构成闭合的边界。

③ 删除边界：用于清除以"拾取点"方法定义的填充边界内的孤岛，以便让剖面线穿过孤岛区。

④ 查看选择集：查看当前边界选择集。点取该选项，AutoCAD 临时切换到绘图屏幕，将所选择的填充边界以高亮度方式显示。在没有选取对象时，此选项不可用。

⑤ 关联：用于控制创建的图案填充与填充边界是关联的还是不关联的。填充后，如果是关联的，则随着填充边界的改变填充也随着变化；如果是非关联的，则填充相对于它的填充边界是独立的，边界的修改不影响填充对象的改变。如图 8-7 所示。

⑥ 绘图次序：单击该菜单栏，列出了 5 种绘图次序，任选其一可以改变当前绘图顺序。

⑦ 继承特性：即选用图中已有的填充图样作为当前的填充图样，相当于格式刷。

　　　　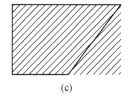

（a）　　　　　　　　　　　（b）　　　　　　　　　　　（c）

图 8-7　"关联与不关联"效果

（a）原始图形；（b）关联；（c）不关联

8.2.2　编辑图案填充

（1）功能：编辑已有的图案填充对象。

（2）命令执行方式：

菜单栏："修改"—"对象"—"图案填充"。

工具栏："修改Ⅱ"　。

命　令：HATCHEDIT。

快捷菜单：选择一个图案填充对象，在绘图区域右击鼠标，从弹出的快捷菜单中选择"图案填充编辑"选项。

（3）操作过程：

执行该命令后，命令窗口提示如下。

选择图案填充对象：

用户选择一个图案对象后，AutoCAD 弹出如图 8-8 所示"图案填充编辑"对话框。

"图案填充编辑"对话框与"图案填充和渐变色"对话框的选项完全一样，只是在编辑图案时，其中的某些项变为可用。在利用"图案填充编辑"对话框对已填充的图案进行编辑时，用户可对填充图案特性、填充样式及关联性等进行编辑。

图 8-8 "图案填充编辑"对话框

8.3 创 建 样 板 图

8.3.1 制作样板图的目的

在 AutoCAD 2017 中，提供了许多种类的模板，但没有符合我国工程制图标准的模板。因此，我们需要建立自己的样板图，这样在创建新的图形文件时，就可以直接调用现有的样板图，而不必每一张图样都要从头进行设置相关的绘图参数或样式，避免许多重复工作。

制作一张样板图主要包括如下的内容：

（1）选择图幅，确定绘图单位；

（2）设置图层、线型、线宽和颜色；

（3）设置文字样式；

（4）设置尺寸标注样式；

（5）绘制图框和标题栏；

（6）设置常用的图形符号；

（7）设置其他有关参数。

8.3.2 样板图的制作步骤

以 A3 号图幅为例，说明制作样板图的步骤。

1．选择系统样图

使用"新建"命令，在"创建新图形"对话框中选择"使用样板"单选按钮。在"选择样板"列表框中，选择 Acadiso.dwt 标准图样作为新图的初始图样。

2．设置绘图界限

根据 A3 图纸幅面，用 Limist 命令设置绘图边界。

命令：LIMITS ✓

重新设置模型空间界限：

指定左下角点或 [开（ON）/关（OFF）] <0.0000，0.0000>： ✓

指定右上角点 <420.0000，297.0000>： ✓

（接受缺省值）

3. 设置绘图单位

由菜单栏："格式"—"单位"，弹出"图形单位"对话框（如图 8-9 所示），设置长度、角度单位、精度等。

4. 设置图层、线型、线宽和颜色

由菜单栏："格式"—"图层"，弹出"图层特性管理器"对话框，根据 CAD 制图标准，建立如图 8-10 所示的图层、线型、线宽和颜色等。

图 8-9 "图形单位"对话框

图 8-10 图层、线型、线宽和颜色的设置

5. 设置文字样式

由菜单栏："格式"—"文字样式"，弹出"文字样式"对话框，如图 8-11 所示。在设置字体的过程中，字高设置为 0，主要是在具体标注时随时调整，应用方便。

6. 设置尺寸标注样式

由菜单栏："格式"—"标注样式"，弹出"标注样式管理器"对话框，如图 8-12 所示。在此对话框中，进行标注样式的设置。可接受当前标注样式"ISO-25"，该格式比较接近我国的标准。如果在具体标注时有特殊要求，则可用"修改"选项、"替代"选项进行修改。

7. 绘制图框和标题栏

图框可以用直线命令或矩形命令绘制；标题栏可定义为图块插入，其具体的方法可参照第 1 章和第 7 章介绍的有关内容。

8. 保存样板图

单击"保存"按钮，弹出"图形另存为"对话框，如图 8-13 所示。

在文件类型下拉列表框中选择"图形样板文件（*.dwt），在文件名文本框中输入 A3，单击"保存"按钮，这时屏幕出现"样板说明"对话框，如图 8-14 所示，键入样板文件的描述，并选择测量单位后单击"确定"按钮。

图 8-11　"文字样式"设置　　　　　　　图 8-12　"尺寸标注样式"设置

图 8-13　保存样板图　　　　　　　　　图 8-14　样板说明

在样板图的制作中，还可以将"表面粗糙度"等符号定义为块，一起保存，以随时调用。

8.3.3　样板图的调用

创建一张新图时，在"创建新图形"对话框中，选择"使用样板"的单选按钮，在"选择样板"列表框中找到 A3.dwt，并双击，这时所显示的图形便为 A3.dwt 样板图，如图 8-15 所示。

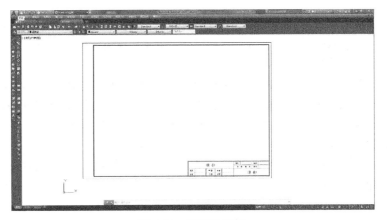

图 8-15　调用样板图

用上述方法可将 A0（841×1189）、A1（594 ×841）、A2（420×594）、A4（210×297）等做成系统样板图。

8.4　绘　图　实　例

在实际工程中零件的种类很多，但可以归纳为：轴类、轮盘类、叉架类和箱体类零件等。这些零件的实际用途不同，其各自的结构特点也不同，绘制其图样时，方法上也有所差异。有关零件图的视图选择、表达方案、尺寸标注、技术要求等问题，在"工程制图"课程的学习中已掌握，下面通过举例主要介绍应用 AutoCAD 的方法绘制各种零件图的过程。

8.4.1　轴类零件图的绘制

【例 8-1】　绘制如图 8-1 所示的"起重螺杆"零件图。

1. 分析

该轴类零件的绘制不太复杂，大部分结构可以用直线、偏移、修剪等命令完成。但从图形中也可以看到，其中还要应用剖面线、倒角、断裂线的命令来绘制某些结构。

2. 倒角命令

（1）功能。将两个不平行的对象延伸或修剪来使之相交，或以一条有一定的斜角的直线来连接两对象。

（2）命令执行方式：

菜单栏："修改"—"倒角"。

功能区："默认"—"修改"—"倒角" 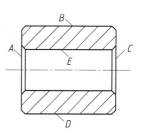。

工具栏："修改"—"倒角" 。

命　令：CHAMFER。

（3）操作过程：

执行该命令后，命令窗口提示如下：

（"修剪"模式）当前倒角距离 1 = 0.00，距离 2 = 0.00

选择第一条直线或［放弃（U）/多段线（P）/距离（D）/角度（A）/修剪（T）/方式（E）/多个（M）］:

根据命令中的各选项，来设置倒角的距离、角度、修剪方式等。下面通过一个实例介绍各选项的应用，如图 8-16 所示。

图 8-16　倒角示例

1）外倒角。

命令:CHAMFER　✓

（"修剪"模式）当前倒角距离 1 = 2.0000,距离 2 = 2.0000

选择第一条直线或［放弃(U)/多段线(P)/距离(D)/角度(A)/修剪(T)/方式(E)/多个(M)］: d　✓

（设置倒角距离）

指定第一个倒角距离 <2.0000>: 4　✓

指定第二个倒角距离 <4.0000>:　✓

选择第一条直线或［多段线(P)/距离(D)/角度(A)/修剪(T)/方法(M)］: t

（设置修剪模式）

输入修剪模式选项［修剪(T)/不修剪(N)］<不修剪>: t　✓

（设置为修剪）

选择第一条直线或［多段线(P)/距离(D)/角度(A)/修剪(T)/方法(M)］:　　　（选择 A 边）

选择第二条直线:　　　　　　　　　　　　　　　　　　　　（选择 B 边）

完成左上角的外倒角。

命令: CHAMFER　✓

（"修剪"模式）当前倒角距离 1 = 4.0000,距离 2 = 4.0000

选择第一条直线或 [放弃(U)/多段线(P)/距离(D)/角度(A)/修剪(T)/方式(E)/多个(M)]： (拾取 B 边)

图 8-17　外倒角

选择第二条直线：   (拾取 C 边)

完成右上角的外倒角。其他外倒角的方法类似，如图 8-17 所示。

2）内倒角（关闭剖面线层）。

命令：chamfer

("修剪"模式) 当前倒角距离 1 = 4.0000,距离 2 = 4.0000

选择第一条直线或 [放弃(U)/多段线(P)/距离(D)/角度(A)/修剪(T)/方式(E)/多个(M)]：t ✓

输入修剪模式选项 [修剪(T)/不修剪(N)] <修剪>：n ✓   (设置为不修剪)(请注意这一点！)

选择第一条直线或 [放弃(U)/多段线(P)/距离(D)/角度(A)/修剪(T)/方式(E)/多个(M)]： (拾取 E 边)

选择第二条直线：   (拾取 A 边)

完成左上角的内倒角。

命令：CHAMFER ✓

("不修剪"模式) 当前倒角距离 1 = 4.0000,距离 2 = 4.0000

选择第一条直线或 [放弃(U)/多段线(P)/距离(D)/角度(A)/修剪(T)/方式(E)/多个(M)]： (拾取 E 边)

选择第二条直线：   (拾取 C 边)

完成右上角的内倒角。其他的内倒角方法类似，如图 8-18 所示。

补画缺线并修剪后，完成作图。如图 8-19 所示。

图 8-18　设置不修剪模式倒内角

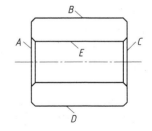

图 8-19　补画缺线并修剪

思考：为什么在倒内角时，设置为不修剪模式？如果设置为修剪模式的结果如何？

3. **样条曲线命令**

（1）功能。用于创建样条曲线。样条曲线是通过一系列指定点形成的一条光顺曲线，经常用在绘制断裂线（即波浪线）或一些不规则曲线。

（2）命令执行方式：

菜单栏："绘图"—"样条曲线"。

功能区："默认"—"绘图"—"样条曲线" 。

工具栏："绘图"—"样条曲线" 。

命　令：SPLINE。

（3）操作过程：

执行该命令后，命令窗口提示如下：

指定第一个点或 [对象(O)]：

当在屏幕上直接点取一点,系统接着提示：

指定下一点：

指定下一点或［闭合(C)/拟合公差(F)］＜起点切向＞：

其中：

闭合：生成一条闭合的样条曲线。选择此选项后，系统提示指定切线矢量。

拟合公差：键入曲线的偏差值。值越大，曲线越远离指定的点；值越小，曲线离指定的点越近。

起点切向：指定在样条曲线起始点处的切线方向。

若在"指定第一个点或［对象（O）]："下，键入 O，执行对象选项：

对象（O）：把一条多段线拟合生成样条曲线。

绘制如图 8-20 所示的样条曲线。

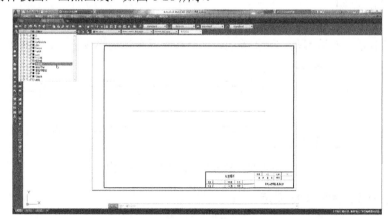

图 8-20　绘制样条曲线示例

命令：_SPLINE ✓

指定第一个点或［对象(O)]：	(拾取 A 点)
指定下一点：	(拾取 B 点)
指定下一点或［闭合(C)/拟合公差(F)］＜起点切向＞：	(拾取 C 点)
指定下一点或［闭合(C)/拟合公差(F)］＜起点切向＞：	(拾取 D 点)
指定下一点或［闭合(C)/拟合公差(F)］＜起点切向＞：	(拾取 E 点)
指定下一点或［闭合(C)/拟合公差(F)］＜起点切向＞： ✓	
指定起点切向：	(拾取 F 点)
指定端点切向：	(拾取 G 点)

4. 绘制"起重螺杆"零件图的步骤

（1）调用样板图，画点画线，如图 8-21 所示。

图 8-21　调用 A3 样板图

（2）画不同的轴径。

由于轴类零件是对称的，因此可以先画出其中的一半，然后通过镜像得到完整的图形。分别用直线命令、偏移命令和修剪命令等画出该零件的上半部分，如图 8-22 所示。

图 8-22　画不同的轴径

（3）镜像图形并倒角。

命令：_MIRROR ✓
选择对象：指定对角点：找到 27 个　　　　　　　（交叉窗口全选）
选择对象：✓
指定镜像线的第一点：　　　　　　　　　　　　　（拾取中心线的左端点）
指定镜像线的第二点：　　　　　　　　　　　　　（拾取中心线的右端点）
要删除源对象吗?[是(Y)/否(N)] <N: ✓
命令:CHAMFER ✓
("修剪"模式) 当前倒角距离 1 = 1.5000,距离 2 = 1.5000
选择第一条直线或 [多段线(P)/距离(D)/角度(A)/修剪(T)/方法(M)]: d ✓ （设置左边轴径倒角）
指定第一个倒角距离 <1.5000>: 1 ✓
指定第二个倒角距离 <1.0000>: ✓
选择第一条直线或 [多段线(P)/距离(D)/角度(A)/修剪(T)/方法(M)]:
选择第二条直线:

右边轴径倒角方法类似，完成倒角后，补画缺线，完成图形如图 8-23 所示。

图 8-23　镜像、倒角

（4）画局部剖视图。

1）使用样条线命令画出波浪线；

2）画出所表达的左端螺孔、圆孔等的内部结构和需表达的螺纹牙型，如图 8-24 所示。

图 8-24　画螺孔、圆孔和牙型结构

3）画出剖面线，如图 8-25 所示。

图 8-25　画剖面线

（5）插入表面结构代号和标注尺寸。

将表面结构图形和属性一起定义为块"表面结构"，并插入到图形中。设置尺寸标注样式，标注尺寸，如图 8-26 所示。

图 8-26　标注尺寸、插入图块

在这个过程中，螺孔的旁注法标注说明如下。

在工程图样中，旁注法标注孔类形状简捷、方便，因此经常使用。根据新的国家标准，用一些符号来表示文字表述，如："M8-7H 深 12，孔深 15"就可以表示为图 8-27 所示的形式。其标注的方法为：

首先在多行文字"文字格式"对话框中点击展开 ，选择"符号"→"其他"，弹出"字符映射表"对话框，选择"GDT"字体，选中所需符号并单击它，此时在该符号四周出现一个方框，如图 8-28 所示。点击"选择""复制"按钮便可将该符号复制到 Windows 的修剪板上。在"文字格式"对话框中粘帖该符号时，按一般的"粘帖"（Ctrl+V）方法即可。

图 8-27 所示的旁注法标注步骤如下。

图 8-27　符号标注　　　　　　　　　　图 8-28　字符映射表

1）选择直线命令，画出引线。如图 8-29 所示。

2）应用多行文字命令，打开"文字格式"对话框，输入标注的文字，符号字体为 GDT，如图 8-30 所示。

图 8-29　画出引线

图 8-30　输入标注的文字

3）调整标注位置。结果如图 8-31、图 8-32 所示。上述旁注法标注的方法，还可以标注：销孔、扩孔、倒角和某些文字说明等。

图 8-31　确定标注位置

图 8-32　调整标注位置

（6）填写标题栏。

利用"单行文字"或"多行文字"命令填写标题栏中的相关内容（过程略）。完成后的"起重螺杆"零件图如图 8-1 所示。

8.4.2　盘盖类零件图的绘制

【例 8-2】　绘制如图 8-33 所示的"顶盖"零件图。

图 8-33　"顶盖"零件图

图 8-34　画主视图和剖面线

1. 分析

盘盖类零件多以回转体为主，一般用两个视图来表达。"顶盖"零件图的绘制主要应用直线、圆、环形阵列等命令。

2. 绘制步骤

（1）调用样板图，画中心线（过程略）。

（2）画主视图并填上剖面线。

由于该零件是上下对称，因此可以先画出上半部分图形，再用镜像命令绘制出主视图的视图，然后再填充剖面线，如图 8-34 所示。

（3）画出左视图，作环形阵列。

首先画出几个不同直径的同心圆，并画出一个阵列的图形，如图 8-35 所示。然后，进行环形阵列，如图 8-36 所示。

图 8-35　画左视图

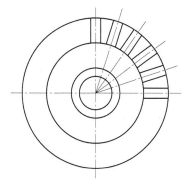

图 8-36　环形阵列

命令：_ARRAYPOLAR　✓

选择对象：指定对角点：找到 3 个　　　（选择需要阵列的对象）

选择对象：✓

类型 = 极轴　关联 = 是

指定阵列的中心点或 [基点(B)/旋转轴(A)]：　（选择圆心）

选择夹点以编辑阵列或 [关联(AS)/基点(B)/项目(I)/项目间角度(A)/填充角度(F)/行(ROW)/层(L)/旋转项目(ROT)/退出(X)] <退出>：f ✓　　（默认填充整个圆）

指定填充角度(+=逆时针、-=顺时针)或 [表达式(EX)] <360>：90 ✓　　（逆时针填充）

选择夹点以编辑阵列或 [关联(AS)/基点(B)/项目(I)/项目间角度(A)/填充角度(F)/行(ROW)/层(L)/旋转项目(ROT)/退出(X)] <退出>：✓

按"顶盖"零件图要求，修改阵列后的图形。

（4）标注尺寸和插入表面结构图块。如图 8-37 所示。

图 8-37　标注尺寸和插入图块

（5）填写标题栏，检查，结果如图 8-33 所示。

8.4.3　叉架类零件图的绘制

【例 8-3】　绘制如图 8-38 所示的"拨叉"零件图。

1. 分析

该类零件的形状不规则，且加工位置不定，所绘制的图形上多有倾斜部分。"拨叉"零件图除了有主、左视图之外，还有斜视图和移出断面图。倾斜部分的图形可以在水平位置画好后，再用旋转命令旋转到倾斜位置；另外，在该图上还有剖切位置线和表示投影方向的箭头，这些都可以用多段线命令来画；该图上还有尺寸公差的标注，表面粗糙度代号标注也有多处。

图 8-38　"拨叉"零件图

2. 画图步骤

（1）调用样板图。图形采用放大比例 2:1 绘制。

（2）画主视图。图形上部的凸台先画成水平位置，再将其旋转至倾斜，如图 8-39 所示。

命令:ROTATE ↙
UCS 当前的正角方向：ANGDIR=逆时针　ANGBASE=0
选择对象：找到 1 个,总计 3 个
选择对象：↙
指定基点：　　　　　　　　(指定上部圆孔的中心点)
指定旋转角度,或 [复制(C)/参照(R)] <0>: -30 ↙

主视图中的细双点划线是假想位置线，选择图层上的"细双点划线"层绘制，在左视图上不画。

图 8-39　主视图凸台的画法

（3）画左视图。打开对象捕捉，用构造线命令保证主、左视图间的"高平齐"的投影对应关系。内孔的倒角设置为不修剪的模式，倒圆角也设置为不修剪的模式。如图 8-40 所示。

（4）画斜视图和移出剖面图。斜视图可先画为水平位置，再旋转成倾斜，如图 8-41 所示。在工程制图的标准中，也可以将其旋转为水平位置放置。画移出断面时，需打开"垂足"捕捉模式。

（5）标注尺寸和插入表面结构代号图块。

由于该图形采用了放大比例绘制，因此在标注尺寸时，可将"标注样式管理器"中的"主单位"选项卡中的"比例因子"设置为"0.5"，这样标注出的尺寸是实物的实际大小，如图 8-42 所示。

图 8-40　画左视图

（6）尺寸公差的设置。在该图样中有几处要标注尺寸公差，以 ϕ18 孔的公差标注为例，看一下设置过程，如图 8-43 所示。

插入表面结构代号图块时要注意的是：不同方向其字头的位置要正确。

（7）剖切位置线和向视图箭头的画法。

剖切位置线是表示剖切的种类和位置的。"拨叉"零件图中的左视图是一个"两相交平面的全剖视图"，其剖切位置是要标注出来的，以便于看图。从图中可看出，剖切位置线是用短的粗实线表示。因此在 CAD 中，可以用多段线（pline）命令绘制。

图 8-41　斜视图的画法

在"拨叉"零件图中绘制的剖切位置符号和表示斜视图投影方向的箭头的画法，如图 8-44 所示。

图 8-42　比例因子的设置　　　　　图 8-43　设置尺寸公差的标注

剖切位置符号　　　　　　　　　　箭头

图 8-44　多段线画图示例

1）　画剖切位置符号。

命令:PLINE　✓

指定起点:

当前线宽为 0.0000

指定下一个点或 [圆弧(A)/半宽(H)/长度(L)/放弃(U)/宽度(W)]: w　✓（改变线的宽度）

　　指定起点宽度 <0.0000>: 1　✓　　　（起点线宽为1）

　　指定端点宽度 <1.0000>:　✓　　　（端点线宽为1）

　　指定下一个点或 [圆弧()/半宽(H)/长度(L)/放弃(U)/宽度(W)]: ＜正交 开＞ 5　✓
（符号长度）

　　指定下一点或 [圆弧(A)/闭合(C)/半宽(H)/长度(L)/放弃(U)/宽度(W)]:　✓

剖切位置符号在起始点、转折处和终止点均要绘制，其他位置重复上述步骤即可。

2）　画箭头。

命令:PLINE　✓

　　指定起点:　　　　　　　　　　　　　　　　　　　　　　（在屏幕上拾取一点）

　　当前线宽为 0.0000

　　指定下一个点或 [圆弧(A)/半宽(H)/长度(L)/放弃(U)/宽度(W)]: 8　✓　（画前边一段直线）

　　指定下一点或 [圆弧(A)/闭合(C)/半宽(H)/长度(L)/放弃(U)/宽度(W)]: w　✓（设置线宽）

　　指定起点宽度 <0.0000>: 1　✓　　　　　　　　（箭头的尾端线宽为1）

　　指定端点宽度 <1.0000>: 0　✓　　　　　　　　（箭头的前端线宽为0）

　　指定下一点或 [圆弧(A)/闭合(C)/半宽(H)/长度(L)/放弃(U)/宽度(W)]: 4　✓
（箭头长度为4）

　　指定下一点或 [圆弧(A)/闭合(C)/半宽(H)/长度(L)/放弃(U)/宽度(W)]:　✓

3）填写标题栏和技术要求（过程略）。

（8）检查，完成作图。

8.4.4　箱体类零件图的绘制

【例 8-4】　绘制如图 8-45 所示的“底座”零件图。

图 8-45　"底座"零件图

1. 分析

在工程上，箱体类零件是较为复杂的零件，这是因为箱体类零件主要起容纳，支承等作用。有些箱体类零件造型比较复杂，需要采用不同的表达方法，且视图数量也较多。"底座"零件图采用了两个视图表达，俯视图采用的是简化画法。因为是对称的，只画出了一半图形。该视图可应用直线、圆命令，偏移、倒角和倒圆角等命令绘制，其中还有形位公差的标注。

2. 画图步骤

（1）调用样板图。

（2）画主视图。该主视图是半剖视图，可以先将外形的一半画出，镜像后再修改，画其剖切部分。如图 8-46～图 8-48 所示。

图 8-46　绘制主视图的一半外形

图 8-47　镜像形成主视图

图 8-48　修改成半剖视图并画剖面线

（3）画俯视图。

　　　　应用构造线命令保证与主视图"长对正"的投影对应关系，如图 8-49 所示。

　　　　（4）标注尺寸和插入表面结构代号图块。

　　　　在主视图上标注尺寸时，要注意半剖视图上表示直径尺寸的标注。

图 8-49　俯视图

通过菜单栏："格式"—"标注样式"，设置尺寸线和尺寸界线，如图 8-50 所示。标注结果如图 8-51 所示。

　　　　标注其他尺寸和插入表面结构代号图块的步骤不再详细介绍。

图 8-50　隐藏另一边的尺寸界线和尺寸线

图 8-51　半剖视图尺寸标注

（5）形位公差的标注。

这是一个内螺纹的轴线相对底面的垂直度公差。

　　　　采用"多重引线样式"和"leader"命令标注，其设置如图 8-52 和图 8-53 所示。标注结果如图 8-54 所示。

图 8-52　"多重引线样式"设置　　　　　　　　图 8-53　形位公差设置

命令：LEADER ✓
指定引线起点：　　　　　　　　　　　　　　　(与 ¢16 的尺寸线对齐指定一点)
指定下一点：　　　　　　　　　　　　　　　　(水平方向画一条直线)
指定下一点或 [注释(A)/格式(F)/放弃(U)] <注释>：✓
输入注释文字的第一行或 <选项>：✓
输入注释选项 [公差(T)/副本(C)/块(B)/无(N)/多行文字(M)] <多行文字>：t ✓
(按 Enter 键后弹出如图 8-53 所示的"形位公差"对话框，进行设置)
在形位公差标注中，还有一个基准代号，如图 8-55 所示。其绘制的过程为：

图 8-54　形位公差标注　　　　　　　　　　　图 8-55　基准代号

命令：POLYGON ✓输入边的数目 <3>：✓　　　(用正多边形命令画一三角形)
指定正多边形的中心点或 [边(E)]：
输入选项 [内接于圆(I)/外切于圆(C)] <I>：
指定圆的半径：1.5 ✓
命令：SOLID ✓　　　　　　　　　　　　　　(将三角形填充)
指定第一点：
指定第二点：
指定第三点：
指定第四点或 <退出>：✓
指定第三点：✓
命令：LINE ✓
指定第一点：　<正交 开>　　　　　　　　　(画垂直竖线)
指定下一点或 [放弃(U)]：2 ✓
指定下一点或 [放弃(U)]：✓
命令：RECTANG ✓　　　　　　　　　　　　(画矩形)
指定第一个角点或 [倒角(C)/标高(E)/圆角(F)/厚度(T)/宽度(W)]：
指定另一个角点或 [面积(A)/尺寸(D)/旋转(R)]：@5,5 ✓　　　(矩形轮廓为粗实线)

命令:MTEXT　✓

当前文字样式："STANDARD"　文字高度：3.5　注释性：否　（输入文字）

指定第一角点：

指定对角点或［高度(H)/对正(J)/行距(L)/旋转(R)/样式(S)/宽度(W)/栏(C)］:

输入字母"A"后，按 Enter 键完成任务。

该基准代号也可以定义为带属性的块，以备插入使用。

（6）填写标题栏和技术要求，检查、完成作图。

思 考 题

1. 图案填充的步骤是什么？

2. 在什么情况下设置区域填充的"允许间隙"？

3. 为什么要创建样板图？其步骤如何？怎样保存？

4. 在调用样板图时，其内容还可以修改吗？

5. 在倒内角时，为什么要设置为"不修剪"模式？如果设置为"修剪"，结果如何？

6. 在零件图中插入表面结构代号图块时，应注意什么问题？

7. 用某些符号代替文字说明，其符号如何标注？

8. 怎么设置形位公差的标注？

9. 将基准代号定义为带属性的块。

第9章 装配图的绘制

学习目标

正确绘制千斤顶装配图。

学习内容

（1）了解 AutoCAD2017 设计中心的内容和使用方法。

（2）掌握打开多个图形文件进行复制、粘贴绘制装配图的方法。

9.1 装配图的基本内容

一张完整的装配图，应包括以下的内容，如图 9-1 所示（只给出主视图）。

图 9-1 "千斤顶"装配图

（1）一组视图。

主要用于表达机器或部件的工作原理与结构，各零件之间的装配、连接、传动关系和主要零件的结构形状。

（2）必要的尺寸。

表示机器或部件的性能、规格以及在装配、检验、安装和运输时所需的一些尺寸。

（3）技术要求。

主要是对机器或部件在安装、调试和使用过程中的质量要求等。

（4）零件的编号、明细栏和标题栏。

说明零件名称、数量、材料以及机器、部件和组件的名称等有关项目。

9.2　AutoCAD 设计中心的应用

AutoCAD 2017 中的 AutoCAD 设计中心可以看成一个设计管理系统，主要作用是管理和使用图形。利用设计中心，用户不仅可以浏览到自己的设计，还可以借鉴别人的设计思想和设计图形，达到资源共享的目的。

9.2.1　启动 AutoCAD 2017 设计中心

1．操作命令介绍

（1）功能。启动 AutoCAD 设计中心。

（2）命令执行方式：

菜单栏："工具"—"选项板"—"设计中心"。

功能区："视图"—"选项板"—"设计中心" 🖼。

工具栏："标准"—"设计中心" 🖼。

命　令：ADCENTER。

（3）操作过程：

执行该命令后，AutoCAD 启动 AutoCAD 设计中心。第一次启动时，AutoCAD 设计中心窗口显示如图 9-2 所示。

图 9-2　第一次启动 AutoCAD 设计中心

"设计中心"窗口包括工具栏、选项卡、资源管理器及内容显示窗等部分组成。

2．设计中心的显示控制

默认情况下，AutoCAD 设计中心窗口处于浮动状态。用户可以根据需要将其拖拉到绘图窗口的合适位置。单击 AutoCAD 设计中心标题栏的任何地方，按住鼠标拾取键不放，可以将其拖拉到屏幕的任何地方。如果将设计中心放到 AutoCAD 的左边区域，可以双击 AutoCAD 设计中心标题栏，如图 9-3 所示。

图 9-3　设计中心与绘图区域的位置

用鼠标右键单击设计中心的标题栏，并在弹出的快捷菜单中选择"自动隐藏"命令，或单击标题栏中的 按钮，均可将设计中心窗口隐藏起来，而只显示一个标题栏，如图 9-4 所示。

图 9-4　"自动隐藏"快捷菜单

3. 设计中心功能

（1）浏览图样。通过 AutoCAD 2017 设计中心上网，可以在本地驱动器或网络上浏览图样，就像在图书馆查找资料一样。

（2）创建指向常用图形、文件夹和 Interner 地址的快捷方式。

（3）查看对象中的定义。如任何图样文件的图块、图层、线型、外部参照、绘图空间等。

（4）查找自己计算机上或网络驱动器上图样目录及其内容。

（5）打开图样。将图形文件（DWG）从控制板直接拖放到绘图区域。

（6）查看和参照光栅图像文件。

（7）控制面板内容的显示方式。可以在大图标、小图标、列表和详细资料四种方式之间切换。

9.2.2　AutoCAD 2017 设计中心构成

1. 选项卡

"设计中心"窗口包括"文件夹""打开图形"和"历史记录"3 个选项卡，其功能如下。

（1）文件夹：用于显示设计中心的资源及层次结构，如图 9-2 所示。

（2）打开的图形：用于显示在当前 AutoCAD 环境中打开的所有图形。此时，单击某个文件图标，就可以看到该图形的有关设置，如图层、线型、文字样式、标注样式、块及外部参照等，如图 9-5 所示。

图 9-5　"打开图形"选项卡

（3）历史记录：用于显示用户最近访问过的文件，包括这些文件的完整路径。

2. 工具栏

"设计中心"窗口的工具栏包括"加载""搜索""收藏夹"和"主页"等多个按钮，现介绍常用按钮的功能。

（1）"加载"按钮 ▷：单击该按钮，打开"加载"对话框。该对话框与标准的"选择文件"对话框类似。用户利用该对话框可以从 Windows 桌面、收藏夹，或通过 Internet 加载图形文件。

（2）"搜索"按钮 ◔：用于快速查找对象。单击该按钮，将打开"搜索"对话框。用户通过设置搜索条件，可查找所需的图形。

（3）"收藏夹"按钮 ▣：单击该按钮，可以在"文件夹列表"中显示 Favorites/Autodesk 文件夹（收藏夹）中的内容，同时在树状视图中反白显示该文件夹。用户可以通过收藏夹存放本地硬盘、网络驱动器或 Intermet 网页上常用的文件。

向"收藏夹"添加相关内容的步骤：

1）在设计中心的"文件夹列表"中选定需要添加的内容，如图 9-6 所示。

2）单击鼠标右键，在弹出的快捷菜单中选择"添加到收藏夹"命令，即将相关的内容添加到收藏夹中。

3）单击"收藏夹"按钮，就可以在"内容显示框"中显示该文件，如图 9-7 所示。

（4）"主页"按钮 ⌂：单击该按钮，可以快速定位到 Sample 文件夹中。该文件夹位于 AutoCAD2017 下，如图 9-8 所示。

图 9-6 选择文件添加到收藏夹

图 9-7 显示收藏的内容

图 9-8 Sample 文件夹

9.2.3 利用 AutoCAD 设计中心打开图形

用户可以通过 AutoCAD 设计中心打开一个图形文件。

打开 AutoCAD 设计中心的"收藏夹"按钮，在"内容显示窗"中选择要打开的图形，右击鼠标，弹出快捷菜单，从中选择"在应用程序窗口中打开"项，如图 9-9 所示。

(a)

图 9-9 利用快捷菜单打开图形文件（一）

（a）选择图形文件

(b)

图 9-9   利用快捷菜单打开图形文件（二）

（b）打开的图形文件

9.2.4   查找内容

用户通过使用 AutoCAD 设计中心来查找已有的图块、文字样式、标注样式、图层等信息，或者查找图形文件本身，可显著地节省时间。

单击 🔍 按钮，AutoCAD 弹出如图 9-10 所示的"搜索"对话框。在"搜索"下拉列表中，当选择的对象不同时，对话框中显示的选项卡不同，查询条件也不相同。

该对话框中各选项功能如下。

图 9-10   "搜索"对话框

1. 搜索（K）

用户可以在"搜索"下拉列表中选择所需要查找内容的类型。这些类型包括图形、布局、块、图层、文字样式等。

2. 于（I）

在"于"下拉列表选择搜索路径。

3. 浏览

单击"浏览"按钮指定搜索的路径，如果要查找所有的子文件夹，选择"包含子文件夹"复选框。

4. 立即搜索

单击"立即搜索"按钮，开始查找并显示查找结果。

5. 停止

如果在查找结束前，已经找到需要的内容，为节省时间，可以单击"停止"按钮结束查找。

6. 新搜索

如果要查找新的内容，单击"新搜索"清除当前的查找。

7. 帮助

单击"帮助"按钮，可以获得帮助信息。

8. 选项卡

如果在"搜索"下拉列表框中选择"图形"，则该对话框包含了三个标签，通过标签可以指定不同的搜索方式。

（1）图形：该选项卡指定需要查找的"文件名""标题""作者"或"关键字"等，如图9-11 所示，搜索到的图形信息。

（2）修改日期：指定文件或内容的建立日期或最后修改日期、日期范围，以及当前日期的前几天或前几个月。默认时 AutoCAD 不定义日期，如图9-12 所示。

（3）高级：用于指定附加的查找参数。在该选项卡的第一个下拉列表框中可以指定查找的内容，如块名、块和图形说明、属性标记或属性值。如图9-13 所示。

图 9-11 "图形"选项卡

图 9-12 "修改日期"选项卡

图 9-13 "高级"选项卡

如果用户已经找到所找的项目并显示在查找结果列表中，则可将它添加到某个打开的图形文件中去或将它装载到内容显示框中。

9.2.5　将指定内容添加到图形中

在 AutoCAD 设计中心中，可以将"内容显示框"或"搜索"对话框中的内容直接拖放到打开的图形中，也可以将内容复制到剪贴板上，然后粘贴到图形。根据插入内容类型的不同，用户可以选择不同的方法。

1. 插入块

利用 AutoCAD 设计中心，可以将块插入到图形中。将块插入到图形后，块定义被复制到所插入图形的数据库，在此之后可直接再用 INSERT 命令插入该块。AutoCAD 设计中心提供了两种插入块到图形中的方法。

（1）按默认缩放比例和旋转角度插入块。

利用此方式插入图块时，对图块进行自动缩放。具体的操作方法如下：

1）从"内容显示窗"或"搜索"对话框中选择要插入的块，并把它拖动到打开的图形文件中。

2）在所需的位置松开鼠标定位块，此块对象以默认的比例和旋转因子手稿插入到图形中。

（2）按指定坐标、缩放比例和旋转角度插入块。

这种方式是使用"插入块"对话框来定义要插入块的各种参数。具体的操作方法：

1）从"内容显示窗"或"查找"对话框中选择要插入的块，右击要插入的图块。

2）从快捷菜单中选择"插入块"项，如图 9-14 所示。打开"插入"对话框，如图 9-15 所示。

3）在"插入"对话框中，输入插入点、缩放比例和旋转角度等值。

4）若要分解块对象，可选择对话框中的"分解"项。

5）单击"确定"按钮，则被选择的块以设定的参数插入到图形中。

图 9-14　选择"插入块"项

图 9-15　"插入"对话框

2. 在当前图形中加入其他图形的文字样式、标注样式

与插入块的方法类似，可以通过左拖或右击（显示快捷菜单）的方法从设计中心将指定图形中的文字样式、标注样式插入到当前图形中。

操作步骤如下：

首先通过 AutoCAD 设计中心，在"文件夹列表"中找到并选中图形文件，如图 9-16 所示。

图 9-16　选中图形文件图

从图 9-16 中可以看到，选中图第九章.dwg 文件后，AutoCAD 在设计中心的"内容显示窗"上显示出"标注样式""布局""块"等图标，双击"标注样式"图标，AutoCAD 在"内容显示窗"上显示出该图形所具有的标注样式，如图 9-17 所示。

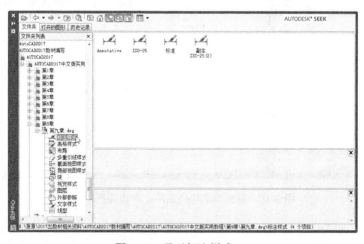

图 9-17　显示标注样式

选中图 9-17 中的"副本 ISO-25（2）"，将它拖到当前图形的绘图窗口中，即给当前图形添加了标注样式"副本 ISO-25（2）"。

完成上述操作后，通过"标注样式"对话框可以看到，当前图形中新增加了"副本 ISO-25（2）"的标注样式，如图 9-18 所示。

图 9-18   "标注样式"对话框

3. 在图形之间复制块

用户可以使用 AutoCAD 设计中心浏览和加载想要复制的块。用户将块复制到 Windows 的剪贴板中，然后粘贴到用户打开的图形文件中。操作方法如下。

在"内容显示窗"中选择要复制的块，然后使用鼠标右击块图标，从弹出的快捷菜单中选择"复制"菜单项；然后用户激活绘图窗口，从"编辑"菜单中选择"粘贴"或直接按 Ctrl+V 将复制块粘贴到图形中，如图 9-19 所示。

图 9-19   复制块的快捷菜单，并在图形中显示块

4. 在图形之间复制层

利用 AutoCAD 设计中心可以创建一个新图样，并从 AutoCAD 设计中心中复制已定义好的图层到当前图形中，有两种方法：

（1）拖拉图层到一个已打开的图样中。首先，打开一个新图样，或保证要复制层的图样是打开的；其次，在 AutoCAD 设计中心"内容显示窗"中，选择一个或多个要复制的层；第三，拖拉图层到已打开的图样中，释放鼠标拾取键。

（2）复制、粘贴层到已打开的图样中。前两个步骤同上；第三，右击鼠标键选择要复制的层，从弹出的快捷菜单中选择"复制"；第四，从"编辑"菜单中选择"粘贴"，将所选的图层粘贴到当前图样中。

9.3　多重设计环境

AutoCAD 2017 允许用户可同时打开多个图形文件进行编辑，因而可通过剪贴板方便地在各文档之间复制、移动和粘贴对象，添加相关数据，减少重复的工作，提高工作效率。

9.3.1　打开多个图形文件

重复"打开"命令，可以打开多个所需要的图形文件。用户也可以在"选择文件"对话框中按下 Ctrl 或 Shift 键一次选择多个图形文件，如图 9-20 所示。

图 9-20　选择多个文件

9.3.2　在图形之间操作

当打开了多个图形文件后，可以利用"窗口"菜单，把图形窗口垂直平铺或层叠，如图 9-21 所示。

图 9-21　垂直平铺窗口

一旦图形被打开并摆放在屏幕上，用户就可以在图形之间修剪、复制和粘贴或拖动和放入实体。具体操作方法：

选中要复制、移动的对象，在"编辑"菜单栏中选择"修剪""复制"或"带基点复制"，然后激活要移动或粘贴对象的图形文件窗口,在"编辑"菜单栏中选择"粘贴"项即可(或按 Ctrl+V)。

9.4 装配图绘制实例

本节主要介绍"千斤顶"部件装配图的绘制过程。

9.4.1 绘制方法

在设计新产品过程中,一般先根据机器或部件的机构运动简图画出装配图,然后根据装配图设计零件并绘制零件图。在生产过程中,装配图是制定装配工艺规程,进行装配、检验、调试等工作的依据。在本书中,是按常用的顺序讲解,即:先介绍了零件图的绘制,再介绍装配图的绘制,这样做的好处是,在绘制本节"装配图绘制实例——千斤顶"时,可以利用第 8 章中已经绘制好的部分零件图,减少重复。

根据前述的"AutoCAD 设计中心"和"打开多个图形文件窗口"的特点,利用 AutoCAD 可以由零件图进行拼画装配图,其具体的方法是:

由 AutoCAD 设计中心打开有关零件图的视图,根据装配关系和相对位置进行定位,再经过修剪等处理生成装配图;也可以利用同时打开多个零件视图的窗口,在各窗口之间进行复制、粘贴的方法绘制装配图。当然,还可以将上述两种方法综合应用。

9.4.2 绘制步骤

在设计装配图前要对设计对象进行装配关系的分析,弄清楚各个零件之间的相互关系和位置尺寸。

(1) 确定关键的装配零件和装配关系,并将其作为拼画装配图时的基础零件。

(2) 在插入后继的零件时,要对该零件图进行修改编辑,删除多余尺寸、表面粗糙度、剖面线等。尺寸合适后再移到装配图中,并对插入后被遮挡部分进行擦除、修剪等操作。

(3) 整理视图、标注尺寸,对零件进行编写序号、绘制并填写明细栏等。

注 意

每插入一个零件后,都要作适当的编辑和修改,不要把所有的零件全部插入后再修改,这样由于图线太多,修改将变得困难。

9.4.3 绘制"千斤顶"装配图

1. 分析

该部件是由底座、起重螺杆、顶盖、旋转杆和螺钉等 5 个零件组成。其中底座是主要的零件,可以底座作为基础零件,进行该装配图的拼画。

主要的表达方法:主视图保持底座的半剖视,起重螺杆上部用局部剖视,螺纹的连接及顶盖用全剖视图来表示。画出的图形如图 9-1 所示。

将明细栏做成块的形式插入,修改。

2. 绘制步骤

(1) 利用 AutoCAD 设计中心打开"底座"零件图,如图 9-22 所示。并进行复制(主要是保留原零件图),只显示图形层,关闭其他层,(只画主视图)。

(2) 插入"起重螺杆"零件。此插入过程采用"打开多个图形文件窗口"的形式,在图形之间进行复制、粘贴的方法,如图 9-23 所示。

粘贴时，要使用"移动"命令，并打开"对象捕捉"，准确定位后，应用"修剪"命令进行修改。有时零件图的放置位置与装配图不一致时，还要用"旋转"命令进行调整。如图 9-24 所示。

图 9-22　在设计中心中打开基础零件

图 9-23　垂直平铺窗口——在多窗口中复制图形

（3）依次插入顶盖、螺钉和旋转杆等零件，如图 9-25 所示。

图 9-24　利用"旋转"命令调整

图 9-25　插入其他零件并修改

在上述插入零件图的过程中，一般是插入每一个零件都要进行修改，不要积累太多，图形较乱，给修改带来麻烦。

（4）画剖面线。

装配图的剖面线的规定画法是：

相邻两个零件的剖面线方向要相反或间距要不同；同一个零件的几个剖视图，其剖面线方向和间距要一致。

在画剖面线时，若出现"找不到闭合的图案填充边界"的提示的话，可以在"图案填充"对话框的"高级"选项中设置"允许的间隙"，设定填充区域允许的最大间隙。

图 9-26　标注尺寸

（5）标注装配图的尺寸和填写技术要求。

装配图上只是标注几类尺寸：规格（性能）尺寸、装配尺寸、外形尺寸、安装尺寸和其他重要尺寸。标注样式的设置可直接利用样板中已设定好的，也可从 AutoCAD 设计中心中复制。如果有不合适的地方，还可以通过"标注样式管理器"修改。如图 9-26 所示。

（6）编序号和填写明细栏。

序号是每个零件在装配图上的编号，编写的方法在工程制图中有规定，同一张装配图上所编写的形式应一致，且要排列整齐。

序号可一个一个的编写，也可以定义成带属性的块进行插入。下面介绍应用"多重引线"命令标注序号的方法。

① 进行"多重引线样式"设置。

命令执行：菜单栏"格式"—"多重引线样式"，出现对话框，进行如下设置，如图 9-27 所示。

(a)

(b)

(c)

图 9-27　多重引线样式

（a）设置新样式；（b）设置箭头符号；（c）设置引线连接

② 为保证标注整齐，作一条辅助线，将引线的位置对齐，如图 9-28 所示（在对齐引线时，利用空格可使下划线长一些）。

③ 标注出全部的序号，如图 9-29 所示。

将标题栏的内容修改成装配图的有关内容。

明细栏的具体画法和内容应做成块，进行插入（前面已有讲述）。另外，还可以利用 AutoCAD 设计中心"在图形之间复制块"的方法进行块的插入。

（7）检查，完成作图。如图 9-1 所示。

图 9-28 作辅助线

图 9-29 完成标注

思 考 题

1. AutoCAD 2017 设计中心有哪几部分组成？

2. 通过 AutoCAD 2017 设计中心可以访问的资源有哪些？

3. 利用 AutoCAD2017 设计中心打开图形文件与用其他方式打开图形文件相比较，有何特色？

4. 如何在图形之间复制块和复制层？

5. 在 AutoCAD 2017 中绘制装配图的方法、步骤是什么？

6. 在"多个图形文件"之间有哪些操作方法？应注意哪些问题？有什么体会？

第10章 三维造型基础

 学习目标

（1）掌握三维造型环境的内容与设置方法。

（2）掌握观察方向的设置方法与命令，如视点、视图、动态观察等命令的使用。

（3）掌握三维基本实体造型的方法。

（4）掌握右手定则的使用方法，能够利用右手定则来判断 X、Y、Z 三轴的正方向和旋转正方向。

（5）了解并掌握各种设置用户坐标系的方法，能够根据需要设置用户坐标系。了解坐标系图标的设置方法。

（6）培养空间构图的能力，能够在空间进行线框造型，了解能够用于空间构图的命令有哪些？只能用于二维构图的命令有哪些？

学习内容

（1）三维造型环境的内容与设置方法。

（2）三维基本实体创建命令的使用方法，如多段体、长方体、楔体、圆锥体、球体、圆柱体、圆环体、棱锥体等。

（3）右手定则的内容与使用。

（4）用户坐标系的设置方法与用户坐标系图标的设置方法。

（5）线框造型的方法。

10.1 三维造型环境的创建

在三维造型之前创建一个适合的造型环境有利于提高造型速度。三维造型环境的创建主要包括绘图空间的设置、工具栏的关闭与调用（"建模"工具栏、"实体编辑"工具栏、"视图"工具栏、"视觉样式"工具栏、"动态观察"工具栏等）及视图方向的设置等内容。

10.1.1 绘图空间的设置

1. 设置工作空间为"AutoCAD经典"

单击屏幕底端的"切换工作空间"按钮，在出现的快捷菜单中可以选择"草图与注释""三维基础""三维建模"和"AutoCAD经典"四种绘图空间之一。其中"AutoCAD经典"界面定制见第1章 1.7AutoCAD 经典界面。进行三维造型时，若对 AutoCAD 三维造型比较熟悉可以使用"三维建模"工作空间，对于习惯了传统界面的 AutoCAD 用户可以使用"AutoCAD 经典"工作空间。

2. 工作空间设置

单击如图 10-1 所示屏幕底端的"切换工作空间"按钮，在出现的快捷菜单中选择"工作空间设置"选项。在出现如图 10-2 所示的"工作空间设置"对话框中设置"我的工作空间"为"AutoCAD经典"；设置"切换工作空间时"为"自动保存工作空间修改"。

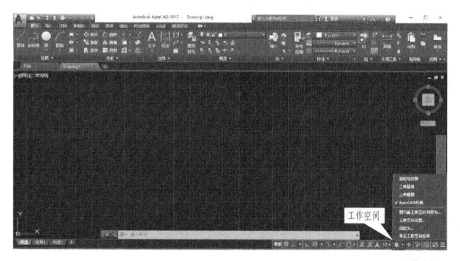

图 10-1　切换工作空间

10.1.2　工具栏的调用

在任意工具栏上单击鼠标右键，在出现的快捷菜单中调出"建模"工具栏、"实体编辑"工具栏、"视图"工具栏、"视觉样式"工具栏和"动态观察"工具栏。以后可以根据需要用这种方法调用其他工具栏。

10.1.3　视图方向的设置

在绘制三维立体图形时，为了全方位的观察立体，一个方向往往不能满足需要。为了满足用户的需要 AutoCAD 提供的相关命令，可以帮助用户从不同角度、不同方向来观察三维立体。

1. 视图

命令执行方式：

菜单栏："视图"—"三维视图"。

功能区："可视化"—"视图"。

视图工具栏：如图 10-3 所示。

图 10-2　工作空间设置

图 10-3　"视图"工具栏

2. 视点

一般使用视图命令就可以满足对立体的观察观察要求，但若希望从某一特定位置观察立体需要使用视点功能。这个功能由-VPOINT 和 VPOINT 两个命令都可以实现，下面我们将对这两个命令分别进行介绍。

（1）-VPOINT 命令。

功能：利用命令窗口选择视点，并将视点到原点的连线作为观察物体方向。

命令执行方式：

菜单栏："视图"—"三维视图"—"视点"。

命　令：-VPOINT。

操作过程：

命令：-vpoint ✓

当前视图方向：VIEWDIR=0.0000,0.0000,1.0000

指定视点或 [旋转(R)] <显示指南针和三轴架>：

以上选项分别是：

1）指定视点。

通过输入视点的绝对坐标值确定视点位置。视点与坐标原点的连线作为观察物体的方向。通过视点的设置可以得到各种标准的显示视图，如主视图、后视图、俯视图、仰视图、左视图、右视图；也可以得到标准的等轴测视图，如西南等测视图、东南等测视图、西北等测视图、东北等测视图。等轴测视图与视点的关系可以通过以下方法来确定：X 轴以向东为正，向西为负；Y 轴以向北为正，向南为负；Z 轴永远为正。确定轴测图视点时，根据其方位确定 X、Y 坐标的正负值，并保证 X、Y、Z 坐标的绝对值相等即可。如要确定西南等轴测图的视点位置，X 在西，则为负；Y 在南，也为负；则其视点坐标为（$-n$，$-n$，n），其中 n 可以取任意值，当然也可以为（-1，-1，1）。具体如表 10-1 所示。

表 10-1   基本视点、轴测视点与视点坐标的关系

选项	对应视点	观察方向
俯视	0, 0, 1	正上方
仰视	0, 0, −1	正下方
左视	−1, 0, 0	正左方
右视	1, 0, 0	正右方
主视	0, −1, 0	正前方
后视	0, 1, 0	正后方
西南等轴测	−1, −1, 1	西南方
东南等轴测	1, −1, 1	东南方
东北等轴测	1, 1, 1	东北方
西北等轴测	−1, 1, 1	西北方

2）旋转（R）。

通过输入用户视线与 X 轴和 XY 平面的夹角确定视点方向，两角度间的关系如图 10-4 所示。选择该项后 AutoCAD 将提示如下信息：

输入 XY 平面中与 X 轴的夹角<270>：

输入与 XY 平面的夹角<90>：

3）显示坐标球和三轴架。

选择该项后屏幕上会出现如图 10-5 所示的坐标球和三轴架,利用它用户可以直观地设置新视点。在示意图中,小十字光标代表视点的位置。球的中心是北极(0, 0, n),若将十字光标放置在北极上,就可以在屏幕上显示图形的俯视图;球体内圆代表赤道(n, n, 0),外圆表示南极(0, 0, $-n$),十字光标在内圆之中表示视点位于 Z 轴的正方向一侧;光标在内外环之间时,表示视点在 Z 轴的负方向一侧。选取光标,在坐标球内移动,则三脚架也随之转动,用户可以观察坐标轴的变化情况,达到满意时可单击鼠标左键,确定视点。其坐标球、十字光标和视图的关系如表 10-2 所示。

图 10-4 "放置"选择视点中两角度的关系   图 10-5 坐标球和三脚架

表 10-2   **坐标球、十字光标和视图的关系**

坐标球	十字光标位置	视图
	A	俯视图
	B	左视图
	C	右视图
	D	主视图
	E	后视图
	F	上左后视图
	G	下左前视图
	H	下右前视图
	I	上右后视图

（2）VPOINT 命令。

功能:利用对话框选择视点,并将视点到原点连线的作为观察物体方向。

命令执行方式:

菜单栏:"视图"—"三维视图"—"视点预置"。

命　令:VPOINT。

操作过程:

图 10-6 "视点预置"对话框

执行该命令后，屏幕上出现如图 10-6 所示的对话框，用户使用该对话框可以方便地进行视点选择，对话框各部分含义如下：

1）绝对于 WCS（<u>W</u>）：相对于 WCS 设置查看方向。

2）相对于 UCS（<u>U</u>）：相对于当前 UCS 设置查看方向。

3）X 轴（<u>A</u>）：指定视线与 X 轴的角度。

4）XY 平面（<u>P</u>）：指定视线与 XY 平面的角度。

5）设为平面视图（<u>V</u>）：返回到 AutoCAD 初始点状态，即俯视状态。

3. 动态观察

在使用视点命令时，每次只能观察一个方向，若想观察三维图形的各个方位，必须多设几个视点，这显然比较麻烦，AutoCAD 为我们提供了一个通过鼠标来观察三维图形各个部位的命令——动态观察。

进行动态观察可以通过菜单栏"视图"—"动态观察"或使用如图 10-7 所示"动态观察"工具栏进行操作。动态观察命令有三个，分别为：

（1）受约束的动态观察（3DORBIT）⬥：将动态观察约束到 XY 平面或 Z 方向。

（2）自由动态观察（3DFORBIT）：在任意方向上进行动态观察。沿 XY 平面和 Z 轴进行动态观察时，视点不受约束。

（3）连续动态观察（3DCORBIT）：连续地进行动态观察。在要使连续动态观察移动的方向上单击并拖动，然后释放鼠标按钮。轨道沿该方向继续移动。

图 10-7 "动态观察"工具栏

10.1.4 与三维实心体有关的二个变量

1. 系统变量 ISOLINES

功能：指定对象上每个曲面的轮廓素线数目。

命令执行方式：

命　令：ISOLINES。

操作过程：

命令：ISOLINES ✓

输入 ISOLINES 的新值<4>：

系统变量 ISOLINES 的有效设置为从 0 到 2047 的整数。数量越大素线数目越多，立体表达越精细。

2. 系统变量 FACETRES

功能：调整着色对象和删除了隐藏线的对象的平滑度。有效值为 0.01 到 10.0。

命令执行方式：

命　令：FACETRES。

操作过程：

命令：FACETRES ✓

输入 FACETRES 的新值<0.5000>：

10.2 三维基本实体的创建

10.2.1 三维实体造型简介

三维实体是三维图形中最重要的部分，它除了具有三维图形的尺寸、形状特性外，还具有质量、体积、重心、惯性矩、回转半径等实体特性，利用这些特性可以对设计的产品进行各种测试以确保它达到产品说明书的要求，这样可省掉构造昂贵原型的花费，并使产品生产周期缩短。另外，用户还可以对三维实体进行求并、求差、求交等布尔运算，从而形成更复杂、更具有实际意义的物体。

创建三维实体的方法，归纳起来有两种：一种是直接输入实体的控制尺寸，由 AutoCAD 相关函数自动生成；另一种是由二维图形经过转换而生成，如面域、旋转或拉伸等。直接输入实体的控制尺寸的方法只能创建一些基本的规则实体，而由二维图形转换法可以创建较为复杂的实体。

创建实体可以从命令窗口输入命令、菜单栏"绘图"→"建模"、功能区"实体"或使用如图 10-8 所示"建模"工具栏按钮。

图 10-8 "建模"工具栏

下面我们先介绍创建实体的第一种方法，基本规则实体的创建。这些基本实体包括多段体、长方体、楔体、圆锥体、球体、圆柱体、圆环体和棱锥体。

10.2.2 多段体

功能：通过 POLYSOLID 命令，用户可以创建或将现有直线、二维多线段、圆弧或圆转换为有固定高度和宽度的直线段和曲线段的墙。

命令执行方式：

菜单栏："绘图" — "建模" — "多段体"。

功能区："实体" — "图元" — "多段体" 。

工具栏："建模" 。

命　令：POLYSOLID。

操作过程：

```
命令：POLYSOLID ✓
高度 = 80.0000，宽度 = 5.0000，对正 = 居中
指定起点或 [对象(O)/高度(H)/宽度(W)/对正(J)] <对象>：H ✓
指定高度<80.0000>：60 ✓
高度 = 60.0000，宽度 = 5.0000，对正 = 居中
指定起点或 [对象(O)/高度(H)/宽度(W)/对正(J)] <对象>：W ✓
指定宽度<5.0000>：10
高度 = 60.0000，宽度 = 10.0000，对正 = 居中
指定起点或 [对象(O)/高度(H)/宽度(W)/对正(J)] <对象>：-50,0 ✓
指定下一个点或 [圆弧(A)/放弃(U)]：-50,100 ✓
```

指定下一个点或 [圆弧(A)/放弃(U)]: A ✓

指定圆弧的端点或 [闭合(C)/方向(D)/直线(L)/第二个点(S)/放弃(U)]: 50,100 ✓

指定下一个点或 [圆弧(A)/闭合(C)/放弃(U)]: 指定圆弧的端点或 [闭合(C)/方向(D)/直线(L)/第二个点(S)/放弃(U)]: L ✓

指定下一个点或 [圆弧(A)/闭合(C)/放弃(U)]: 50,0 ✓

指定下一个点或 [圆弧(A)/闭合(C)/放弃(U)]: C ✓

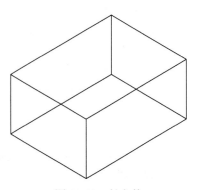

图 10-9   多段体

选择"视图"工具栏的"西南等轴测视图"则屏幕上出现如图 10-9 所示多段体。

长方体命令的各选项含义如下：

（1）指定起点：在绘图窗口中指定绘制多段体的起始点。

（2）对象（O）：指定要转换为实体的对象。可以转换：直线、圆弧、二维多段线样条曲线和圆。

（3）高度（H）：指定实体的高度。默认高度设置为当前 PSOLHEIGHT 设置。

（4）宽度（W）：指定实体的宽度。默认宽度设置为当前 PSOLWIDTH 设置。

（5）对正（J）：使用命令定义轮廓时，可以将实体的宽度和高度设置为左对正、右对正或居中。对正方式由轮廓的第一条线段的起始方向决定。选择该项后系统继续提示：

输入对正方式 [左对正(L)/居中(C)/右对正(R)] <居中>:

（6）指定下一个点：在绘图窗口中指定绘制多段体的下一个点。

（7）圆弧（A）：绘制圆弧。

（8）闭合（C）：连接当前点和起始点并结束命令。注意当闭合会造成实体自交时，不能使用该项。

（9）放弃（U）：取消当前点。

提示：

若希望看到实体更加真实的表达可以使用"视觉样式"工具栏中的按钮，具体功能请读者自行理解或参考第 13 章的相关内容。

10.2.3   长方体

功能：创建实心长方体。

命令执行方式：

菜单栏："绘图"—"建模"—"长方体"。

功能区："实体"—"图元"—"长方体"▣。

工具栏："建模"▣。

命   令：BOX。

操作过程：

命令：BOX ✓

指定第一个角点或 [中心(C)]: 0,0,0 ✓

指定其他角点或 [立方体(C)/长度(L)]: L ✓

指定长度<100.0000>:100 ✓

指定宽度<80.0000>:80 ✓

指定高度或 [两点(2P)] <60.0000>:60 ✓

选择视图工具栏的"西南等轴测视图"则屏幕上出现如图 10-10 所示长方体。

图 10-10   长方体

长方体命令的各选项含义如下：

（1）指定第一个角点：在提示下输入长方体的角点坐标或在屏幕上用光标指定一点。主要用于确定长方体的基准点，默认为长方体的角点。如图 10-11（a）所示。

（2）中心点（CE）：以长方体的中心点作为基准点，如图 10-11（b）所示。

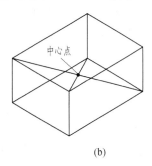

（a）　　　　　　　　　　　　　　　　　　　（b）

图 10-11　长方体的角点和中心点

（a）长方体的角点；（b）长方体的中心点

（3）指定其他角点：在屏幕上确定一点，该点与长方体的基准点形成一个矩形，矩形平行于 X 轴的边长作为长方体的长，平行于 Y 轴的边长作为长方体的宽，高由后面的提示选项确定。

（4）立方体（C）：创建一个长、宽、高都相等的长方体。

（5）长度（L）：创建指定长、宽、高值的长方体。

> **注　意**
>
> 在选择该项时，默认的长度方向由指定的第一个角点和当前的光标位置决定，因此若希望创建与坐标轴平行的长方体，最好先将"正交"打开。

（6）两点（2P）：通过指定两点并根据两点之间的距离来确定长方体的高度。

10.2.4　楔体

功能：创建实心楔体。

命令执行方式：

菜单栏："绘图"—"建模"—"楔体"。

功能区："实体"—"图元"—"楔体" ▨。

工具栏："建模" ▨。

命　令：WEDGE。

操作过程：

命令：WEDGE ✓

指定第一个角点或 [中心(C)]：0,0 ✓

指定其他角点或 [立方体(C)/长度(L)]：L ✓

指定长度<100.0000>：✓

指定宽度<80.0000>：✓

指定高度或 [两点(2P)] <60.0000>：✓

选择视图工具栏的"西南等轴测视图"则屏幕上出现如图 10-12 所示楔体。楔体的其他选项含义与长方体相同。

图 10-12　楔体

10.2.5 球体

功能：

创建实心球体。

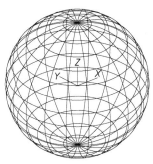

图 10-13　球体

命令执行方式：

菜单栏："绘图"—"建模"—"球体"。

功能区："实体"—"图元"—"球体" ⬜。

工具栏："建模" ⬤。

命　令：SPHERE。

操作过程：

命令：SPHERE　✓

指定中心点或 [三点(3P)/两点(2P)/相切、相切、半径(T)]:0,0　✓

指定半径或 [直径(D)]: 30　✓

选择视图工具栏的"西南等轴测视图"则屏幕上出现如图 10-13 所示球体。

球体命令的各选项含义如下：

（1）指定中心点：指定球体的球心。

（2）三点（3P）/两点（2P）/相切、相切、半径（T）：与绘圆命令选项含义相同。系统将通过所确定圆的圆心为球心；圆半径为球半径来确定球体。

（3）指定半径或 [直径（D）]：确定圆体的半径或直径。

10.2.6 圆柱体

功能：创建实心圆柱体。

命令执行方式：

菜单栏："绘图"—"建模"—"圆柱体"。

功能区："实体"—"图元"—"圆柱体" ⬜。

工具栏："建模" ⬜。

命　令：CYLINDER。

操作过程：

命令：CYLINDER　✓

指定底面的中心点或 [三点(3P)/两点(2P)/相切、相切、半径(T)/椭圆(E)]:

0,0　✓

指定底面半径或 [直径(D)] <30.0000>: 40　✓

指定高度或 [两点(2P)/轴端点(A)] <100.0000>: 80　✓

选择视图工具栏的"西南等轴测视图"则屏幕上出现如图 10-14 所示圆柱体。

图 10-14　圆柱体

圆柱体命令的各选项含义如下：

（1）指定底面的中心点：定义圆柱体底面圆的中心点，并以此点作为创建圆柱的基准。

（2）三点（3P）/两点（2P）/相切、相切、半径（T）：与绘圆命令选项含义相同。系统将通过所确定圆作为圆柱体的底圆。

（3）椭圆（E）：创建具有椭圆底的圆柱体。创建过程如下：

命令：CYLINDER　✓

指定底面的中心点或 [三点(3P)/两点(2P)/相切、相切、半径(T)/椭圆(E)]: E　✓ (指定创建椭圆柱)

指定第一个轴的端点或 [中心 (C)]： C　✓　　　　　　　　　(选择确定椭圆的方法,具体参考椭圆命令)

指定中心点：0,0　✓　　　　　(确定椭圆的中心)

指定到第一个轴的距离<40.0000>： 50　✓　　　　　(指定椭圆的半轴长)

指定第二个轴的端点： 20　✓　　　　　(指定椭圆的另一半轴长)

指定高度或 [两点 (2P) /轴端点 (A)] <80.0000>： 20　✓ (指定椭圆柱的高度)

椭圆柱结果如图 10-15 所示。

（4） 指定底面半径或 [直径（D）]：通过指定底圆半径或直径（D）的方式确定底圆大小。

（5） 指定圆柱体高度：确定圆柱体的高度。

（6） 轴端点（A）：确定圆柱体顶圆的圆心位置。如图 10-16

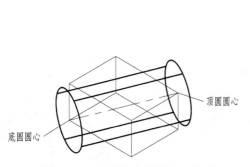

图 10-15　椭圆柱

所示，选择该项后，圆柱体将以该指定位置与底圆圆心连线的长度作为圆柱体的高，连线方向作为圆柱体的轴线方向，圆柱体的底圆与该轴线相垂直。椭圆柱选项与此相同。

10.2.7　圆锥体

功能：创建实心圆锥体。

命令执行方式：

菜单栏："绘图" — "建模" — "圆锥体"。

功能区："实体" — "图元" — "圆锥体" 🔺。

工具栏："建模" 🔻。

命　　令：CONE。

操作过程：

命令：CONE　✓

指定底面的中心点或 [三点 (3P) /两点 (2P) /相切、相切、半径 (T) /椭圆 (E)]： 0,0　✓

指定底面半径或 [直径 (D)] <40.0000>： 40　✓

指定高度或 [两点 (2P) /轴端点 (A) /顶面半径 (T)] <141.4214>： 80　✓

选择视图工具栏的 "西南等轴测视图" 则屏幕上出现如图 10-17（a）所示圆锥体。

圆锥体命令的各选项含义如下：

顶面半径（T）：定义圆台体上表面半径。结果如图 10-17（b）所示。

圆锥体其他各选项含义与圆柱体相同。

(a)　　　　　　　　　　(b)

图 10-16　圆柱体 "轴端点" 选项

图 10-17　圆锥体

（a）圆锥体；（b）圆台体

10.2.8 圆环体

功能：创建实心圆环体。

命令执行方式：

菜单栏："绘图"—"建模"—"圆环体"。

功能区："实体"—"图元"—"圆环体" 。

工具栏："建模" ◉。

命　令：TORUS。

操作过程：

命令：TORUS ✓

指定中心点或 [三点(3P)/两点(2P)/相切、相切、半径(T)]：0,0 ✓

指定半径或 [直径(D)] <40.0000>:40 ✓

指定圆管半径或 [两点(2P)/直径(D)] <10.0000>：5 ✓

选择视图工具栏的"西南等轴测视图"则屏幕上出现如图 10-18 所示圆环体。

图 10-18　圆环体

圆环体各选项含义如下：

（1）指定中心点：指定圆环体中心，并以此点作为创建圆环体的基准点。

（2）三点（3P）/两点（2P）/相切、相切、半径（T）：与绘圆命令和选项含义相同。

（3）指定半径或 [直径（D）]：指定圆环体中心到圆管中心的距离（圆环体半径）。此项若为负值则会创建形似美式橄榄球的实体，如图 10-19 所示，但要求圆管半径大于此项半径的绝对值。

（4）指定圆管半径或 [两点（2P）/直径（D）]：直接输入圆管的半径或直径或通过两点的方式确定圆管的半径。

10.2.9 棱锥面

功能：创建实心棱锥体。

命令执行方式：

菜单栏："绘图"—"建模"—"棱锥体"。

功能区："实体"—"图元"—"棱锥体" ◈。

工具栏："建模" ◈。

命　令：PYRAMID。

操作过程：

命令：PYRAMID ✓

4 个侧面外切

指定底面的中心点或 [边(E)/侧面(S)]：0,0 ✓

指定底面半径或 [内接(I)] <40.0000>：50 ✓

指定高度或 [两点(2P)/轴端点(A)/顶面半径(T)] <80.0000>：100✓

选择视图工具栏的"西南等轴测视图"则屏幕上出现如图 10-20 所示棱锥面。

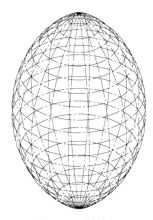

图 10-19　橄榄球

棱锥面各选项含义如下：

（1）指定底面的中心点：指定棱锥面底面中心，并以此点作为创建棱锥面的基准点。

（2）边（E）：指定棱锥面底面一条边的长度；通过拾取两点来确定。

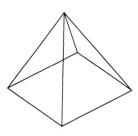

图 10-20　棱锥面

（3）侧面（S）：指定棱锥面的侧面数。可以输入 3 到 32 之间的数。默认值为 4。

（4）指定底面半径：指定棱锥面底面多边形的内接圆或外切圆半径。

（5）内接（I）/外切（C）：确定棱锥面底面多边形的确定方法是内接还是外切。

（6）指定高度：指定棱锥面的高度。

（7）两点（2P）：将棱锥面的高度指定为两个指定点之间的距离。

（8）轴端点（A）：指定棱锥面轴的端点位置。该端点是棱锥面的顶点。轴端点可以位于三维空间中的任何位置。轴端点定义了棱锥面的长度和方向。

（9）顶面半径（T）：指定棱锥面的顶面半径，并创建棱台。

10.2.10　螺旋

使用 HELIX 命令，可以创建二维或三维的螺旋线。

功能：创建二维螺旋线或三维螺旋线。

命令执行方式：

菜单栏："绘图" — "螺旋"。

功能区："常用" — "绘图" — "螺旋" ▤。

工具栏："建模" ▤。

命　令：HELIX。

操作过程：

命令:HELIX　✓

圈数 = 3.0000 扭曲=CCW

指定底面的中心点：　　（在屏幕上选择螺旋线底面的中心点）

指定底面半径或 [直径(D)] <1.0000>: 50　✓

指定顶面半径或 [直径(D)] <50.0000>: 20　✓

指定螺旋高度或 [轴端点(A)/圈数(T)/圈高(H)/扭曲(W)] <1.0000>: 80　✓

设置当前视图为西南等轴测图。结果如图 10-21（a）所示。

螺纹命令各选项含义为：

（1）指定底面的中心点：选择螺旋线底面的中心点。

（2）指定底面半径或 [直径（D）]：指定螺旋线底圆的半径或直径。底面半径不能都设置为 0。

（3）指定顶面半径或 [直径（D）]：指定螺旋线顶圆的半径或直径。顶面半径的默认值始终是底面半径的值。顶面半径不能都设置为 0。

（4）指定螺旋高度：指定螺旋线的高度，如图 10-21（a）所示。若高度为 0，则会创建二维螺旋线，如图 10-21（b）所示。

（5）轴端点（A）：指定螺旋轴的端点位置。轴端点可以位于三维空间的任意位置。轴端点定义了螺旋线的长度和方向。

（6）圈数（T）：指定螺旋线的圈（旋转）数。螺旋线的圈数不能超过 500。最初，圈数的默认值为三。绘制图形时，圈数的默认值始终是先前输入的圈数值。

（7）圈高（H）：指定螺旋线内一个完

(a)　　　　　　　(b)

图 10-21　螺旋线

（a）螺旋高度为 80；（b）螺旋高度为 0

整圈的高度。当指定圈高值时，螺旋线中的圈数将相应地自动更新。如果已指定螺旋线的圈数，则不能输入圈高的值。螺旋线高度与圈数、圈高的关系为：螺旋线高度＝圈数×圈高。

（8）扭曲（W）：指定以顺时针 （CW）方向还是逆时针方向 （CCW）绘制螺旋。螺旋扭曲的默认值是逆时针。

10.3　布　尔　运　算

在前面的几节中所创建的实体均是单个的形体，而如何将这些单个的形体组合在一起，从而形成一个更加复杂的形体？在形体创建过程中有些立体可以看作是由一个形体挖切掉另一个形体而形成的，有些立体可以看作是由两个形体的公共部分，如何创建有这些特点的形体？以上这些问题均可以通过布尔运算来完成。布尔运算就是对三维实体进行并集（UNION）、差集（SUBSTRACT）和交集（INTERSECT）的运算，使简单三维实体进行组合，进而形成复杂的三维实体。

10.3.1　并集

功能：通过并集运算，可将几个三维实体或二维面域合并成一个对象。

命令执行方式：

菜单栏："修改"—"实体编辑"—"并集"。

功能区："实体"—"布尔运算"—"并集" 。

工具栏："实体编辑" 。

命　　令：UNION。

【例 10-1】　绘制两个直径为 50，高为 40 的相同圆柱体。并移动其中一个与另一个相交如图 10-22（a）所示，并将两圆柱作布尔求并运算。

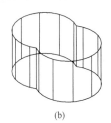

（a）　　　　　　　　　（b）

图 10-22　布尔求并运算

（a）原图；（b）并集

1. 分析

先绘制两个圆柱，再使用移动命令（MOVE）将它们交在一起，最后使用布尔运算中的并集运算将两个圆柱合并在一起。

2. 操作过程

（1）设置系统变量 ISOLINES=20。

命令：ISOLINES ✓

输入 ISOLINES 的新值<4>：20 ✓

（2）设置当前视图为西南等轴测视图。

选择菜单栏"视图"—"三维视图"—"西南等轴测(S)"

（3）绘制圆柱 1。

命令：CYLINDER ✓

指定底面的中心点或 [三点(3P)/两点(2P)/切点、切点、半径(T)/椭圆(E)]:0,0,0 ✓

指定底面半径或 [直径(D)] <40>:25 ✓

指定高度或 [两点(2P)/轴端点(A)] <80>:40 ✓

（4）利用拷贝命令生成相同圆柱 2。

命令：COPY ✓

选择对象：(选择圆柱 1) ✓

找到 1 个

选择对象：✓

当前设置：复制模式 = 多个

指定基点或 [位移(D)/模式(O)] <位移>：(在圆柱 1 上任取一点)

指定第二个点或<使用第一个点作为位移>：(在屏幕上选择一点，使两圆柱位置如"原图"所示)

指定第二个点或 [退出(E)/放弃(U)] <退出>：✓

（5）对两圆柱进行布尔求并运算。

命令：UNION ✓

选择对象：(选择两圆柱)

选择对象：✓

结果如图 10-22（b）所示。

10.3.2　差集

功能：通过差集运算，可从一个实体或面域中挖切掉另一实体或面域。

命令执行方式：

菜单栏："修改"—"实体编辑"—"差集"。

功能区："实体"—"布尔运算"—"差集" 。

工具栏："实体编辑" ⊘。

命　令：SUBTRACT。

【例 10-2】　绘制两个直径为 50，高为 40 的相同圆柱体。并移动其中一个与另一个相交如图 10-23（a）所示，并将两圆柱作布尔差集运算。

（a）　　　　　　　　　（b）

图 10-23　布尔求差运算

（a）原图；（b）差集

操作过程：

原图绘制参照例 10-1。

对两圆柱进行布尔求差运算：

命令：SUBTRACT ✓

选择要从中减去的实体、曲面和面域...

选择对象：(选择圆柱 1) ✓

选择对象：✓

选择要减去的实体、曲面和面域...

选择对象：(选择圆柱 2) ✓

选择对象：✓

结果如图 10-23（b）所示。

10.3.3　交集

功能：通过交集运算，可得到几个相交实体或相交面域的公共部分。

命令执行方式：

菜单栏："修改"—"实体编辑"—"交集"。

功能区："实体"—"布尔运算"—"交集" ⬭。

工具栏："实体编辑" ⬭。

命　令：INTERSECT。

【例 10-3】　绘制两个直径为 50，高为 40 的相同圆柱体。并移动其中一个与另一个相交如图 10-24（a）所示，并将两圆柱作布尔交集运算。

操作过程：

原图绘制参照 [例 10-1]。

(a)   (b)

图 10-24　布尔求交运算

（a）原图；（b）交集

对两圆柱进行布尔交集运算

命令：INTERSECT ✓

选择对象：（选择两圆柱）✓

选择对象：✓

结果如图 10-24 所示。

10.3.4　面域

面域是厚度为零的实体，创建面域的步骤一般分为两步：第一步是创建封闭的图形轮廓；第二步是利用面域命令（REGION）来将封闭的零件轮廓生成面域。

功能：将包含封闭区域的对象转换为面域对象

命令执行方式：

菜单栏："绘图" — "面域"。

功能区："常用" — "绘图" — "面域" ◙。

工具栏："绘图" ◙。

命　令：REGION。

操作过程：

命令：REGION ✓

选择对象：　　　（选择欲转换为面域的对象）

选择对象：✓

选择完成后，若转换成功系统将提示：

已提取 1 个环。

已创建 1 个面域。

注 意

（1）能够转换为面域的对象必须是闭合的二维图形（这些图形不可以相交可自交）。构成闭合二维图形的对象可以是多段线、直线或曲线，也可以是它们组合的图形。曲线包括圆弧、圆、椭圆弧、椭圆和样条曲线。

（2）面域命令对原对象的处理由系统变量 DELOBJ 决定，若该系统变量不为零，则 AutoCAD 将在将原始对象转换为面域之后删除这些对象，否则将保留这些对象。如果原始对象是图案填充对象，那么面域命令操作后图案填充的关联性将丢失。要恢复图案填充关联性，需重新填充此面域。

（3）单纯使用面域的时候很少，很多的时候是为其他操作作准备，如先将二维对象转换成面域，再进行拉伸、旋转等操作。

【**例 10-4**】　绘制两个直径为 30 的圆，并移动其中一个与另一个相交如图 10-25（a）所示，并将两圆先作面域转换再做布尔并集、差集、交集运算。

1. 分析

先绘制两个相交圆，再将两圆生成面域，最后对两圆面域进行布尔运算。在绘制过程中，应注意绘制两圆时，必须使两圆相交且均转化成面域之后才能看出布尔运算的效果。因此在创建完两相交圆后，应先用面域命令（REGION）将两圆转化成面域后再进行布尔运算。

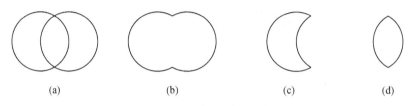

图 10-25 面域的布尔运算

(a) 原图; (b) 并集; (c) 差集; (d) 交集

2. 操作过程

(1) 绘制两半径均为 30 的圆, 如图 10-25 (a) 所示 (过程略)。

(2) 将两圆转换成面域。

命令: REGION ↙

选择对象: (选择两圆)

选择对象: ↙

已提取 2 个环。

已创建 2 个面域。

(3) 对两圆进行布尔求并、求差、求交运算。

操作参考圆柱求并、求差、求交运算过程, 具体过程略。结果如图 10-25 (b) ～ (d) 所示。

【例 10-5】 请绘制长方体, 长、宽、高分别为 100、60、20; 绘制圆柱体一, 底圆半径 20, 高 60; 绘制圆柱体二, 底圆半径 15, 高 80; 请将以上基本实体组合成一个实体 (如图 10-26 右侧立体所示)。

1. 分析

该组合体是由两个圆柱和一个长方体组合而成。我们可以先绘制这三个基本实体, 将直径较大的圆柱以底圆圆心为基准移到长方体上表面的中心处, 并对两者进行布尔求并运算; 然后将直径较小的圆柱以顶圆圆心为基准移到大圆柱上表面圆心处; 最后, 用大直径圆柱与长方体的组合体减去 (布尔求差运算) 小直径圆柱即可完成。

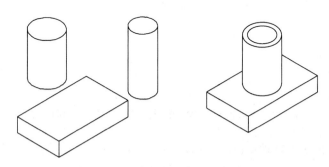

图 10-26 三维实体造型基础绘图实例

2. 操作步骤

(1) 设置: 当前视图为西南轴测图; UCS 图标为原点、可见; ISOLINES=20。

(2) 绘制三个基本体。

(3) 移动圆柱一至长方体上表面中心处。

(4) 将长方体与圆柱体一进行布尔运算求并, 形成组件一, 如图 10-27 (a) 所示。

（5）移动圆柱体二到长方体下表面中心处。

（6）将组件一与圆柱体二进行布尔运算求差，形成组件二，如图 10-27（b）所示。

（7）组件二即为所求。

 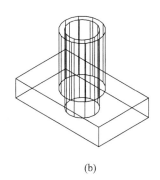

（a）   （b）

图 10-27　组件分析

（a）组件一；（b）组件二

3. 操作过程

（1）设置当前视图为西南轴测图；ISOLINES=20。

1）设置当前视图为西南轴测图。

选择菜单栏"视图"—"三维视图"—"西南等轴测"

2）设置 ISOLINES=20。

命令：ISOLINES ✓

输入 ISOLINES 的新值<4>：20 ✓

（2）制三个基本体。

1）绘制长方体。

命令：BOX ✓

指定第一个角点或 [中心(C)]:0,0,0 ✓

指定其他角点或 [立方体(C)/长度(L)]: L ✓

指定长度：100 ✓

指定宽度：60 ✓

指定高度或 [两点(2P)]: 20 ✓

2）绘制圆柱体一。

命令：CYLINDER ✓

指定底面的中心点或 [三点(3P)/两点(2P)/相切、相切、半径(T)/椭圆(E)]:0,120,0 ✓

指定底面半径或 [直径(D)]: 20 ✓

指定高度或 [两点(2P)/轴端点(A)] <20.0000>: 60 ✓

3）绘制圆柱体二。

命令：CYLINDER ✓

指定底面的中心点或 [三点(3P)/两点(2P)/相切、相切、半径(T)/椭圆(E)]:0,180,0 ✓

指定底面半径或 [直径(D)]: 15 ✓

指定高度或 [两点(2P)/轴端点(A)] <20.0000>: 80 ✓

4）移动图柱体一至长方体上表面中心处。

命令：MOVE ✓

选择对象：　(选择圆柱体一)

找到 1 个

选择对象：　✓

指定基点或［位移(D)］<位移>：　　　（捕捉圆柱体一底圆圆心）

指定第二个点或<使用第一个点作为位移>：50,30,20　✓

5）将长方体与圆柱体一进行布尔运算求并，形成组件一。

命令：UNION　✓

选择对象：　　（选择长方体和圆柱体一）

找到 2 个

选择对象：　✓

6）以圆柱体二上表面圆心为基准移动圆柱体二到圆柱体一上表面圆心处。

命令：MOVE　✓

选择对象：　　（选择圆柱体二）

找到 1 个

选择对象：　✓

指定基点或［位移(D)］<位移>：　　（捕捉圆柱体二上表面圆心）

指定第二个点或<使用第一个点作为位移>：　　（捕捉圆柱体一上表面圆心）

7）将组件一与圆柱体二进行布尔运算求差，形成组件二。

命令：SUBTRACT　✓

选择要从中减去的实体、曲面和面域...

选择对象：（选择组件一）

选择对象：　✓

选择要减去的实体或面域 ..

选择对象：（选择圆柱体二）

选择对象：　✓

组件二即为所求。

结果如图 10-26 右侧实体所示。

10.4　右　手　定　则

在前面几章的学习中我们主要是在平面坐标系中作图，仅仅用到 X 轴和 Y 轴。在三维造型中我们要用到 X 轴、Y 轴和 Z 轴，这就要涉及如何根据已知的两坐标轴的正方向来判定第三坐标的正方向问题和如何判定绕 X 轴、Y 轴、Z 轴旋转的正方向问题。一般遇到这种方向判定的问题时，我们都要用到一个重要的判定定则——右手定则。

10.4.1　坐标轴正方向的确定

如图 10-28 所示，将右手大拇指指向 X 轴的正方向，右手食指指向 Y 轴的正方向，使右手的中指弯曲并与大拇指指向的 X 轴正方向和食指指向 Y 轴的正方向所确定的平面垂直，则右手中指指向的方向即为 Z 轴的正方向。因为在绘制二维图形时，默认的情况下，X 轴正方向水平向右；Y 轴正方向垂直向上；因此 Z 轴的正方向应自屏幕垂直向外指向读者。

10.4.2　旋转正方向的确定

如图 10-28 所示，将右手大拇指伸出指向 X 轴、Y 轴或 Z 轴的正方向，使右手其余四指弯曲，则四指弯曲的方向就是绕指定轴旋转的正方向。

另外，我们还可以通过一种辅助的方法来确定旋转的正方向，即确定旋转轴正方向上任意一点，自该点向原点观察，逆时针方向即为旋转的正方向。

请读者注意：在三维造型过程中，经常会遇到判定方向问题，因此熟练掌握右手定则是学好三维造型的重要基础，在使用过程中要时刻注意坐标轴和旋转的正方向问题。

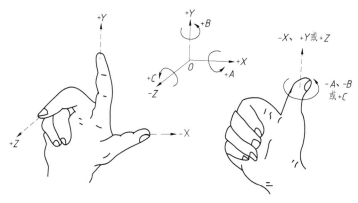

图 10-28　右手定则

10.5　用户坐标系 UCS

在以前的章节中我们使用的主要是世界坐标系（WCS），对于 AutoCAD 系统来说，世界坐标系是唯一不变的（指坐标原点和 X、Y、Z 轴的方向不变），默认情况下屏幕上显示的是世界坐标系的 XY 平面。而用户坐标系 UCS（UserCoordinateSystem）是相对于世界坐标系而言的，它可以根据用户的需要任意设置坐标原点位置、坐标平面的位置和坐标轴的方向（但 X、Y、Z 轴始终保持相互垂直），是一种可移动的坐标系统。在三维造型中，我们经常会利用用户坐标系来确定三维形体的位置。下面我们将介绍用户坐标系的有关知识。

10.5.1　建立用户坐标系 UCS

功能：控制或建立新的用户坐标系统

命令执行方式：

菜单栏："工具" — "新建 UCS（w）"。

功能区："常用" — "坐标" ⌐。

工具栏：UCS ⌐。

命　令：UCS。

操作过程：

命令：UCS ✓

当前 UCS 名称：＊世界＊

指定 UCS 的原点或 [面(F)/命名(NA)/对象(OB)/上一个(P)/视图(V)/世界(W)/X/Y/Z/Z轴(ZA)]

<世界>：

以上各选项含义为：

1. 指定 UCS 的原点

使用一点、两点或三点定义一个新的 UCS。如果指定单个点，当前 UCS 的原点将会移动而不会更改 X、Y、Z 轴的方向；若指定两点，则第一点为坐标原点，UCS 将绕先前指定的原点旋转以使 UCS 的 X 轴正半轴通过该点；若指定三点，则第一点为坐标原点，第二点为 X 轴正方向上的点；第三点为 Y 轴正方向上的点，Z 轴由右手定则确定。方法如图 10-29 所示。

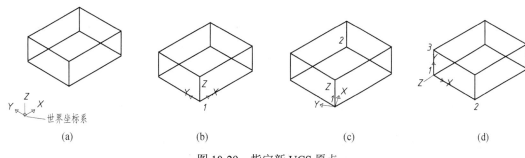

图 10-29　指定新 UCS 原点

（a）世界坐标系；（b）一点；（c）二点；（d）三点

2. 面（F）

根据三维实体上的平面创建新 UCS。新的 UCS 附着于所选面，坐标原点与所选平面上的最近顶点重合；X 轴对齐所选面最近的边；Y 轴与 X 轴垂直。可以通过所给选项对所选面和 X、Y 轴进行转换设置。执行该选项后，AutoCAD 提示：

选择实体对象的面：

输入选项 [下一个(N)/X 轴反向(X)/Y 轴反向(Y)] <接受>：

以上各选项含义为：

（1）下一个：将新 UCS 定位于邻接的面或选定边所在面的反面。

（2）X 轴反向：将 UCS 绕 X 轴旋转 180°。

（3）Y 轴反向：将 UCS 绕 Y 轴旋转 180°。

（4）接受：接受新 UCS。

3. 命名（NA）

按名称保存并恢复通常使用的 UCS 方向。执行该选项后，AutoCAD 提示：

输入选项 [恢复(R)/保存(S)/删除(D)/?]：s

以上各选项含义为：

（1）恢复（R）：将新 UCS 定位于邻接的面或选定边所在面的反面。

（2）保存（S）：把当前 UCS 按指定名称保存。该名称最多可以包含 255 个字符，并可包括字母、数字、空格和任何未被 Microsoft®Windows® 和 AutoCAD 用作其他用途的特殊字符。

（3）删除（D）：删除某一已命名的用户坐标系。在选择时可以用逗号分隔多个 UCS 名或使用通配符删除多个 UCS。如果删除当前 UCS，则它被重新命名为 "未命名 UCS"。

（4）?：列出 UCS，列出当前已定义的 UCS 的名称。

4. 对象（OB）

根据用户选择对象创建新 UCS，这些对象不包括：3D 多段线、3D 实心体、3D 网格、视口对象、段落文本、多线、构造线、射线、引线、椭圆、面域或样条线。新 UCS 坐标原点和 X 轴正方向按表 10-3 所示规则规定，Z 轴正方向与所选对象的 Z 轴正方向一致，Y 轴方向用右手定则确定。

表 10-3　　　　　　　　　　　　**通过选择对象来定义 UCS**

对象	确定 UCS 的方法
圆弧	圆弧的圆心成为新 UCS 的原点。X 轴通过距离选择点最近的圆弧端点。
圆	圆的圆心成为新 UCS 的原点。X 轴通过选择点。
标注	标注文字的中点成为新 UCS 的原点。新 X 轴的方向平行于当绘制该标注时生效的 UCS 的 X 轴。

续表

对象	确定 UCS 的方法
直线	离选择点最近的端点成为新 UCS 的原点。AutoCAD 选择新的 X 轴使该直线位于新 UCS 的 XZ 平面中。该直线的第二个端点在新坐标系中 Y 坐标为零。
点	该点成为新 UCS 的原点。
二维多段线	多段线的起点成为新 UCS 的原点。X 轴从起点到下一顶点的线段延伸。
实体	二维填充的第一点确定新 UCS 的原点。新 X 轴沿前两点之间的联机方向。
宽线	宽线的"起点"成为新 UCS 的原点，X 轴沿宽线的中心线方向。
三维面	取第一点作为新 UCS 的原点，X 轴沿前两点的联机方向，Y 轴的正方向取自第一点和第四点。Z 轴由右手定则确定。
形、文字、块参照、属性定义	该对象的插入点成为新 UCS 的原点，新 X 轴由对象绕其拉伸方向旋转定义。用于建立新 UCS 的对象在新 UCS 中的旋转角度为零。

图 10-30　通过指定对象确定新坐标系

执行该选项后，AutoCAD 提示：

选择对齐 UCS 的对象：

利用对象方式进行 UCS 的设定有时非常有效，但在使用过程中应注意所选对象的特性。如图 10-30 所示是以圆弧为对象来确定新的 UCS。

5. 上一个（P）

AutoCAD 保存在图纸空间中创建的最后 10 个坐标系和在模型空间中创建的最后 10 个坐标系。选择该项，将返回前一种坐标系统。

6. 视图（V）

坐标原点不变，以垂直于观察方向（平行于屏幕）的平面为 XY 平面，建立新的坐标系。

7. 世界（W）

将当前用户坐标系设置为世界坐标系。

8. X/Y/Z

通过绕指定轴旋转当前 UCS 来确定新 UCS。执行该选项后，AutoCAD 提示：

指定绕 n 轴的旋转角度<0>：

在提示中，n 代表 X、Y 或 Z 输入正或负的角度以旋转 UCS。其默认角度值由系统变量 UCSAXISANG 来确定。AutoCAD 用右手定则来确定绕该轴旋转的正方向，即如果用右手握住所需绕之旋转的轴，且使拇指指向该轴的正方向，则其他合并的手指所指的方向就是旋转的正方向。

9. Z 轴（ZA）

通过确定新坐标系原点和 Z 轴正方向上任一点创建新的 UCS，如图 10-31 所示。执行该选项后，AutoCAD 提示：

指定新原点或 [对象(O)] <0,0,0>：

在正 z 轴范围上指定点<0.0000,0.0000,1.0000>：

在确定了 Z 轴上的点后，系统会相应地确定新坐标系统的 X 轴和 Y 轴。若在系统提示"在正 Z 轴范围上指定点"提示下给出空响应，新坐标系统的 Z 轴将与上一个坐标系统的 Z 轴方向相同。对象的含义是将 Z 轴与离选定对象最近的端点的切线方向对齐。Z 轴正半轴指向背离对象的方向。该种方式一般用于对 X、Y 轴方向要求不高的情况下，

图 10-31　通过指定 Z 轴确定新坐标系

如创建一个底面在 *XY* 平面上的圆柱。

10.5.2 UCS 管理器

利用 UCS 命令可以保存或加载符合自己需要的坐标系统，但当用户坐标系统数目增加时，用户需要记忆的名称也随之增加，这为用户造成了很大不便，为了节决这个问题，在 AutoCAD 中提供了一个管理 UCS 的工具——UCS 管理器，如图 10-32 所示。

功能：对坐标系统进行存储、删除和调用

命令执行方式：

菜单栏："工具"—"命名 UCS（u）"。

功能区："常用"—"坐标"。

工具栏：UCSII。

命　令：UCSMAN。

1."命名 UCS"选项卡

如图 10-32 所示，该选项卡用于设置当前坐标系统。其中的主要部分为：

（1）"当前 UCS"列表框：列出当前图形文件所有的坐标系统，包括世界坐标系统（WCS）和用户坐标系统。若用户没有设置用户坐标系统时，该列表框只有世界坐标系统一项。当用户设置用户坐标系统以后，该列表框将出现"上一个"和用户所定义的用户坐标系名称。

1）世界：世界坐标系统。

2）上一个：上一次曾经使用的坐标系统。

3）自定义 UCS：用户定义的坐标系统。

（2）置为当前：将选定的坐标系统设置为当前坐标系统。

（3）详细信息：列出所选坐标系统的详细参数，该参数可以相对于世界坐标系也可以相对于用户自定义的坐标系，如图 10-33 所示。

图 10-32 "命名 UCS"选项卡

图 10-33 坐标系统详细信息

2."正交 UCS"选项卡

如图 10-34 所示，该选项卡用于设置 AutoCAD 提供的六种正交 UCS。其中的主要部分为：

（1）当前 UCS"列表框：列出 AutoCAD 提供的六种正交 UCS 坐标系统。

（2）相对于"下拉列表框：在该列表框中用户可以选择参照坐标系，这一选择将影响距离数值。

3."设置"选项卡

如图 10-35 所示，该选项卡用于设置坐标图标显示方式及其他一些相关设置。其中的主要部分为：

（1）"UCS 图标设置"栏：设置 UCS 图标的显示特性。

1）开：UCS 图标"显示/关闭"开关。

2）显示于 UCS 原点：控制 UCS 图标位于当前坐标系原点处，若取消则位于屏幕左下角。

3）应用到所有活动窗口：将使当前坐标系图标的所有设置应用到所有活动视口。

（2）"UCS 设置"栏：设置 UCS 系统与视察的关系。

1）UCS 与视口一起保存：确定坐标系统是否随着当前视口一起存储。

2）修改 UCS 时更新平面视图：修改视口中的坐标系时恢复平面视图。

图 10-34 "正交 UCS"选项卡

图 10-35 "设置"选项卡

10.5.3　UCS 图标的显示

UCS 图标是用户了解当前用户坐标的有用工具，它在模型空间和图纸空间中显示不同，在相同空间也有两种不同形式，如图 10-36 所示。

模型空间二维UCS图标　　模型空间三维UCS图标　　图纸空间二维UCS图标　　图纸空间三维UCS图标

图 10-36　UCS 图标

在前面中我们学习了通过 UCS 管理器可以设置 UCS 图标的一些属性，现在我们学习控制 UCS 图标的另一种方法——UCSICON 命令法。

功能：控制 UCS 图标的显示方式。

命令执行方式：

菜单栏："视图"—"显示"—"UCS 图标"。

功能区："视图"—"视口工具"—"UCS 图标" 。

命　令：UCSICON。

操作过程：

命令：UCSICON ✓

输入选项 [开(ON)/关(OFF)/全部(A)/非原点(N)/原点(OR)/特性(P)] <开>：

以上各选项功能分别为：

① 开（ON）：屏幕上显示 UCS 图标。

② 关（OFF）：屏幕上不显示 UCS 图标。

③ 全部（A）：将对图标的修改应用到所有活动视口。否则，UCSICON 命令只影响当前视口。

④ 非原点（N）：不管 UCS 原点在何处，图标总在屏幕的左下角显示。

⑤ 原点（OR）：在当前坐标系的原点 （0，0，0）处显示该图标。如果原点不在屏幕上，图标将出现在窗口的左下角。

⑥ 特性（P）：选择该项将出现 UCS 图标对话框，如图 10-37 所示。在此对话框可设置 UCS 图标的显示方式和图标的属性。

图 10-37　"UCS 图标"对话框

（1）UCS 图标样式：指定二维或三维 UCS 图标的显示及其外观。

1）二维：显示二维图标，不显示 Z 轴。

2）三维：显示三维图标。

3）圆锥体：如果选中三维 UCS 图标，则 X 轴和 Y 轴显示三维圆锥形箭头。如果不选择"圆锥体"，则显示二维箭头。

4）线宽：控制三维 UCS 图标的线宽。可选 1、2 或 3 个像素。

（2）预览：显示 UCS 图标在模型空间中的预览效果。

（3）UCS 图标大小：按视口大小的百分比控制 UCS 图标的大小。默认值为 12，有效值范围是 5 到 95。

（4）UCS 图标颜色：控制 UCS 图标在模型空间视口和布局选项卡中显示的颜色。

1）模型空间图标颜色：控制 UCS 图标在模型空间视口显示的颜色。

2）布局选项卡图标颜色：控制 UCS 图标在布局选项卡中显示的颜色。

【例 10-6】 创建如图 10-38 所示立体，其中楔体长为 100，宽为 80，高为 60；孔半径为 25，长为 80，孔中心位于楔体斜面中心处，孔轴线与斜面垂直。

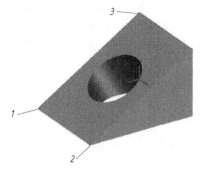

图 10-38　UCS 造型实例

1. 分析

由图 10-38 所示楔体位置可以看出该楔体长为 –100。创建孔时，由于孔与斜面垂直，因此应先将斜面所在面设置为 XY 平面，再将斜面中心设置为圆柱的底圆中心并进行圆柱的创建。最后利用布尔差集运算完成最后的实体造型。

2. 操作过程

（1）设置当前视图为西南等轴测视图。

选择菜单栏"视图"—"三维视图"—"西南等轴测"

（2）利用楔体命令创建楔体。

命令：WEDGE ✓

指定第一个角点或 [中心(C)]:0,0,0 ✓

指定其他角点或 [立方体(C)/长度(L)]: L ✓

指定长度<100.0000>: -100 ✓

指定宽度<80.0000>:80 ✓

指定高度或 [两点(2P)] <60.0000>:60 ✓

（1）将斜面设置为 XY 平面。

命令：UCS　✓

当前 UCS 名称：＊前视＊

指定 UCS 的原点或 [面(F)/命名(NA)/对象(OB)/上一个(P)/视图(V)/世界(W)/X/Y/Z/Z 轴(ZA)]
<世界>:(选择如图 10-38 所示点 1)

指定 X 轴上的点或<接受>:　　(选择如图 10-38 所示点 2)

指定 XY 平面上的点或<接受>:　　(选择如图 10-38 所示点 3)

结果如图 10-38 所示。

（2）创建圆柱。

命令：CYLINDER　✓

指定底面的中心点或 [三点(3P)/两点(2P)/切点、切点、半径(T)/椭圆(E)]:(同时按 shift 键和鼠标右键,在出现的快捷菜单中选择"两点之间的中点(T)",依次选择如图 10-38 中所示点 2 和点 3。)

指定底面半径或 [直径(D)] <38.4573>: 25　✓

指定高度或 [两点(2P)/轴端点(A)] <-80.0000>:-80　✓

（3）布尔差集运算。

命令：SUBTRACT　✓

选择要从中减去的实体、曲面和面域...

选择对象:　(选择楔体)

选择对象:　✓

选择要从中减去的实体、曲面和面域...

选择对象:　(选择圆柱体)

选择对象:　✓

结果如图 10-38 所示。

10.6　线　框　造　型

线框造型是由点、线和曲线等图素构成。进行线框造型是进行复杂实体造型和复杂曲面造型的基础。该种造型中的每一种图素均需单独绘出，故需要的绘图时间较长。在前面学习的二维绘图命令中二维多段线命令（PLINE）、正多边形命令（POLYGON）、圆命令（CIRCLE）、矩形命令（RECTANG）、椭圆命令（ELLIPSE）等仅能在 *XOY* 平面内使用；直线命令（LINE）、构造线命令（XLINE）、射线命令（RAY）、样条曲线命令（SPLINE）等可以在三维空间中使用。在三维空间中绘制多段线时，一般使用三维多段线命令（3DPOLY）。

功能：创建三维多段线

命令执行方式：

菜单栏："绘图"—"三维多段线"　🔳。

功能区："常用"—"绘图"—"三维多段线"　🔳。

命　令：3DPOLY。

操作过程：

命令：3DPOLY

指定多段线的起点：

指定直线的端点或 [放弃(U)]:

指定直线的端点或 [放弃(U)]:

指定直线的端点或 [闭合(C)/放弃(U)]:

绘制三维多段线时，确定三个点后将会出现"闭合（C）"选项；与二维多段线相比，三维多段线的宽度不能改变，也不能绘制圆弧。

【例 10-7】　利用直线命令（LINE）创建如图 10-39 所示的一个长方体，长方体的长、宽、高分别为 100、80、60，基准点为（0，0）。

1. 分析

创建该长方体，可以先以（0，0）为基准点，根据长方体的长、宽、高计算长方体各顶点的空间坐标值，如底面各顶点坐标分别为（0，0）、（100，0）、（100，80）、（0，80），然后再进行绘制，因为是在 XOY 平面上绘制图形，Z 坐标均为 0，因此在输入坐标时可以不输入 Z 坐标。然后再计算顶面各顶点坐标，绘制顶面各线；最后用直线将相应顶点连接起来即可。

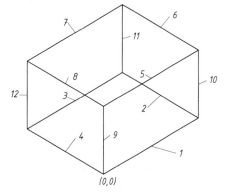

图 10-39　线框造型

2. 操作过程

（1）设置当前视图为西南等轴测视图。

选择菜单栏"视图"—"三维视图"—"西南等轴测"

（2）利用直线命令绘制图线 1～12。

过程略。

结果如图 10-39 所示。

说明：绘制该长方体时，也可以先利用矩形（RECTANG）命令绘制长方体上下两个矩形，再用直线连接即可。

【例 10-8】　在长方体上绘制如图 10-40 所示三维多段线，三维多段线通过各点均为各直线的中点。长方体的长、宽、高分别为 100、80，60。

1. 分析

该题创建长方体的作用仅是为了容易确定三维多段线各点位置。因此创建完长方体并执行三维多段线命令后，直接选取长方体各边中点位置即可。

2. 操作过程

（1）设置当前视图为西南等轴测视图。

选择菜单栏"视图"—"三维视图"—"西南等轴测"

（2）绘制长方体。

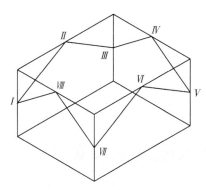

图 10-40　三维多段线的绘制

绘图过程与上例相同，过程略。

（3）绘制三维多段线。

命令：3DPOLY　↙

指定多段线的起点：　　　（选择点Ⅰ）

指定直线的端点或 [放弃（U）]：　　　（选择点Ⅱ）

指定直线的端点或 [放弃（U）]：　　　（选择点Ⅲ）

指定直线的端点或 [闭合（C）/放弃（U）]：　　　（选择点Ⅳ）

指定直线的端点或 [闭合（C）/放弃（U）]：　　　（选择点Ⅴ）

指定直线的端点或 [闭合（C）/放弃（U）]：　　　（选择点Ⅵ）

指定直线的端点或 [闭合（C）/放弃（U）]：　　　（选择点Ⅶ）

指定直线的端点或 [闭合（C）/放弃（U）]：　　　（选择点Ⅷ）

指定直线的端点或 [闭合（C）/放弃（U）]：C　↙

结果如图 10-40 所示。

【例 10-9】　在长方体上绘制如图 10-41 所示三维样条曲线，样条曲线通过各点均为各直线的中点。长方体的长、宽、高分别为 100、80，60。

1. 分析

该题创建长方体的作用仅是为了容易确定三维多段线各点位置。因此创建完长方体并执行三维样条曲线线命令后，直接选取长方体各边中点位置即可。

2. 操作过程

（1）绘制长方体。

绘图过程与上例相同，过程略。

（2）绘制三维样条曲线。

命令：SPLINE ✓

指定第一个点或 [对象(O)]：　　　(选择点Ⅰ)

指定下一点：　　　(选择点Ⅱ)

指定下一点或 [闭合(C)/拟合公差(F)] <起点切向>：　　　(选择点Ⅲ)

指定下一点或 [闭合(C)/拟合公差(F)] <起点切向>：　　　(选择点Ⅳ)

指定下一点或 [闭合(C)/拟合公差(F)] <起点切向>：　　　(选择点Ⅴ)

　　　　　　　　　指定下一点或 [闭合(C)/拟合公差(F)] <起点切向>：　　(选择点Ⅵ)

　　　　　　　　　指定下一点或 [闭合(C)/拟合公差(F)] <起点切向>：　　(选择点Ⅶ)

　　　　　　　　　指定下一点或 [闭合(C)/拟合公差(F)] <起点切向>：　　(选择点Ⅷ)

　　　　　　　　　指定下一点或 [闭合(C)/拟合公差(F)] <起点切向>：　　(选择点Ⅰ)

　　　　　　　　　指定下一点或 [闭合(C)/拟合公差(F)] <起点切向>：　　✓

　　　　　　　　　指定起点切向：　　✓

　　　　　　　　　指定端点切向：　　✓

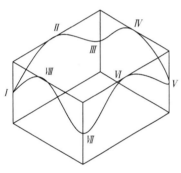

图 10-41　三维样条曲线的绘制

结果如图 10-41 所示。

思 考 题

1. 三维造型环境包括哪些内容？如何设置？

2. 如何能够观察到三维对象的空间结构。

3. 动态观察有哪些方法？它们有何区别？

4. 三维基本实体有哪些？各基本体的基本参数有哪些？

5. 布尔运算有哪几项运算？操作过程是怎样的？

6. 右手定则是如何规定的？

7. 确定用户坐标系方法有哪些？

8. 如何控制坐标系图的显示？

9. 线框造型的特点是什么？

10. 哪些绘图命令只能在二维空间中绘制？哪些绘图命令能够在三维空间中绘制？

第11章 三维实体造型

 学习目标

（1）掌握三维复合实体的创建方法。
（2）掌握三维实体的编辑方法。
（3）掌握三维实体的操作方法。
（4）掌握由三维实体模型创建正交视图的方法。

学习内容

（1）三维复合实体创建命令的使用方法，如面域、拉伸、旋转、螺旋、扫掠、放样、按住并拖动等。

（2）常用的实体编辑命令的使用方法。如布尔运算（并集、差集和交集）、实体对角面和边的编辑（拉伸、移动、旋转、偏移、倾斜、复制、着色、分割、抽壳、清除、检查或删除）等。

（3）三维实体的操作命令的使用方法。如剖切、切割、倒直角、倒圆角、三维阵列、三维移动、三维旋转、三维镜像、对齐、三维对齐、加厚、转换为实体、提取边、干涉检查。

（4）掌握由三维实体模型创建正交视图的方法、命令的使用方法（如设置视图、设置图形、设置轮廓）和机件的其他表达方法。

11.1 复合实体造型

11.1.1 拉伸

通过拉伸二维对象来创建三维实体或曲面。

功能：将闭合对象（例如圆）转换为三维实体；将开放对象（例如直线）转换为三维曲面。

命令执行方式：

菜单栏："绘图"—"建模"—"拉伸"。

功能区："实体"—"实体"—"拉伸" 🔼。

工具栏："建模" 🔼。

命　令：EXTRUDE。

操作过程：

命令：EXTRUDE　✓
当前线框密度： ISOLINES=20,闭合轮廓创建模式=实体
选择要拉伸的对象或[模式(MO)]:_MO 闭合轮廓创建模式[实体(SO)/曲面(SU)]<实体>:_SO
选择要拉伸的对象或[模式(MO)]: （选择欲拉伸的对象）
选择要拉伸的对象或[模式(MO)]: ✓
指定拉伸的高度或［方向(D)/路径(P)/倾斜角(T)/表达式(E)]<50.0000>: P ✓ （选择通过拉伸高度方式或路径方式拉伸对象）
选择拉伸路径或［倾斜角(T)]: （选择拉伸路径）

拉伸命令各选项含义为：

（1）选择要拉伸的对象：选择欲进行拉伸的对象。可以拉伸成三维实体对象包括：三维面、封闭多段线、多边形、圆、椭圆、封闭样条曲线、圆环和面域。

注 意

包含在块中的对象和具有相交或自交的图形是不能拉伸的。

（2）模式（MO）：闭合轮廓创建模式选择。SO：创建实体；SU：创建曲面。

（3）指定拉伸的高度：如果输入正值，将沿对象所在面的法线正方向拉伸对象。如果输入负值，将沿对象所在面的法线负方向拉伸对象。

（4）方向（D）：通过指定的两点指定拉伸的长度和方向。

（5）路径（P）：选择基于指定曲线对象的拉伸路径。路径将移动到轮廓的质心。然后沿选定路径拉伸选定对象的轮廓以创建实体。

（6）倾斜角（T）：正角度表示从基准对象逐渐变细地拉伸，而负角度则表示从基准对象逐渐变粗地拉伸。默认角度 0 表示在与二维对象所在平面垂直的方向上进行拉伸。所有选定的对象和环都将倾斜到相同的角度。

（7）表达式（E）：输入公式或方程式的指定拉伸高度。

注 意

1）在拉伸过程中，用户可以设置拉伸对象的高度和倾斜角度，且高度和倾斜角度值均可正可负。若高度值为正则沿对象所在面的法线正方向拉伸，若高度值为负则沿对象所在面的法线负方向拉伸；若倾斜角度为正则向实体内倾斜，若倾斜角度为负则向实体外倾斜。当设置的高度和角度造成物体产生自交情况时（相对而言高度较大，角度较大），系统将只将对象拉伸到交点处。

2）在利用路径进行拉伸时，拉伸的路径可以是直线、圆、圆弧、椭圆、椭圆弧、多段线或样条曲线。路径既不能与轮廓共面，也不能具有高曲率的区域，否则将导致拉伸失败。

3）路径拉伸无法沿三维样条曲线进行，但可以是由多段线编辑（PEDIT）而成的样条曲线。如果路径是一条样条曲线，那么它在路径的一个端点处应该与轮廓所在的平面垂直。否则，AutoCAD 将旋转此轮廓以使其与样条曲线路径垂直。如果样条曲线的一个端点在轮廓平面上，那么 AutoCAD 绕该点旋转剖面，否则 AutoCAD 移动样条曲线路径到轮廓的中心然后绕中心旋转轮廓。

4）如果路径包含不相切的线段，那么 AutoCAD 沿每个线段拉伸对象，然后沿两线段形成的角平分面斜接接头。如果路径是封闭的，轮廓应位于斜接面上。这允许实体的起始截面和结束截面相互匹配。如果轮廓不在斜接面上，则 AutoCAD 将旋转该轮廓直到它位于斜接面上。

【例 11-1】 利用拉伸命令完成如图 11-1 所示图形。

1. 分析

从图 11-1 可以看出，该立体可看作是由一矩形与一圆组合，并通过拉伸而形成。但若想将该实体拉伸出来，必须使矩形和圆形成一个对象，即必须通过多段线编辑（PEDIT）命令将其编辑成一条封闭的多段线，或通过面域命令将其转换成一个封闭的面域才能执行拉伸操作。下面的操作采用了第二种方法（转换面域）。

2．操作过程

（1）创建拉伸截面。

结果如图 11-2 所示，过程略。

（2）制作面域。

命令：REGION ✓

选择对象： (选择前面制作截面)

选择对象：✓

已提取 1 个环。

已创建 1 个面域。

（3）对底面图形进行拉伸。

命令：EXTRUDE ✓

当前线框密度： ISOLINES=20 闭合轮廓创建模式=实体

选择要拉伸的对象或[模式(MO)]：_MO 闭合轮廓创建模式[实体(SO)/曲面(SU)]<实体>：_SO

选择要拉伸的对象或[模式(MO)]： (选择前面制作的面域)

找到 1 个

选择要拉伸的对象或[模式(MO)]： ✓

指定拉伸的高度或 [方向(D)/路径(P)/倾斜角(T)/表达式(E)] <50.0000>： 50 ✓

图 11-1　拉伸实体

图 11-2　拉伸实体截面

（4）将视图设置成西南等轴测图方向。

选择菜单栏"视图"—"三维视图"—"西南等轴测(S)"

结果如图 11-2 所示。

【例 11-2】 利用拉伸命令完成如图 11-3 所示图形。

1．分析

从图 11-3 可以看出，该立体可看作是由一正六边形与一圆组合，并通过带一定角度拉伸而形成。

2．操作过程

（1）绘制正六边形和圆。

正六边形边数为 6，中心点为(0,0,0)，圆的半径为 50

正六边形内部的圆的圆心为(0,0,0)，圆的半径为 30。

创建过程略。

（2）对正六边形和圆进行拉伸。

命令：EXTRUDE ✓

当前线框密度： ISOLINES=20 闭合轮廓创建模式=实体

选择要拉伸的对象或[模式(MO)]：_MO 闭合轮廓创建模式[实体(SO)/曲面(SU)]<实体>：_SO

选择要拉伸的对象或[模式(MO)]： (选择正六边形和圆)

找到 2 个

选择要拉伸的对象或[模式(MO)]： ✓

指定拉伸的高度或 [方向(D)/路径(P)/倾斜角(T)/表达式(E)] <50.0000>： T ✓

指定拉伸的倾斜角度<0>： 10 ✓

值必须非零。

指定拉伸的高度或 [方向(D)/路径(P)/倾斜角(T)/表达式(E)] <50.0000>：50 ✓

（3）设置当前视图为西南等轴测视图。

选择菜单栏"视图"—"三维视图"—"西南等轴测(S)"

结果如图 11-3 所示。

【例 11-3】 利用拉伸命令完成如图 11-4 所示图形。

图 11-3 拉伸实体　　　　　　　　　图 11-4 拉伸实体

1. 分析

该立体可看作是由一圆沿一路径拉伸形成。

2. 操作过程

（1）绘制圆。

命令:CIRCLE ✓

指定圆的圆心或 [三点(3P)/两点(2P)/相切、相切、半径(T)]: 0,0 ✓

指定圆的半径或 [直径(D)]: 35 ✓

（2）设置当前视图为左视图。

选择菜单栏"视图"—"三维视图"—"左视(L)"

（3）绘制路径。

命令: PLINE ✓

指定起点: （在屏幕上选择一点）

当前线宽为 0.0000

指定下一个点或 [圆弧(A)/半宽(H)/长度(L)/放弃(U)/宽度(W)]: @0,100 ✓

指定下一点或 [圆弧(A)/闭合(C)/半宽(H)/长度(L)/放弃(U)/宽度(W)]: @100,0 ✓

指定下一点或 [圆弧(A)/闭合(C)/半宽(H)/长度(L)/放弃(U)/宽度(W)]: ✓

（4）设置当前视图为西南等轴测视图。

选择菜单栏"视图"—"三维视图"—"西南等轴测(S)"

（5）将圆沿路径拉伸。

命令: EXTRUDE ✓

当前线框密度: ISOLINES=20 闭合轮廓创建模式=实体

选择要拉伸的对象或[模式(MO)]:_MO 闭合轮廓创建模式[实体(SO)/曲面(SU)]<实体>:_SO

选择要拉伸的对象或[模式(MO)]:（选择圆）

找到 1 个

选择要拉伸的对象或[模式(MO)]: ✓

指定拉伸的高度或 [方向(D)/路径(P)/倾斜角(T)/表达式(E)]: T ✓

指定拉伸的倾斜角度<10>: 5 ✓

指定拉伸的高度或 [方向(D)/路径(P)/倾斜角(T)/表达式(E)] <50.0000>: P ✓

选择拉伸路径或［倾斜角］：　　（选择上面绘制的路径）

结果如图 11-4 所示。

11.1.2　旋转

通过绕轴旋转二维对象生成三维实体或曲面。

功能：旋转闭合对象创建三维实体，旋转开放对象创建曲面。可以将对象旋转 360°或其他指定角度。

命令执行方式：

菜单栏："绘图" — "建模" — "旋转"。

功能区："实体" — "实体" — "旋转" 🔲。

工具栏："建模" 🔲。

命　令：REVOLVE。

操作过程：

命令：REVOLVE　✓

当前线框密度：　ISOLINES=20 闭合轮廓创建模式=实体

选择要旋转的对象或［模式(MO)]：_MO 闭合轮廓创建模式[实体(SO)/曲面(SU)]<实体>：_SO

选择要旋转的对象或模式[(MO)]：（选择欲旋转的对象）

找到 1 个

选择要旋转的对象或模式[(MO)]：　✓

指定轴起点或根据以下选项之一定义轴　[对象(O)/X/Y/Z]<对象>：　（选择旋转轴）

选择对象：　✓

指定旋转角度或［起点角度(ST)反转(R)表达式(EX)]<360>：ST　✓　（设置起点角度）

指定起点角度<0.0>：90　✓

指定旋转角度或[反转(R)表达式(EX)]<360>：270　✓　（设置旋转角度）

拉伸命令各选项含义为：

（1）选择要旋转的对象：选择欲进行旋转的对象；用于旋转成实体的封闭对象可以是闭合多段线、多边形、圆、椭圆、闭合样条曲线、圆环和面域。不能旋转的对象是包含在块中的对象和具有相交或自交的图形。而且一次只能旋转一个对象。

（2）指定旋转轴的起点：通过指定两点的方式确定旋转轴，其中第一点为旋转轴的起点，第二点为旋转轴的正方向。

（3）定义轴　[对象（O）/X 轴（X）/Y 轴（Y）]：

1）对象（O）：选择现有的直线或多段线中的单条线段定义轴，这个对象绕该轴旋转。轴的正方向从这条直线上的最近端点指向最远端点。

2）X 轴（X）/Y 轴（Y）：使用当前 UCS 的 X 轴（或 Y 轴）作为旋转轴，X 轴（或 Y 轴）的正方向作为旋转轴的正方向。

（4）指定旋转角度：设置对象的旋转角度。

（5）起点角度（ST）：指定从旋转对象所在平面开始的旋转偏移。

【例 11-4】利用旋转命令完成如图 11-5 所示图形。

1. 分析

该立体可以看作是由图 11-5 左侧二维图形绕指定回转轴环绕一周而形成的。我们可以通过多段线命令绘制该二维封闭图形，或由直线命令绘制图形，再由多段线编辑命令编辑成一条多段线，也可以利用面域命令将其转换成一个面域，然后利用旋转命令（REVOLVE），使该二维图形绕回转轴转而形成所需立体。

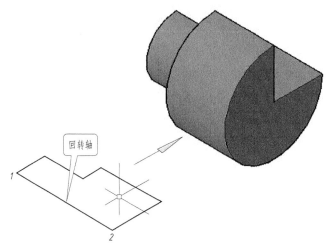

图 11-5　旋转实体

2. 操作过程

（1）设置系统变量 ISOLINES=20。

命令：ISOLINES ✓

输入 ISOLINES 的新值<4>: 20 ✓

（2）绘制封闭多边形。

命令：PLINE ✓

指定起点: 0,0 ✓

当前线宽为 0.0000

指定下一个点或 [圆弧(A)/半宽(H)/长度(L)/放弃(U)/宽度(W)]: 0,100 ✓

指定下一点或 [圆弧(A)/闭合(C)/半宽(H)/长度(L)/放弃(U)/宽度(W)]: 30,100 ✓

指定下一点或 [圆弧(A)/闭合(C)/半宽(H)/长度(L)/放弃(U)/宽度(W)]: 30,60 ✓

指定下一点或 [圆弧(A)/闭合(C)/半宽(H)/长度(L)/放弃(U)/宽度(W)]: 50,60 ✓

指定下一点或 [圆弧(A)/闭合(C)/半宽(H)/长度(L)/放弃(U)/宽度(W)]: 50,0 ✓

指定下一点或 [圆弧(A)/闭合(C)/半宽(H)/长度(L)/放弃(U)/宽度(W)]: C ✓

> **注 意**
>
> 　　该封闭多边形也可以通过直线命令绘制，但需要再将由直线命令绘制的多边形转换为面域或多段线才可以进行旋转操作。

（3）对封闭多形进行旋转。

命令：REVOLVE ✓

当前线框密度: ISOLINES=20 闭合轮廓创建模式=实体

选择要旋转的对象或[模式(MO)]:_MO 闭合轮廓创建模式[实体(SO)/曲面(SU)]<实体>:_SO

选择要旋转的对象或模式[(MO)]: (选择前面绘制的封闭多边形)

找到 1 个

选择要旋转的对象或模式[(MO)]: ✓

指定轴起点或根据以下选项之一定义轴 [对象(O)/X/Y/Z] <对象>: (选择图 11-5 中的点 1)

指定轴端点: (选择图 11-5 中的点 2)

指定旋转角度或 [起点角度(ST)反转(R)表达式(EX)] <360>: ST ✓

指定起点角度<0.0>: 90　✓

指定旋转角度或[反转(R)表达式(EX)]: 270　✓

（4）设置当前视图为东北等轴测视图。

选择菜单栏"视图"—"三维视图"—"东北等轴测(N)"

结果如图 11-5 所示。

【例 11-5】 请绘制如图 11-6（a）所示立体。其中圆桌截面如图 11-6（b）所示；长方体和楔体的长、宽、高分别为 30、20、10；圆柱体底圆半径为 10，高为 10；球体半径为 10；圆锥体底圆半径为 10，高为 15；圆环体圆环半径为 20，圆管半径为 5；五棱柱底面正五边形外接圆半径为 15，高为 5。

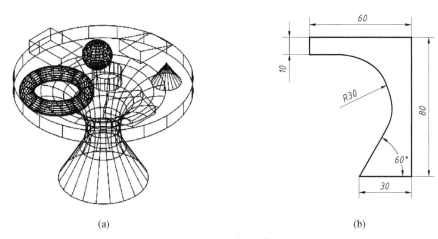

（a）　　　　　　　　　　　　　　　　　（b）

图 11-6　三维实体造型基础绘图实例

（a）综合造型；（b）圆桌截面图

1. 分析

该立体是由一个圆桌和一个五棱柱和六个基本立体（圆柱、圆锥、圆环、圆球、长方体、楔体）构成。其中圆桌可先绘制其截面图形，并将截面图形转换成面域，最后将面域旋转（REVOLVE）成实体即可，但在造型时应注意截面创建时所在的平面应与其他立体的创建平面相垂直（为什么？请读者自行分析）；五棱柱可以先绘制正五边形，再利用拉伸命令（EXTRUDE）拉伸成所需立体即可；其他基本立体可分别使用其相应立体创建命令进行创建。立体创建完成后可利用移动命令（MOVE）将除圆桌体外的所有立体移动到圆桌面上即可。

2. 操作步骤

（1）设置：当前视图为主视图；UCS 图标为原点、可见；ISOLINES=20。

（2）绘制圆桌截面图形。

（3）将圆桌截面转换成面域。

（4）旋转圆桌面域生成圆桌实体。

（5）设置：当前视图为俯视图。

（6）绘制正五边形，并将其拉伸成正五棱柱。

（7）绘制六个基本体。

（8）将圆环向 Z 轴正方向移动 5mm；将圆球向 Z 轴正方向移动 10mm。

（9）设置：当前视图为俯视图。

（10）移动六个基本体和五棱柱到圆桌面上。

（11）设置：当前视图为西南等轴测图。结果即为所求。

操作过程：

请读者根据前面所学的知识自行练习，过程略。最后结果如图 11-6（a）所示。

11.1.3 扫掠

使用 SWEEP 命令，可以通过沿开放或闭合的二维或三维路径扫掠开放或闭合的平面曲线（轮廓）创建新实体或曲面。SWEEP 沿指定的路径以指定轮廓的形状绘制实体或曲面。可以扫掠多个对象，但是这些对象必须位于同一平面中。

功能：通过沿路径扫掠二维对象生成三维实体或曲面。

命令执行方式：

菜单栏："绘图"—"建模"—"扫掠"。

功能区："实体"—"实体"—"扫掠" 。

工具栏："建模" 。

命　令：SWEEP。

操作过程：

命令：SWEEP ✓

当前线框密度：ISOLINES=4 闭合轮廓创建模式=实体

选择要扫掠的对象或[模式(MO)]:_MO 闭合轮廓创建模式[实体(SO)/曲面(SU)]<实体>:_SO

选择要扫掠的对象或[模式(MO)]:(选择欲扫掠的对象——圆)

找到 1 个

选择要扫掠的对象或[模式(MO)]: ✓

选择扫掠路径或 [对齐(A)/基点(B)/比例(S)/扭曲(T)]: 　(选择扫掠路径——螺旋线)

设置当前视图为西南等轴测图。结果如图 11-7 所示。

扫掠命令各选项含义为：

（1）选择要扫掠的对象：选择欲扫掠的对象。该对象可以是直线、圆弧、椭圆弧、二维多段线、二维样条曲线、圆、椭圆、三维平面、二维实体、宽线、面域、平面曲面、实体上的平面。

（2）选择扫掠路径：选择扫掠路径。该路径可以是直线、圆弧、椭圆弧、二维多段线、二维样条曲线、圆、椭圆、二维多段线、三维多段线、螺旋线、实体或曲面的边。

图 11-7　扫掠实体

（3）对齐（A）：指定是否对齐轮廓以使其作为扫掠路径切向的法向。默认情况下，轮廓是对齐的。如果轮廓曲线不垂直于（法线指向）路径曲线起点的切向，则轮廓曲线将自动对齐。出现对齐提示时输入 NO 以避免该情况的发生。

（4）基点（B）：指定要扫掠对象的基点。如果指定的点不在选定对象所在的平面上，则该点将被投影到该平面上。

（5）比例（S）：指定比例因子以进行扫掠操作。从扫掠路径的开始到结束，比例因子将统一应用到扫掠的对象。选择该项后系统将提示：

输入比例因子或 [参照(R)] <1.0000>:

用户可以直接输入扫掠的比例因子，输入比例后，系统将按比例对扫掠对象进行缩放后再进行扫掠。若选择"参照"，系统将通过拾取点或输入值来根据参照的长度缩放选定的对象。

（6）扭曲（T）：设置正被扫掠的对象的扭曲角度。扭曲角度指定沿扫掠路径全部长度的旋转量。选择该项后系统将提示：

输入扭曲角度或允许非平面扫掠路径倾斜 [倾斜(B)] <0.0000>：

(a)　　　　　　　　(b)

图 11-8　扫掠实体

(a) 扭曲角度 0°；(b) 扭曲角度 135°

倾斜指定被扫掠的曲线是否沿三维扫掠路径（三维多线段、三维样条曲线或螺旋）自然倾斜（旋转）。

【例 11-6】请绘制如图 11-8 所示立体。立体截面为矩形，矩形尺寸长和宽均为 10；螺旋线底面半径为 40，顶面半径为 20，螺旋圈数为 5，螺旋高度为 100，其中图 11-8（a）扭曲角度为 0°，图 11-8（b）扭曲角度为 135°。

1. 分析

该立体可以看作是由一个矩形经过扭曲而生成的。在生成过程中图 11-8(a)扭曲角度为 0°，图 11-8（b）扭曲角度为 135°。

2. 操作过程

（1）设置当前视图为左视图。

选择菜单栏"视图"—"三维视图"—"左视(L)"

（2）绘制扫掠对象——矩形 1。

命令：RECTANG ✓

指定第一个角点或 [倒角(C)/标高(E)/圆角(F)/厚度(T)/宽度(W)]：

指定另一个角点或 [面积(A)/尺寸(D)/旋转(R)]：@10,10

使用复制命令将矩形再复制一个矩形 2 置于一边。

（3）设置当前视图为俯视图。

选择菜单栏"视图"—"三维视图"—"俯视(T)"

（4）设置当前视图为东北等轴测视图。

选择菜单栏"视图"—"三维视图"—"东北等轴测(N)"

（5）绘制扫掠路径——螺旋线 1。

命令：HELIX ✓

圈数 = 10.0000 扭曲=CCW

指定底面的中心点：

指定底面半径或 [直径(D)] <50.0000>：40

指定顶面半径或 [直径(D)] <40.0000>：20

指定螺旋高度或 [轴端点(A)/圈数(T)/圈高(H)/扭曲(W)] <100.0000>：T

输入圈数<10.0000>：5

指定螺旋高度或 [轴端点(A)/圈数(T)/圈高(H)/扭曲(W)] <100.0000>：100

使用复制命令将螺旋线再复制一个螺旋线 2 置于一边。

（6）扫掠。

命令：SWEEP ✓

当前线框密度：ISOLINES=4 闭合轮廓创建模式=实体

选择要扫掠的对象或[模式(MO)]：_MO 闭合轮廓创建模式[实体(SO)/曲面(SU)]<实体>：_SO

选择要扫掠的对象或[模式(MO)]：（选择矩形 1）

找到 1 个

选择要扫掠的对象或[模式(MO)]：✓

选择扫掠路径或 [对齐(A)/基点(B)/比例(S)/扭曲(T)]:　　(选择螺纹线 1)

结果如图 11-8（a）所示。

命令：SWEEP ✓

当前线框密度：ISOLINES=4 闭合轮廓创建模式=实体

选择要扫掠的对象或[模式(MO)]:_MO 闭合轮廓创建模式[实体(SO)/曲面(SU)]<实体>:_SO

选择要扫掠的对象或[模式(MO)]:　　(选择矩形 2)

找到 1 个

选择要扫掠的对象或[模式(MO)]:　✓

选择扫掠路径或 [对齐(A)/基点(B)/比例(S)/扭曲(T)]: T　✓

输入扭曲角度或允许非平面扫掠路径倾斜 [倾斜(B)] <0.0000>: 135　✓

选择扫掠路径或 [对齐(A)/基点(B)/比例(S)/扭曲(T)]:　　(选择螺纹线 2)

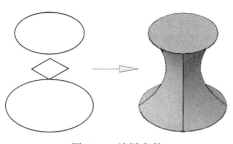

图 11-9　放样实体

　　　　　　　　　　　　　　　　　　　　结果如图 11-8（b）所示。

11.1.4　放样

　　使用 LOFT 命令，可以通过指定一系列横截面来创建新的实体或曲面，如图 11-9 所示。横截面用于定义实体或曲面的截面轮廓（形状）。横截面（通常为曲线或直线）可以是开放的（如圆弧），也可以是闭合的（例如圆）。使用 LOFT 命令时必须指定至少两个横截面。

功能：

通过一组两个或多个曲线之间放样来创建三维实体或曲面。

命令执行方式：

菜单栏：“绘图”—“建模”—“放样”。

功能区：“实体”—“实体”—“放样”🔘。

工具栏：“建模”🔘。

命　令：LOFT。

操作过程：

命令：LOFT ✓

当前线密度：ISOLINES=4,闭合轮廓创建模式=实体

选择要放样的对象或[模式(MO)]:_MO 闭合轮廓创建模式[实体(SO)/曲面(SU)]<实体>:_SO

按放样次序选择横截面或[点(PO)合并多条边(J)模式(MO)]:　(选择横截面——底面圆)

找到 1 个

按放样次序选择横截面或[点(PO)合并多条边(J)模式(MO)]:(选择横截面——中间矩形)

找到 1 个,总计 2 个

按放样次序选择横截面或[点(PO)合并多条边(J)模式(MO)]:(选择横截面——顶面圆)

找到 1 个,总计 3 个

按放样次序选择横截面或[点(PO)合并多条边(J)模式(MO)]:

选中了 3 个截面

按放样次序选择横截面或[点(PO)合并多条边(J)模式(MO)]:　✓

输入选项 [导向(G)路径(P)仅横截面(C)设置(S)] <仅横截面>:S

系统出现如图 11-10 所示“放样设置”对话框，设置“横截面上的曲面控制”栏中的“平滑拟合”选项，点击“确定”按钮完成造型。

设置当前视图为西南等轴测图。结果如图 11-9 所示。

放样命令各选项含义为：

（1）按放样次序选择横截面：选择欲生成放样实体的横截面，选择过程中必须按生成次序选择。可以作为横截面使用的对象：直线、圆弧、椭圆弧、二维多段线、二维样条曲线、圆、椭圆、点（仅第一个和最后一个横截面）。

（2）导向（G）；指定控制放样实体或曲面形状的导向曲线。导向曲线是直线或曲线，可通过将其他线框信息添加至对象来进一步定义实体或曲面的形状。可以使用导向曲线来控制点如何匹配相应的横截面以防止出现不希望看到的效果（例如结果实体或曲面中的皱褶）。可以作为引导使用的对象：直线、圆弧、椭圆弧、二维样条曲线、三维样条曲线、二维多段线、三维多段线。

每条导向曲线必须满足以下条件才能正常工作：与每个横截面相交；从第一个横截面开始；到最后一个横截面结束。

图 11-10 "放样设置"对话框

（3）路径（P）：指定放样实体或曲面的单一路径。路径曲线必须与横截面的所有平面相交。可以作为放样路径使用的对象：直线、圆弧、椭圆弧、样条曲线、螺旋、圆、椭圆、二维多段线、三维多段线。

（4）仅横截面（C）：仅通过横截面来创建放样实体。

（5）设置（S）：选择该项后，系统将出现放样设置对话框。

（6）"放样设置"对话框。

1）直纹：指定实体或曲面在横截面之间是直纹（直的），并且在横截面处具有鲜明边界。

2）平滑拟合：指定在横截面之间绘制平滑实体或曲面，并且在起点和终点横截面处具有鲜明边界。

3）法线指向：控制实体或曲面在其通过横截面处的曲面法线。

① 起点横截面：指定曲面法线为起点横截面的法向。

② 终点横截面：指定曲面法线为端点横截面的法向。

③ 起点和终点横截面：指定曲面法线为起点和终点横截面的法向。

④ 所有横截面：指定曲面法线为所有横截面的法向。

4）拔模斜度：控制放样实体或曲面的第一个和最后一个横截面的拔模斜度和幅值。拔模斜度为曲面的开始方向。0 定义为从曲线所在平面向外。介于 1 和 180 之间的值表示向内指向实体或曲面。介于 181 和 359 之间的值表示从实体或曲面向外。

① 起点角度：指定起点横截面的拔模斜度。

② 起点幅值：在曲面开始弯向下一个横截面之前，控制曲面到起点横截面在拔模斜度方向上的相对距离。

③ 终点角度：指定终点横截面拔模斜度。

④ 终点幅值：在曲面开始弯向上一个横截面之前，控制曲面到端点横截面在拔模斜度方向上的相对距离。

5）闭合曲面或实体：闭合和开放曲面或实体。使用该选项时，横截面应该形成圆环形图案，以便放样曲面或实体可以形成闭合的圆管。

6）预览更改：将当前设置应用到放样实体或曲面，然后在绘图区域中显示预览。

【例 11-7】 请绘制如图 11-11 所示立体。

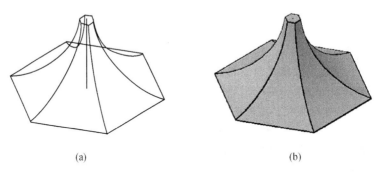

（a）   （b）

图 11-11   放样实体的创建

（a）线框图；（b）实体图

1．分析

该立体可以看作是由两个正六边经过导向放样而生成的。其中两个正边形为横截面，六条圆弧为导向线。

2．操作过程

（1） 绘制横截面——正六边形 1。

命令:POLYGON ✓
输入边的数目<6>:
指定正多边形的中心点或 [边(E)]:0,0,0 ✓
输入选项 [内接于圆(I)/外切于圆(C)] <I>: ✓
指定圆的半径: 100 ✓

（2） 绘制横截面——正六边形 2。

正多边形的中心点坐标为（0，0，100），半径为 10。过程略。

（3） 将当前视图设置为主视图，并用圆弧连接两正六边形端点。过程略。

（4） 将圆弧阵列 6 份。过程略。

（5） 将圆弧阵列利用分解命令分解。过程略。

（6） 设置当前视图为西南等轴测视图。

（7） 创建放样实体。

命令:LOFT ✓
当前线密度:ISOLINES=4,闭合轮廓创建模式=实体
选择要放样的对象或[模式(MO)]:_MO 闭合轮廓创建模式[实体(SO)/曲面(SU)]<实体>:_SO
按放样次序选择横截面或[点(PO)合并多条边(J)模式(MO)]:   （选择正六边形 1）
找到 1 个
按放样次序选择横截面或[点(PO)合并多条边(J)模式(MO)]:   （选择正六边形 2）
找到 1 个,总计 2 个
按放样次序选择横截面或[点(PO)合并多条边(J)模式(MO)]: ✓选中了 2 个横截面
输入选项 [导向(G)/路径(P)/仅横截面(C)设置(S)] <仅横截面>: G: （设置创建放样实体方式为导向）

选择导向轮廓或 [合并多条边 (J)]：　　　　　（选择圆弧 1）
找到 1 个
选择导向轮廓或 [合并多条边 (J)]：　　　　　（选择圆弧 2）
找到 1 个, 总计 2 个
……
选择导向轮廓或 [合并多条边 (J)]：　　　　　（选择圆弧 6）
找到 1 个, 总计 6 个
选择导向轮廓或 [合并多条边 (J)]：　✓
结果如图 11-11（b）所示。

【例 11-8】　请绘制如图 11-12 所示立体。

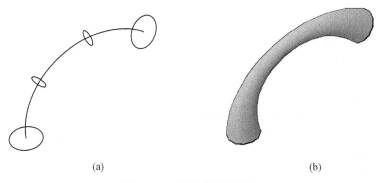

(a)　　　　　　　　　　　　　　　　　　　　(b)

图 11-12　放样实体的创建

（a）线框图；（b）实体图

1. 分析

该立体可以看作是由四个圆经过路径（圆弧）放样而生成的。其中四个圆为横截面，圆弧为路径线。

2. 操作过程

（1）绘制路径线——圆弧。

圆弧半径为 100，圆心角为 135°。过程略。

（2）绘制横截面——圆。

两端圆半径为 20，中间两圆半径为 10。要求四个圆的圆心在路径线——圆弧上。过程略。

（3）设置视图为西南等轴测视图。

（4）创建放样实体。

命令：LOFT　✓
当前线密度：ISOLINES=4,闭合轮廓创建模式=实体
选择要放样的对象或 [模式 (MO)]：_MO 闭合轮廓创建模式 [实体 (SO) /曲面 (SU)]＜实体＞：_SO
按放样次序选择横截面或 [点 (PO) 合并多条边 (J) 模式 (MO)]：　　　　（选择圆 1）
找到 1 个
按放样次序选择横截面或 [点 (PO) 合并多条边 (J) 模式 (MO)]：　　　　（选择圆 2）
找到 1 个, 总计 2 个
……
按放样次序选择横截面或 [点 (PO) 合并多条边 (J) 模式 (MO)]：　　　　（选择圆 4）
找到 1 个, 总计 4 个
按放样次序选择横截面或 [点 (PO) 合并多条边 (J) 模式 (MO)]：　✓
选中了 4 个截面

　　输入选项 [导向(G) 路径(P) 仅横截面(C) 设置(S)] <仅横截面>: P ✓ (设置创建放样实体方式为导向)

　　选择路径轮廓:　　　　　(选择圆弧)

　　结果如图 11-12（b）所示。

11.1.5　按住并拖动

　　通过按住 CTRL + ALT 组合键，然后拾取区域来创建实体。区域必须是由共面直线或边围成的区域。

　　功能：可以通过按住 CTRL + ALT 组合键，然后拾取区域来按住或拖动有限区域。

　　命令执行方式：

　　菜单栏："绘图"—"建模"—"按住并拖动"。

　　功能区："实体"—"实体"—"按住并拖动" 📦。

　　工具栏："建模" 📦。

　　命　令：PRESSPULL 或　CTRL + ALT 组合键。

　　操作过程：

　　命令：PRESSPULL ✓

　　选择对象或边界区域: (单击长方体上表面上的圆并向上或向下拖动)

　　指定拉伸高度或[多个(M)]: (向上或向下拖动)

　　指定拉伸高度或[多个(M)]:

　　已创建 1 个拉伸。

　　若将圆向上拖动则结果如图 11-13（b）所示。若将圆向下拖动则结果如图 11-13（c）所示。

(a)　　　　　　　　　　　　　　(b)　　　　　　　　　　　　　　(c)

图 11-13　按住并拖动实体
（a）线框图；（b）向外拖动；（c）向内拖动

　　可以按住或拖动由以下对象类型定义的有限区域：

　　（1）　任何可以通过以零间距公差拾取点来填充的区域。

　　（2）　由交叉共面和线性几何体（包括块中的边和几何体）围成的区域。

　　（3）　由共面顶点组成的闭合多线段、面域、三维面和二维实体。

　　（4）　由与三维实体的任何面共面的几何体（包括面上的边）创建的区域。

　　按住或拖动有限区域时，不能倾斜该有限区域。然而，可以在按住或拖动有限区域后选择有限区域上的边并对其进行操作以达到相同效果。

11.2 三 维 实 体 编 辑

复杂的三维实体往往不能一次生成，而是通过先创建其基本形体再对其基本形体进行编辑而获得，在前面两节中本书介绍了如何创建基本实体和复合实体，在本节将介绍如何对三维实体进行编辑操作。

实体编辑操作主要包括布尔运算和实体编辑命令（SOLIDEDIT）。可以通过菜单栏"修改"→"实体编辑"或如图 11-14 所示工具栏"实体编辑"打开。

图 11-14 "实体编辑"工具栏

实体对象生成以后，可以使用 SOLIDEDIT 命令对实体对象的体、面、边进行拉伸、移动、旋转、偏移、倾斜、复制、着色、分割、抽壳、清除、检查或删除操作。利用这些操作可以编辑、修改以前的操作或创建更加复杂的实体对象。实现这些功能除了可以 SOLIDEDIT 命令以外，还可以使用实体编辑工具栏上的相应按钮。

功能：对实体对象的体、面、边进行拉伸、移动、旋转、偏移、倾斜、复制、着色、分割、抽壳、清除、检查或删除操作。

命令执行方式：

菜单栏："修改" — "实体编辑"。

功能区："实体" — "实体编辑"。

工具栏："实体编辑"。

命　令：SOLIDEDIT。

操作过程：

命令：SOLIDEDIT

实体编辑自动检查：SOLIDCHECK=1

输入实体编辑选项 [面(F)/边(E)/体(B)/放弃(U)/退出(X)] <退出>：

以上各选项的含义如下：

1. 面（F）

面（F）：编辑三维实体面，可用操作包括：拉伸、移动、旋转、偏移、倾斜、删除、复制或更改选定面的颜色。输入选项 F 后 Enter，系统将提示：

输入面编辑选项

[拉伸(E)/移动(M)/旋转(R)/偏移(O)/倾斜(T)/删除(D)/复制(C)/着色(L)/放弃(U)/退出(X)]
<退出>：

（1）拉伸（E）：

功能：将选定的三维实体对象的面拉伸到指定的高度或沿路径拉伸。一次可以选择多个面。

命令执行方式：

菜单栏："修改" — "实体编辑" — "拉伸面"。

功能区："实体"—"实体编辑"—"拉伸面" 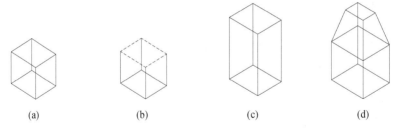。

工具栏："实体编辑" ⬆。

操作过程：

选择该选项并按 Enter 键，系统将提示：

选择面或 [放弃(U)/删除(R)]：

选择面或 [放弃(U)/删除(R)/全部(ALL)]：

指定拉伸高度或 [路径(P)]：

以上各选项的含义如下：

1）选择面：选择欲拉伸的面。

2）放弃：放弃选择最近添加到选择集中的面。AutoCAD 显示上一个提示。

3）删除：从选择集中删除以前选择的面。AutoCAD 显示上一个提示。

4）全部：选择所有面并将它们添加到选择集中。AutoCAD 显示上一个提示。

5）指定拉伸高度：设置拉伸的方向和高度。指定完拉伸高度后系统将提示：

指定拉伸的倾斜角度<0>：

如图 11-15 所示，如果高度输入正值，则沿面的法向拉伸。如果输入负值，则沿面的反法向拉伸；若角度输入正值将往里倾斜选定的面，负值将往外倾斜选定的面。默认角度为 0，将以垂直于平面拉伸面；选择集中所有选定的面将倾斜相同的角度。如果指定了较大的倾斜角度或高度，则在达到拉伸高度前，面可能会汇聚到一点。

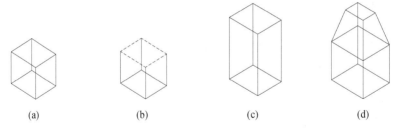

图 11-15　以高度和倾斜角度方式拉伸对象

（a）原图；（b）选定上表面；（c）设置拉伸高度，倾斜角度为 0°；（d）设置拉伸高度，倾斜角度为 15°

6）路径（P）：以指定的直线或曲线作为拉伸路径，如图 11-16 所示。所有选定面的剖面将沿此路径拉伸。

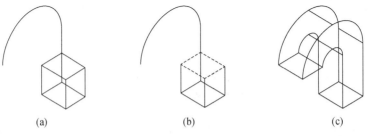

图 11-16　旋转方式拉伸对象

（a）原图；（b）选定上表面；（c）沿路径拉伸

（2）移动（M）：

功能：沿指定的高度或距离移动选定的三维实体对象的面，如图 11-17 所示。一次可以选择多个面。

命令执行方式：

菜单栏："修改"—"实体编辑"—"移动面"。

功能区："实体"—"实体编辑"—"移动面" 。

工具栏："实体编辑" 。

操作过程：

选择该选项并按 Enter 键，系统将提示：

选择面或 [放弃(U)/删除(R)/全部(ALL)]：

指定基点或位移：

指定位移的第二点：

(a)　　　　　　　　　　　　(b)　　　　　　　　　　　　(c)

图 11-17　移动选定表面

(a) 原图；(b) 选定欲移动表面；(c) 移动后立体

（3）旋转（R）：

功能：绕指定的轴旋转实体的某些部分，如图 11-18 所示。

命令执行方式：

菜单栏："修改"—"实体编辑"—"旋转面"。

功能区："实体"—"实体编辑"—"旋转面" 。

工具栏："实体编辑" 。

操作过程：

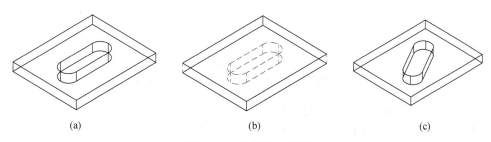

(a)　　　　　　　　　　　　(b)　　　　　　　　　　　　(c)

图 11-18　旋转选定表面

(a) 原图；(b) 选定欲旋转表面；(c) 旋转后立体

选择该选项并按 Enter 键，系统将提示：

选择面或 [放弃(U)/删除(R)/全部(ALL)]：

指定轴点或 [经过对象的轴(A)/视图(V)/X 轴(X)/Y 轴(Y)/Z 轴(Z)] <两点>：

指定旋转角度或 [参照(R)]：

以上各选项的含义如下：

1）选择面或 [放弃（U）/删除（R）/全部（ALL）]：含义与拉伸（E）项相同。

2）指定轴点，两点：使用两个点定义旋转轴，其中第一点为基准点，第二点为旋转轴正方向。

3）经过对象的轴（A）：通过现有对象确定旋转轴。对象不同旋转轴也不同，常见对象如下：

直线：将旋转轴与选定直线对齐。

圆：将旋转轴与圆的三维轴对齐（此轴垂直于圆所在的平面且通过圆心）。

圆弧：将旋转轴与圆弧的三维轴对齐（此轴垂直于圆弧所在的平面且通过圆弧圆心）。

椭圆：将旋转轴与椭圆的三维轴对齐（此轴垂直于椭圆所在的平面且通过椭圆中心）。

多段线：将旋转轴与由多段线起点和端点构成的三维轴对齐。

样条曲线：将旋转轴与由样条曲线起点和端点构成的三维轴对齐。

4）视图（V）：将旋转轴与当前通过选定点的视口的观察方向对齐。

5）X 轴（X）/Y 轴（Y）/Z 轴（Z）：将旋转轴与通过选定点的轴（X、Y 或 Z 轴）对齐。

6）指定旋转角度：从当前位置起，使对象绕选定的轴旋转指定的角度。

7）参照（R）：指定参照角度和新角度。

（4）偏移（O）：

功能：按指定的距离或通过指定的点，将面均匀地偏移。正值增大实体尺寸或体积，负值减小实体尺寸或体积，如图 11-19 所示。

命令执行方式：

菜单栏："修改" — "实体编辑" — "偏移面"。

功能区："实体" — "实体编辑" — "偏移面" 🔲。

工具栏："实体编辑" 🔲。

操作过程：

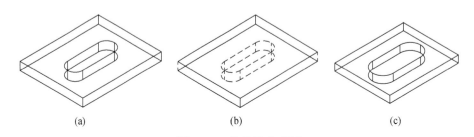

(a)　　　　　　　　　　　(b)　　　　　　　　　　　(c)

图 11-19　偏移选定表面

（a）原图；（b）选定欲偏移表面；（c）偏移后立体

选择该选项并按 Enter 键，系统将提示：

选择面或 [放弃(U)/删除(R)/全部(ALL)]：

指定偏移距离：

以上各选项的含义如下：

1）选择面或 [放弃（U）/删除（R）/全部（ALL）]：含义与拉伸（E）项相同。

2）指定偏移距离：指定正值增加实体大小或负值减小实体大小。（注：实体体积越大，实体对象中的孔的偏移越小。

（5）倾斜（T）：

功能：按一个角度将面进行倾斜，如图 11-20 所示。倾斜角度的旋转方向由选择基点和第二点（沿选定矢量）的顺序决定。

图 11-20　倾斜选定表面

（a）原图；（b）选定欲倾斜表面；（c）倾斜后立体

命令执行方式：

菜单栏："修改"—"实体编辑"—"倾斜面"。

功能区："实体"—"实体编辑"—"倾斜面" 。

工具栏："实体编辑" 。

操作过程：

选择该选项并按 Enter 键，系统将提示：

选择面或 ［放弃(U)/删除(R)/全部(ALL)］：

指定基点：

指定沿倾斜轴的另一个点：

指定倾斜角度：

以上各选项的含义如下：

1）选择面或［放弃（U）/删除（R）/全部（ALL）］：含义与拉伸（E）项相同。

2）指定基点，指定沿倾斜轴的另一个点：确定倾斜轴的基点和方向上任意一点。

3）指定倾斜角度：确定倾斜角度的大小。正角度将往里倾斜选定的面，负角度将往外倾斜面。默认角度为 0，可以垂直于平面拉伸面。选择集中所有选定的面将倾斜相同的角度。

（6）删除（D）：删除面，包括圆角和倒角，如图 11-21 所示。

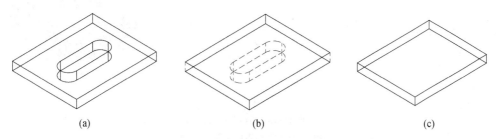

图 11-21　删除选定表面

（a）原图；（b）选定欲删除表面；（c）删除后立体

选择该选项并按 Enter 键，系统将提示：

选择面或 ［放弃(U)/删除(R)/全部(ALL)］：

以上各选项的含义如下：

选择面或 ［放弃（U）/删除（R）/全部（ALL）］：含义与拉伸（E）项相同。

（7）复制（C）：

功能：将面复制为面域或体，如图 11-22 所示。

(a)　　　　　　　　　　　　　(b)　　　　　　　　　　　　　(c)

图 11-22　复制选定表面

（a）原图；（b）选定欲复制表面；（c）复制后立体

命令执行方式：

菜单栏："修改"—"实体编辑"—"复制面"。

功能区："实体"—"实体编辑"—"复制面" 🔲。

工具栏："实体编辑" 🔲。

操作过程：

选择该选项并按 Enter 键，系统将提示：

选择面或 [放弃(U)/删除(R)/全部(ALL)]：

指定基点或位移：

指定位移的第二点：

以上各选项的含义如下：

1）选择面或 [放弃（U）/删除（R）/全部（ALL）]：含义与拉伸（E）项相同。

2）指定基点或位移，指定位移的第二点：确定复制面的基准点和位移点。

（8）着色（L）：

功能：修改面的颜色，如图 11-23 所示。

(a)　　　　　　　　　　　　　(b)　　　　　　　　　　　　　(c)

图 11-23　着色选定表面

（a）原图；（b）选定欲着色表面；（c）着色后立体

命令执行方式：

菜单栏："修改"—"实体编辑"—"着色面"。

功能区："实体"—"实体编辑"—"着色面" 🔲。

工具栏："实体编辑" 🔲。

操作过程：

选择该选项并按 Enter 键，系统将提示：

选择面或 [放弃(U)/删除(R)/全部(ALL)]：

AUTOCAD 将出现如图 11-24 所示选择颜色对话框，从中选择一种颜色即可为实体面着色。

选择颜色并设置"视觉样式"为"真实"后效果如图 11-23
（c）所示。

（9）放弃（U）：放弃操作，一直返回到 SOLIDEDIT
命令的开始状态。

（10）退出（X）：退出面编辑选项并显示"输入实体
编辑选项"提示。

2. 边（E）

边（E）：通过修改边的颜色或复制独立的边来编辑三
维实体对象。输入选项 E 后按 Enter 键，系统将提示：

输入边编辑选项［复制(C)/着色(L)/放弃(U)/退出(X)］
<退出>：

图 11-24　选择颜色对话框

（1）复制（C）：

功能：复制三维边。将三维实体边复制为直线、圆弧、圆、椭圆或样条曲线。

命令执行方式：

菜单栏："修改"—"实体编辑"—"复制边"。

功能区："实体"—"实体编辑"—"复制边" 🔲。

工具栏："实体编辑" 🔲。

操作过程：

选择该选项并按 Enter 键，系统将提示：

选择边或［放弃(U)/删除(R)］：

以上各项含义为：

1）选择边：选择欲复制的实体边。

2）放弃（U）：放弃选择最近添加到选择集中的边。

3）删除（R）：从选择集中删除先前选择的边。

复制边过程如图 11-25 所示。

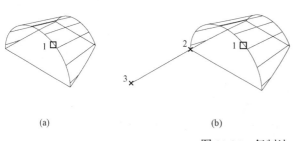

（a）　　　　　　　　　　（b）　　　　　　　　　　（c）

图 11-25　复制边

（a）选定边；（b）选定基点和第二点；（c）复制边

（2）着色（L）：

功能：更改实体边的颜色。

命令执行方式：

菜单栏："修改"—"实体编辑"—"着色边"。

功能区："实体"—"实体编辑"—"着色边" 🔳。

工具栏："实体编辑" 🔳。

操作过程：

选择该选项并按 Enter 键，系统将提示：

选择边或 [放弃(U)/删除(R)]：

以上各项含义与复制边各项含义相同，操作过程与着色面过程相同。

3. 体（B）

体（B）：编辑整个实体对象，方法是在实体上压印其他几何图形，将实体分割为独立实体对象，以及抽壳、清除或检查选定的实体。输入选项 B 后回车，系统将提示：

输入体编辑选项

[压印(I)/分割实体(P)/抽壳(S)/清除(L)/检查(C)/放弃(U)/退出(X)] <退出>：

以上各选项的含义如下：

（1）压印（I）：

功能：在选定的对象上压印一个对象。为了使压印操作成功，被压印的对象必须与选定对象的一个或多个面相交。压印操作仅限于圆弧、圆、直线、二维和三维多段线、椭圆、样条曲线、面域、体及三维实体等对象。

命令执行方式：

菜单栏："修改"—"实体编辑"—"压印"。

功能区："实体"—"实体编辑"—"压印"🔳。

工具栏："实体编辑"🔳。

操作过程：

选择该选项并回车，系统将提示：

选择三维实体：

选择要压印的对象：

是否删除源对象 [是(Y)/否(N)] <N>：

压印过程如图 11-26 所示。

图 11-26　压印

（a）选择三维实体；（b）选择要压印的对象（圆）；（c）压印后对象

（2）分割实体（P）：

功能：用不相连的体将一个三维实体对象分割为几个独立的三维实体对象。

命令执行方式：

菜单栏："修改"—"实体编辑"—"分割"。

功能区："实体"—"实体编辑"—"分割"🔳。

工具栏："实体编辑"🔳。

操作过程：

选择该选项并按 Enter 键，系统将提示：

选择三维实体：

注

　分割实体并不分割形成单一体积的 Boolean 对象，即该功能只能分割不相连的 Boolean 对象。

（3）抽壳（S）：

功能：抽壳是用指定的厚度创建一个空的薄层。可以为所有面指定一个固定的薄层厚度。通过选择面可以将这些面排除在壳外。一个三维实体只能有一个壳。AutoCAD 通过将现有的面偏移出它们原来的位置来创建新面。

命令执行方式：

菜单栏："修改" — "实体编辑" — "抽壳"。

功能区："实体" — "实体编辑" — "抽壳" 🔲。

工具栏："实体编辑" 🔲。

操作过程：

选择该选项并按 Enter 键，系统将提示：

抽壳过程如图 11-27 所示。

注

　在输入抽壳偏移距离时，若偏移距离为正值则抽壳从圆周向内开始抽壳，若偏移距离为负值则抽壳从圆周向外始抽壳。

（a） （b） （c）

图 11-27　抽壳

（a）选择三维实体；（b）抽壳偏移距离 5；（c）抽壳偏移距离–5

（4）清除（L）：

功能：删除共享边以及那些在边或顶点具有相同表面或曲线定义的顶点。删除所有多余的边和顶点、压印的以及不使用的几何图形。

命令执行方式：

菜单栏："修改" — "实体编辑" — "清除"。

功能区："实体" — "实体编辑" — "清除" 🔲。

工具栏："实体编辑" 🔲。

操作过程：

选择该选项并按 Enter 键，系统将提示：

选择三维实体：

清除过程如图 11-28 所示。

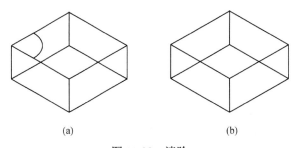

(a)   (b)

图 11-28   清除

（a）选择带压印的三维实体；（b）清除后对象

（5）检查（C）：验证三维实体对象是否为有效的 ShapeManager 实体。

（6）放弃（U）：放弃编辑操作。

（7）退出（X）：退出面编辑选项并显示"输入实体编辑选项"提示。

11.3   三　维　操　作

三维操作命令大体可以分成两类，一类是通用操作命令，通用操作命令即可以用于二维对象（直线、矩形、圆等）也可以用于三维对象（实体、曲面），如复制（COPY）、移动（MOVE）、镜像（MIRROR）、阵列（ARRAY）、倒角（CHAMFER）、倒圆（FILLET）、三维旋转（3DROTATE）、三维镜像（MIRROR3D）、三维阵列（3DARRAY）、三维对齐（3DALIGN）等命令；另一类是实体专用操作命令，如实体的剖切（SLICE）、切割（SECTION）、加厚（THICKEN）、干涉检查（INTERFERE）等命令。三维旋转（3DROTATE）、三维镜像（MIRROR3D）、三维阵列（3DARRAY）、三维对齐（3DALIGN）等命令可以通过菜单栏"修改"→"三维操作"或者功能区"常用"→"修改"打开。

11.3.1   三维实体的剖切与切割

AutoCAD 提供了对三维实体进行剖切与切割的功能，利用这个功能，用户可以方便地创建出被截切的实体或实体的断面图。三维实体的剖切是利用 SLICE 命令将实体用某个面切为两部分，用户可以对两部分进行取舍处理；三维实体的切割是利用 SECTION 命令生成实体在剖切平面位置的断面图。下面我们将介绍这两种命令的使用方法。

剖切实体：功能：将实体从指定面处切开，用户可对切割的部分进行有选择的取舍。

命令执行方式：

菜单栏："修改"—"三维操作"—"剖切"。

功能区："实体"—"实体编辑"—"剖切"　。

命　令：SLICE。

操作过程：

命令：SLICE ✓

选择要剖切的对象：(选择欲剖切的实体)

找到 1 个

选择要剖切的对象： ✓

指定切面的起点或 [平面对象(O)/曲面(S)/Z 轴(Z)/视图(V)/XY(XY)/YZ(YZ)/ZX(ZX)/三点(3)] <三点>：

……

在所需的侧面上指定点或 [保留两个侧面(B)] <保留两个侧面>：

以上各选项含义如下：

（1） 平面对象（*O*）。

用指定对象所在平面来切开实体。这些对象可以是圆、椭圆、圆弧、二维样条曲线或二维多段线。选择该项后，AutoCAD 提示：

选择圆、椭圆、圆弧、二维样条曲线或二维多段线：(选择剖切面所在对象)

在要保留一侧指定点或 ［保留两侧(B)］：(确定切开实体的保留方式)

（2） 曲面（*S*）。

通过指定曲面来定义剖切平面，该曲面不可以是由边界网格（EDGESURF）、旋转网格（REVSURF）、直纹网格（RULESURF）和平移网格（TABSURF）等命令创建的网格，一般使用平面曲面（PLANESURF）命令创建的曲面。选择该项后，AutoCAD 提示：

选择曲面：

选择要保留的实体或 ［保留两个侧面(B)］ ＜保留两个侧面＞：

（3） *Z* 轴（*Z*）。

通过指定剖切平面上一点和在剖切平面 *Z* 轴（法线）上指定另一点来定义剖切平面（该剖切平面通过所选择的第一点并与第一点和第二点所构成的 *Z* 轴相垂直）。选择该项后，AutoCAD 提示：

指定剖面上的点：

指定平面 Z 轴(法向)上的点：

选择要保留的实体或 ［保留两个侧面(B)］ ＜保留两个侧面＞：

（4）视图（*V*）。

通过指定剖切平面上一点选择与当前视图平面平行的平面作为剖切平面。选择该项后，AutoCAD 提示：

指定当前视图平面上的点<0,0,0>：

选择要保留的实体或 ［保留两个侧面(B)］ ＜保留两个侧面＞：

（5） *XY*（*XY*）/*YZ*（*YZ*）/*ZX*（*ZX*）。

这三项分别表示通过指定剖切平面上一点选择与当前 UCS 坐标系下的 *XY* 平面、*YZ* 平面、*ZX* 平面平行的平面作为剖切平面。输入 *XY* 后，AutoCAD 提示：

指定 XY 平面上的点<0,0,0>：

选择要保留的实体或 ［保留两个侧面(B)］ ＜保留两个侧面＞：

（6） 三点（*3*）。

用三点定义剖切平面。此项为缺省项。选择该项后，AutoCAD 提示：

指定平面上的第一个点：

指定平面上的第二个点：

指定平面上的第三个点：

在所需的侧面上指定点或 ［保留两个侧面(B)］ ＜保留两个侧面＞：

【**例 11-9**】 对三维实体进行全剖，如图 11-29 所示。

1. 分析

实体对前后、左右对称，我们可选择以它最大对称面为剖切面进行剖切。因没有现成的平面供选择，可以用三点法确定剖切平面。

2. 操作步骤

（1） 执行 SLICE 命令。

（2） 选择三个点（可选圆筒圆心和两个侧棱中点）确定剖切平面。

（3） 输入 B，选择保留两侧。

(a)   (b)

图 11-29 剖切实体

（a）三点；（b）剖切后的实体

（4）执行 MOVE 命令将前面的部分移开。

3．操作过程

（1）剖切实体。

命令：SLICE ✓

选择要剖切的对象：　　（选择实体）

找到 1 个

选择要剖切的对象：　✓

指定切面的起点或 [平面对象(O)/曲面(S)/Z 轴(Z)/视图(V)/XY/YZ/ZX/三点(3)] ＜三点＞：
（选择如图 11-29(a)所示中点 1）

指定平面上的第二个点：　　（选择如图 11-29(a)所示圆心点 2）

在所需的侧面上指定点或 [保留两个侧面(B)] ＜保留两个侧面＞：　（选择如图 11-29(a)所示中心点 3）

在所需的侧面上指定点或 [保留两个侧面(B)] ＜保留两个侧面＞:B ✓

（2）移动前面的一半实体。

命令：MOVE ✓

选择对象：　　（选择前面的一半实体）

选择对象：　✓

指定基点或 [位移(D)] ＜位移＞：　（选择屏幕上一点作为基准点）

指定第二个点或＜使用第一个点作为位移＞：　　（在适当位置选择一点，移开前面一半实体）

结果如图 11-29（b）所示。

2．切割实体

功　能：在三维实体上得到该实体任意位置的断面图。

命令执行方式：

命　令：SECTION

操作过程：

命令:SECTION ✓

选择对象：（选择欲切割的实体）

找到 1 个

选择对象：　✓

指定截面上的第一个点，依照 [对象(O)/Z 轴(Z)/视图(V)/XY/YZ/ZX/三点(3)] ＜三点＞：

以上各选项含义与剖切命令（SLICE）所介绍的内容相同，这里不再重述。剖切平面确定后，
AutoCAD 会自动生成所选实体的断面图形。

【例 11-10】　截取三维实体全剖断面，如图 11-30 所示。

1．分析

实体对前后、左右对称，我们可选择以它最大对称面为剖切面进行剖切。因没有现成的平面供选择，可以用三点法确定剖切平面。对立体进行截切以后生成的将是该立体真实截面图形［图 11-30（b）中点 4 和点 5、点 6 和点 7 之间没有连线］，若想得到符合要求的截面图应用直线将其对应点（点 4 和点 5、点 6 和点 7）连接起来。因为填充所在表面只能是当前 UCS 的 XY 平面，因此若想对该截面进行填充，必须先将当前 UCS 的 XY 平面设置为截面所在平面。

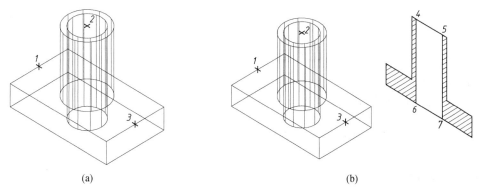

图 11-30　生成截面

（a）三点；（b）截面后的实体

2．操作步骤

（1）执行 SECTION 命令。

（2）用"二点"选项确定剖切平面。

（3）执行 MOVE 命令将前面的部分移开。

（4）对生成的截面进行补线。

（5）对截面进行填充。

3．操作过程

（1）剖切实体。

命令：SECTION　✓

选择对象：(选择欲切割的实体)

找到 1 个

选择对象：　✓

指定截面上的第一个点,依照 ［对象(O)/Z 轴(Z)/视图(V)/XY/YZ/ZX/三点(3)］<三点>: (选择如图 11-30(a)所示中点 1)

指定平面上的第二个点：　(选择如图 11-30(a)所示圆心点 2)

指定平面上的第三个点：　(选择如图 11-30(a)所示中点 3)

（2）移开截面。

命令：MOVE　✓

选择对象：(选择实体内部截面)

找到 1 个

选择对象：　✓

指定基点或 ［位移(D)］<位移>:　(选择屏幕上一点作为基准点)

指定第二个点或<使用第一个点作为位移>:(在适当位置选择一点,移开前面一半实体)

（3）补线。

命令：LINE　✓

指定第一点： （选择点 4）

指定下一点或 [放弃(U)]： （选择点 5）

指定下一点或 [闭合(C)/放弃(U)]： ✓

命令:LINE ✓

指定第一点： （选择点 6）

指定下一点或 [放弃(U)]： （选择点 7）

指定下一点或 [闭合(C)/放弃(U)]： ✓

（4） 设置 UCS 在截面上（填充只能在 XY 平面上进行）。

命令： UCS ✓

当前 UCS 名称： *没有名称*

指定 UCS 的原点或 [面(F)/命名(NA)/对象(OB)/上一个(P)/视图(V)/世界(W)/X/Y/Z/Z 轴(ZA)] <世界>： （选择点 6）

指定 X 轴上的点或<接受>： （选择点 7）

指定 XY 平面上的点或<接受>： （选择点 4）

（5） 填充。

点击菜单栏"绘图"—"图案填充"，设置"图案"=ANSI31,选择需填充的内部点。

结果如图 11-30（b）所示。

11.3.2 倒直角

功能：对图形进行倒直角。

命令执行方式：

菜单栏："修改"—"倒角"。

功能区："实体"—"实体编辑"—"倒角边" 🔲。

工具栏："修改" 🔲。

命 令：CHAMFER。

操作过程：

命令： CHAMFER ✓

（"修剪"模式) 当前倒角距离 1 = 0.0000,距离 2 = 0.0000

选择第一条直线或 [多段线(P)/距离(D)/角度(A)/修剪(T)/方式(M)/多个(U)]:(选择倒角边)

基面选择...

输入曲面选择选项 [下一个(N)/当前(OK)] <当前>：

指定基面的倒角距离或[表达式(E)]：

指定其他曲面的倒角距离或[表达式(E)]<5.0000>：

选择边或 [环(L)]： L ✓

选择边环或 [边(E)]：

以上各选项含义为：

（1） 选择第一条直线：选择实体的某一表面的边。

（2） 基面选择...输入曲面选择选项 [下一个（N）/当前（OK）] <当前>：通过选项"下一个（N）"或"当前（OK）"确定与上面选择的边相邻的两个面中的一个为倒角基准面。

（3） 指定基面的倒角距离：确定倒角边在基准面上的距离。

（4） 指定其他曲面的倒角距离：确定与倒角边相连的另一个面上的倒角距离。

（5） 选择边或 [环（L）]：选择基准面上欲倒角的边或采用"环"方式进行倒角。采用"环"方式进行倒角，是指将基准面上首尾相连的边同时进行倒角。

【例 11-11】 创建长方体（长=100，宽=100，高=40），并对该长方体进行倒角，倒角距离为 5，如图 11-31 所示。

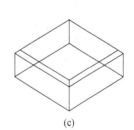

(a)　　　　　　　　　　　　(b)　　　　　　　　　　　　(c)

图 11-31　倒角

(a) 倒角前；(b) 边；(c) 环

操作过程：

（1）对单个边进行倒角。

命令：CHAMFER　✓

（"修剪"模式）当前倒角距离 1 = 0.0000,距离 2 = 0.0000

选择第一条直线或 ［放弃(U)/多段线(P)/距离(D)/角度(A)/修剪(T)/方式(E)/多个(M)］:
(选择长方体欲倒角表面上的一个边)

基面选择...

输入曲面选择选项 ［下一个(N)/当前(OK)］<当前(OK)>:　　（确定倒角边所在的基准表面）

指定基面的倒角距离或［表达式(E)]<0.0000>:5　✓　　　（设置基面上的倒角距离）

指定其他曲面的倒角距离或［表达式(E)]<5.0000>:　✓　　　　　（设置与基面相邻的倒角距离）

选择边或 ［环(L)］:　（选择欲进行倒角的边,该边必须位于基面上）

选择环或 ［边(E)］:　✓　　（选择基面上其他的边或按 Enter 键结束选择）

结果如图 11-31（b）"边"所示。

（2）对环边进行倒角。

命令：CHAMFER　✓

（"修剪"模式）当前倒角距离 1 = 0.0000,距离 2 = 0.0000

选择第一条直线或 ［放弃(U)/多段线(P)/距离(D)/角度(A)/修剪(T)/方式(E)/多个(M)］:
(选择长方体欲倒角表面上的一个边)

基面选择...

输入曲面选择选项 ［下一个(N)/当前(OK)］<当前(OK)>:　　（确定倒角边所在的基准表面）

指定基面的倒角距离或［表达式(E)]<<0.0000>:5　✓　　（设置基面上的倒角距离）

指定其他曲面的倒角距离或［表达式(E)]<<5.0000>:　✓　　（设置与基面相邻的倒角距离）

选择边或 ［环(L)］: L　✓

选择边环或 ［边(E)］:　（选择欲进行倒角的边,该边必须位于基面上）

选择边环或 ［边(E)］:　✓ (选择基面上其他的边或按 Enter 键结束选择)

结果如图 11-31（c）"环"所示。

11.3.3　倒圆角

功能：对图形进行倒圆角。

命令执行方式：

菜单栏："修改" —"圆角"。

功能区："实体" —"实体编辑" —"圆角边" 。

工具栏："修改" 。

命　令：FILLET。

操作过程：

命令：FILLET　✓

当前设置：模式 = 修剪,半径 = 0.0000

选择第一个对象或 [放弃(U)/多段线(P)/半径(R)/修剪(T)/多个(M)]：

输入圆角半径或[表达式(E)]<: 20　✓

选择边或 [链(C)/环(L)/半径(R)]：　✓

已选定 1 个边用于圆角。

以上各选项含义为：

（1）选择第一个对象：选择实体上欲倒圆角的边。

（2）输入圆角半径：设置倒圆角的半径。

（3）选择边：选择欲倒圆角的边。

（4）链（C）：将首尾相连的边同时进行倒圆角，但要求被倒角的各边必须圆弧过渡。

（5）环（L）：对一个面上的所有边进行倒圆角。

（6）半径（R）：重新设置倒圆角的半径。

【例 11-12】 创建长方体（长=100，宽=100，高=40），并对该长方体进行倒角，倒角距离为5，如图 11-32 所示。

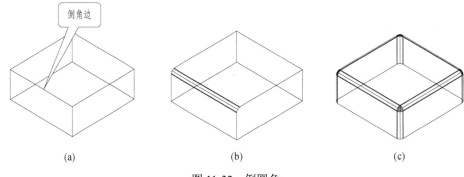

图 11-32　倒圆角

（a）倒圆角前；（b）边；（c）链

操作过程：

（1）对单个边进行倒圆角。

命令：FILLET　✓

当前设置：模式 = 修剪,半径 = 0.0000

选择第一个对象或 [放弃(U)/多段线(P)/半径(R)/修剪(T)/多个(M)]：　（选择长方体欲倒角边）

输入圆角半径或[表达式(E)]：5　✓　（设置基面上的倒角距离）

选择边或 [链(C)/环(L)/半径(R)]：　✓　（选择其他倒角边或按 Enter 键结束）

已选定 1 个边用于圆角。

结果如图 11-32（b）"边"所示

（2）对链边进行倒圆角。

1）对长方体四条侧棱线进行倒圆角。

命令：FILLET　✓

当前设置：模式 = 修剪,半径 = 0.0000

选择第一个对象或 [放弃(U)/多段线(P)/半径(R)/修剪(T)/多个(M)]：　（选择长方体欲倒角边）

输入圆角半径或[表达式(E)]：5　✓　（设置基面上的倒角距离）

选择边或 [链 (C) /环 (L) /半径 (R)]：　　　(选择第二条侧棱边为倒角边)

选择边或 [链 (C) /环 (L) /半径 (R)]：　　　(选择第三条侧棱边为倒角边)

选择边或 [链 (C) /环 (L) /半径 (R)]：　　　(选择第四条侧棱边为倒角边)

选择边或 [链 (C) /环 (L) /半径 (R)]：✓　　　(按 Enter 键结束)

已选定 4 个边用于圆角。

2) 对长方体顶面四条边和四个圆角形成的链进行倒圆角。

命令：FILLET　✓

当前设置：模式 = 修剪,半径 = 0.0000

选择第一个对象或 [放弃 (U) /多段线 (P) /半径 (R) /修剪 (T) /多个 (M)]：(选择长方体顶面上欲倒角边)

输入圆角半径或[表达式 (E)]：　5　✓　　(设置基面上的倒角距离)

选择边或 [链 (C) /环 (L) /半径 (R)]：C　✓　　(选择以链方式进行倒圆角)

选择边链或 [边 (E) 半径 (R)]：　(选择长方体顶面上欲倒角边)

选择边链或 [边 (E) 半径 (R)]：　✓

已选定 8 个边用于圆角。

结果如图 11-32 (c)"环"所示。

🔊　注　意

在对立体边进行倒圆角的"链"操作时，必须要求所选的链必须首尾相连且光滑过渡。本例中读者也可以直接选择长方体顶面四个边进行倒圆角，但效果与通过链方式倒圆角不同，请读者自行操作进行比较。

11.3.4　三维阵列

功能：将实体在三维空间进行阵列。

命令执行方式：

菜单栏："修改"—"三维操作"—"三维阵列"。

命　令：3DARRAY

操作过程：

命令：3DARRAY　✓

选择对象：

输入阵列类型 [矩形 (R) /环形 (P)] <矩形>：

若选择"矩形（R）"系统将提示：

输入行数 (---) <1>：

输入列数 (|||) <1>：

输入层数 (...) <1>：

指定行间距 (---)：

指定列间距 (|||)：

指定层间距 (...)：

若选择"环形（P）"系统将提示：

输入阵列中的项目数目：

指定要填充的角度 (+=逆时针, -=顺时针) <360>：

旋转阵列对象？ [是 (Y) /否 (N)] <Y>：

指定阵列的中心点：

指定旋转轴上的第二点：

以上各选项含义为：

（1）选择对象：选择欲进行阵列的对象。

（2）输入阵列类型［矩形（R）/环形（P）］：选择设置阵列的类型为矩形阵列还是环形阵列。

与二维阵列相比，三维阵列的矩形阵列多了一个层选项；三维阵列的环形阵列的回转对象是一根轴，而不是一个点。

【例11-13】 创建如图11-33所示圆球阵列，圆球半径为5。

图 11-33　三维阵列

1. 分析

创建如图11-33所示圆球阵列，可以阵列中的矩形阵列，由图中所给尺寸可以确定，矩形阵列的行数为3，列数为4，层数为5，行距为50，列距为80，层距为15。可以先创建一个半径为5的圆球，再利用阵列命令创建如图要求图形。

2. 操作过程

（1）创建圆球。

命令：SPHERE ✓

指定中心点或 ［三点(3P)/两点(2P)/相切、相切、半径(T)］: 0,0 ✓

指定半径或 ［直径(D)］: 5 ✓

（2）阵列圆球。

命令：3DARRAY ✓

选择对象： （选择圆球）

找到1个

选择对象： ✓

输入阵列类型 ［矩形(R)/环形(P)］ <矩形>: ✓ （选择矩形阵列）

输入行数 (---) <1>: 3 ✓

输入列数 (||||) <1>: 4 ✓

输入层数 (...) <1>: 5 ✓

指定行间距 (---): 50 ✓

指定列间距 (||||): 80 ✓

指定层间距 (...): 15 ✓

结果如图11-33所示。

【例11-14】 在XY平面上创建如图11-34（a）所示图形，并对图中的立体进行环形阵列，结果如图11-34（b）或图11-34（c）所示。

(a)　　　　　　　　　　(b)　　　　　　　　　　(c)

图 11-34　三维环形阵列

（a）原图；（b）旋转对象；（c）不旋转对象

1. 分析

三维阵列操作与二维阵列操作的不同之处在于它围之旋转的不再是一个点而是一根轴线，因此在进行三维阵列时，应首先确定其轴线所在位置。另外在进行阵列时，还应注意选择是否允许被阵列对象绕回转轴线进行旋转。

2. 操作过程

（1）创建立体。

1）创建圆柱。

命令：CYLINDER ✓
指定底面的中心点或 [三点(3P)/两点(2P)/相切、相切、半径(T)/椭圆(E)]：-50,0 ✓
指定底面半径或 [直径(D)] <5.0000>：2 ✓
指定高度或 [两点(2P)/轴端点(A)] <40.0000>：10 ✓

2）创建圆锥。

命令：CONE ✓
当前线框密度： ISOLINES=4
指定底面的中心点或 [三点(3P)/两点(2P)/相切、相切、半径(T)/椭圆(E)]：-50,0,10 ✓
指定底面半径或 [直径(D)] <0.0000>：4 ✓
指定高度或 [两点(2P)/轴端点(A)/顶面半径(T)] <0.0000>：10 ✓

3）布尔运算。

命令：UNION ✓
选择对象： (选择圆柱和圆锥)
找到 2 个
选择对象： ✓

（2）创建轴线。

命令：LINE ✓
指定第一点：0,-25 ✓
指定下一点或 [放弃(U)]：0,25 ✓
指定下一点或 [放弃(U)]： ✓

（3）三维阵列。

命令：3DARRAY ✓
选择对象： (选择圆柱圆锥体)
找到 1 个
选择对象： ✓
输入阵列类型 [矩形(R)/环形(P)] <矩形>：P ✓ (设置阵列类型为环形阵列)
输入阵列中的项目数目：8 ✓
指定要填充的角度 (+=逆时针, -=顺时针) <360>： ✓
旋转阵列对象？ [是(Y)/否(N)] <Y>： ✓ (设置阵列时将阵列对象进行绕轴线旋转)
指定阵列的中心点： (选择轴线上一个端点)
指定旋转轴上的第二点： (选择轴线上另一个端点)

结果如图 11-34（b）所示。如果在系统提示"旋转阵列对象？ [是（Y）/否（N）]"时设置为"N"，则结果如图 11-34（c）所示

11.3.5　三维移动

功能：在三维空间中移动对象。选择三维移动对象并结束选择后会出现如图 11-35 所示三维移动夹点工具。利用该工具可以将对象沿指定方向移动指定距离。

命令执行方式：

图 11-35　三维移动夹点工具

菜单栏："修改"—"三维操作"—"三维移动"。

功能区："常用"—"修改"—"三维移动" 。

工具栏："建模" 。

命　令：3DMOVE。

操作过程：

命令：3DMOVE ✓

选择对象：

指定基点或 [位移(D)] <位移>：

指定第二个点或<使用第一个点作为位移>：

以上各选项含义为：

（1）选择对象：选择欲进行三维移动的对象。

（2）指定基点：选择欲进行三维移动的对象的基准点。

（3）指定第二个点：选择欲移动到的点。

（4）位移（D）：将移动夹点工具放置在原点（0，0，0）。输入的坐标值将指定相对距离和方向。

在选择完欲进行三维移动的对象后屏幕上将会出现一个三维移动夹点工具，利用这个夹点工具可以实现对象沿某个轴移动或沿某个平面移动。

1. 沿坐标轴移动

将光标悬停在夹点工具上的轴句柄上，直到矢量显示为与该轴对齐，然后单击轴句柄，如图 11-36（a）所示。当用户拖动光标时，选定的对象和子对象将仅沿指定的轴移动，如图 11-36（b）所示。可以单击或输入值以指定距基点的移动距离。

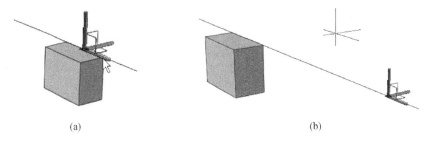

(a)　　　　　　　　　　　　　　　(b)

图 11-36　沿坐标轴移动

（a）选择轴句柄；（b）沿坐标轴移动

2. 沿坐标平面移动

将光标悬停在两条远离轴句柄（用于确定平面）的直线汇合处的点上，如图 11-37（a）所示，直到直线变为黄色，然后单击该点。现在，当用户拖动光标时，选定对象和子对象将仅沿指定的平面移动，如图 11-37（b）所示。可以单击或输入值以指定距基点的移动距离。

(a)　　　　　　　　　　　　　　　(b)

图 11-37　沿坐标平面移动

（a）选择平面句柄；（b）沿坐标平面移动

11.3.6 三维旋转

功能：将实体在三维空间进行旋转。选择三维旋转对象并结束选择后会出现如图 11-38 所示三维旋转夹点工具。

命令执行方式：

菜单栏："修改"—"三维操作"—"三维旋转" 。

功能区："常用"—"修改"—"三维旋转" ◉。

工具栏："建模"。

命　令：3DROTATE。

操作过程：

命令：3DROTATE ✓
UCS 当前的正角方向： ANGDIR=逆时针 ANGBASE=0
选择对象：
选择对象：
指定基点：
拾取旋转轴：
指定角的起点或键入角度：
正在重生成模型。

以上各选项含义为：

（1）选择对象：选择欲进行三维旋转的对象。

（2）指定基点：选择三维旋转的基准点。移动三维旋转夹点工具至旋转基准点。

（3）拾取旋转轴：选择三维旋转的旋转轴。移动光标至三维旋转夹点工具上相应的轴句柄，直到轴名柄变为黄色，点击即可选中相应的旋转轴。如图 11-38 所示。其中红色轴句柄代表 X 轴，绿色轴句柄代表 Y 轴，蓝色轴句柄代表 Z 轴。

（4）指定角的起点；选择三维旋转的起点。

（5）指定角的端点；选择三维旋转的终止点或直接输入角度。

【例 11-15】 请创建如图 11-39 所示立体，其中长方体的尺寸为长 30，宽 15，高 60；并将该长方体旋转成如图 11-39（b）、（c）、（d）所示。

图 11-38　三维旋转夹点工具

(a)

(b)

(c)

(d)

图 11-39　三维旋转

（a）原图；（b）以 1、5 为旋转轴；（c）以 1、4 为旋转轴；（d）以 1、2 为旋转轴

操作过程：

（1）创建长方体。（过程略）

（2）旋转长方体。

命令：3DROTATE ✓

UCS 当前的正角方向： ANGDIR=逆时针 ANGBASE=0
选择对象： 　(选择长方体)
找到 1 个
选择对象： ✓
指定基点： 　(选择点 1)
拾取旋转轴： 　　(以 1、5 为旋转轴)
指定角的起点或键入角度： 　　(选择点 2)
指定角的起点或键入角度： 90 (选择三维旋转的终止点或直接输入角度)
正在重生成模型。

结果如图 11-39（b）所示。参照所给示例，请读者自行完成（c）和（d）。

注 意

以前版本中的 ROTATE3D 命令依然可用。下面进行简单的介绍。

命　令：ROTATE3D
操作过程：
命令：ROTATE3D ✓
正在初始化...
当前正向角度： ANGDIR=逆时针 ANGBASE=0
选择对象：
指定轴上的第一个点或定义轴依据[对象(O)/最近的(L)/视图(V)/X 轴(X)/Y 轴(Y)/Z 轴(Z)/两点(2)]：
指定旋转角度或 [参照(R)]： R
指定参照角<0>：
指定新角度：

以上各选项含义为：

1）选择对象：选择欲进行旋转的对象。

2）指定轴上的第一个点或定义轴依据 [对象（O）/最近的（L）/视图（V）/X 轴（X）/Y 轴（Y）/Z 轴（Z）/两点（2）]：确定旋转轴。

① 指定轴上的第一个点：通过指定两点的方法确定旋转轴。

② 对象（O）：将旋转轴与现有对象对齐，该对象可以是直线、圆、圆弧或二维多段线。

a）直线：将旋转轴与选定的直线对齐。

b）圆：将旋转轴与圆的三维轴对齐（垂直于圆所在的平面并通过圆的圆心）。

c）圆弧：将旋转轴与圆弧的三维轴对齐（垂直于圆弧所在平面并通过圆弧的圆心）。

d）二维多段线：将旋转轴与多段线被选择处的线段对齐。若选择处为直线段则视为线段。若选择处为圆弧线段视为圆弧。

③ 最近的（L）：使用最近的旋转轴。

④ 视图（V）：将旋转轴与通过选定点且与当前视口的观察方向对齐。

⑤ X 轴（X）/Y 轴（Y）/Z 轴（Z）：将旋转轴与通过指定点且与坐标轴 X、Y 或 Z 对齐。

⑥ 两点（2）：通过指定两点的方法确定旋转轴。该选项与第一个选项相同，为系统默认方式。

3）指定旋转角度：确定欲将对象旋转的角度。

4）参照（R）：通过指定参照角度和新角度确定欲将对象旋转的角度。

11.3.7　三维镜像

功能：将实体在三维空间进行镜像。

命令执行方式：

菜单栏："修改"—"三维操作"—"三维镜像"。

功能区："常用"—"修改"—"三维镜像" 。

命　　令：MIRROR3D。

操作过程：

命令：MIRROR3D

选择对象：

指定镜像平面（三点）的第一个点或　[对象(O)/最近的(L)/Z 轴(Z)/视图(V)/XY 平面(XY)/YZ 平面(YZ)/ZX 平面(ZX)/三点(3)] <三点>：

是否删除源对象？[是(Y)/否(N)] <否>：

以上各选项含义为：

（1）选择对象：选择欲进行镜像的对象。

（2）指定镜像平面（三点）的第一个点或 [对象（*O*）/最近的（*L*）/*Z* 轴（*Z*）/视图（*V*）/*XY* 平面（*XY*）/*YZ* 平面（*YZ*）/*ZX* 平面（*ZX*）/三点（3）] <三点>：设置镜像平面。

1）指定镜像平面（三点）的第一个点：通过指定三个不在同条直线上的点的方法定义镜像平面。

2）对象（*O*）：使用选定平面对象来确定镜像平面。这些对象可以是圆、圆弧或二维多段线。

3）最近的（*L*）：选择最后定义的镜像平面作为对选定对象的镜像平面。

4）*Z* 轴（*Z*）：根据平面上的一个点和平面法线上的一个点定义镜像平面。

5）视图（*V*）：将通过指定点且与当前视口的视图平面平行的平面作为镜像平面。

6）*XY* 平面（*XY*）/*YZ* 平面（*YZ*）/*ZX* 平面（*ZX*）：将通过指定点并与标准平面 *XY*、*YZ* 或 *ZX* 平行的平面作为镜像平面。

7）三点（3）：通过指定三个不在同条直线上的点的方法定义镜像平面。

（3）是否删除源对象？：设置确定在镜像后将源对象删除。

【例 11-16】创建如图 11-40（a）所示立体，并将其旋转至如图 11-40（b）、（c）所示。

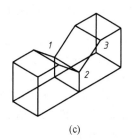

(a)　　　　　　　　　　(b)　　　　　　　　　　(c)

图 11-40　三维镜像

（a）原型；（b）三维镜像后；（c）三维镜像后

操作过程：

1. 创建立体

（1）将当前视图设置为前视图。（过程略）

（2）创建外形。

命令：PLINE ✓

指定起点：0,0 ✓

当前线宽为 0.0000

指定下一个点或 [圆弧(A)/半宽(H)/长度(L)/放弃(U)/宽度(W)]：50,0 ✓

指定下一点或 [圆弧(A)/闭合(C)/半宽(H)/长度(L)/放弃(U)/宽度(W)]: 50,40　✓
指定下一点或 [圆弧(A)/闭合(C)/半宽(H)/长度(L)/放弃(U)/宽度(W)]: 25,40　✓
指定下一点或 [圆弧(A)/闭合(C)/半宽(H)/长度(L)/放弃(U)/宽度(W)]: 0,20　✓
指定下一点或 [圆弧(A)/闭合(C)/半宽(H)/长度(L)/放弃(U)/宽度(W)]: C　✓

（3）拉伸。

命令: EXTRUDE　✓
当前线框密度: ISOLINES=4
选择要拉伸的对象或[模式(MO)]:　　(选择上面创建的外形)
找到 1 个
选择要拉伸的对象或[模式(MO)]:
指定拉伸的高度或 [方向(D)/路径(P)/倾斜角(T)/表达式(E)] <60.0000>: 30　✓

（4）先将当前视图设置为前俯视图，再将当前视图设置为西南等轴测视图。

2. 镜像对象

如图 11-40（b）所示。

命令: MIRROR3D　✓
选择对象:(选择上面创建的立体对象)
选择对象:　✓
指定镜像平面（三点）的第一个点或　[对象(O)/最近的(L)/Z 轴(Z)/视图(V)/XY 平面(XY)/YZ 平面(YZ)/ZX 平面(ZX)/三点(3)] <三点>:　(选择点 1)
在镜像平面上指定第二点:　(选择点 2)
在镜像平面上指定第三点:　(选择点 3)
是否删除源对象?[是(Y)/否(N)] <否>:Y　✓

3. 将图形恢复原状

点击"标准"工具栏上的撤销图标，将图形恢复原状。

4. 镜像对象

如图 11-40（c）所示。

命令: MIRROR3D　✓
选择对象:(选择上面创建的立体对象)
选择对象:　✓
指定镜像平面（三点）的第一个点或　[对象(O)/最近的(L)/Z 轴(Z)/视图(V)/XY 平面(XY)/YZ 平面(YZ)/ZX 平面(ZX)/三点(3)] <三点>: YZ　✓
指定 YZ 平面上的点<0,0,0>:　　(选择点 1)
是否删除源对象?[是(Y)/否(N)] <否>:　✓

结果如图 11-40（c）所示。

11.3.8　对齐

在绘图过程中，我们可以利用对齐命令解决根据一个图形的位置来确定另一图形的位置，或以一个图形的大小、角度及相关参数来确定另一图形的位置、大小和相应参数的问题。

功能：移动、旋转和比例缩放对象，使其与其他对象对齐。

命令执行方式：

菜单栏："修改"—"三维操作"—"对齐"。

功能区："常用"—"修改"—"对齐" 。

命　令：ALIGN。

操作过程：

命令: ALIGN　✓
选择对象:

指定第一个源点：　　(对象上的第一个源点 (称为基点) 将始终被移动到第一个目标点。)

指定第一个目标点：

指定第二个源点：　　(为源或目标指定第二点将导致旋转选定对象。)

指定第二个目标点：　(第二个源点将移动到第一个目标点与第二个目标点间的连线上)

指定第三个源点或<继续>：(源或目标的第三个点将导致选定对象进一步旋转。)

指定第三个目标点：(第三个源点将移动到第一个目标点与第三个目标点间的连线上)

【例 11-17】　绘制长方体（长=60，宽=100，高=80）和楔体（长=30，宽=50，高=40），并将它们配置如原型图，使用对齐命令移动楔体至图示位置，如图 11-41 所示。

（a）　　　　　　　　　（b）　　　　　　　　　（c）　　　　　　　　　（d）

图 11-41　对齐

（a）原型；（b）使用一对点；（c）使用二对点；（d）使用三对点

操作过程：

1. 使用一对点

命令：ALIGN　✓

选择对象：(选择楔体)

找到 1 个

选择对象：　✓

指定第一个源点：　　(选择点 1)

指定第一个目标点：　　(选择点 1′)

指定第二个源点：　✓

结果如图 11-41（b）（使用一对点）所示。

说明：使用一对点时对齐（ALIGN）命令相当于移动（MOVE）命令。

2. 使用二对点

命令：ALIGN　✓

选择对象：(选择楔体)

找到 1 个

选择对象：　✓

指定第一个源点：　　(选择点 1)

指定第一个目标点：　　(选择点 1′)

指定第二个源点：　　(选择点 2)

指定第二个目标点：　　(选择点 2′)

指定第三个源点或<继续>：　✓

是否基于对齐点缩放对象？[是(Y)/否(N)]　<否>：　✓

结果如图 11-41（c）（使用二对点）所示。

说明：使用二对点时对齐（ALIGN）命令相当于移动（MOVE）和旋转（ROTATE）命令，另外还可以在选择是否缩放对象，若选择"是"，则结果如图 11-42 所示。

图 11-42　使用二对点对齐缩放对象

3. 使用三对点

命令：ALIGN　✓

选择对象：(选择楔体)

找到 1 个

选择对象：　↙

指定第一个源点：　　(选择点 1)

指定第一个目标点：　(选择点 1')

指定第二个源点：(选择点 2)

指定第二个目标点：(选择点 2')

指定第三个源点或<继续>：(选择点 3)

指定第三个目标点：(选择点 3')

结果如图 11-41（d）（使用三对点）所示。

说明：使用三对点时对齐（ALIGN）命令相当于移动（MOVE）和旋转（ROTATE）命令，不可以缩放对象。

11.3.9　三维对齐

功能：动态地拖动选定对象并使其与实体对象的面对齐。

命令执行方式：

菜单栏："修改"—"三维操作"—"三维对齐"。

功能区："常用"—"修改"—"三维对齐" 📐。

工具栏："建模" 📐。

命　令：3DALIGN。

操作过程：

命令：3DALIGN　↙

选择对象：

指定源平面和方向 ...

指定基点或 [复制(C)]：

指定第二个点或 [继续(C)] <C>：

指定第三个点或 [继续(C)] <C>：

指定目标平面和方向 ...

指定第一个目标点：

指定第二个目标点或 [退出(X)] <X>：

指定第三个目标点或 [退出(X)] <X>：

具体含义与 ALIGN 命令相似，请读者自行体会，并利用 ALIGN3D 命令完成例 11-17。

11.3.10　加厚

功能：通过加厚曲面创建三维实体。

命令执行方式：

菜单栏："修改"—"三维操作"—"加厚"。

功能区："实体"—"实体编辑"—"加厚" 📄。

命　令：THICKEN。

操作过程：

命令：THICKEN　↙

选择要加厚的曲面：

指定厚度<0.0000>：30　↙

11.3.11　转换为实体

功能：将具有厚度的多段线、矩形、多边形和圆转换为三维实体。

命令执行方式：

菜单栏："修改"—"三维操作"—"转换为实体"。

功能区："常用" — "实体编辑" — "转换为实体" 。

命　令：CONVTOSOLID。

操作过程：

命令：CONVTOSOLID　✓

选择对象：

注　意

（1）直线、圆弧、椭圆、样条曲线即使有厚度也不能转换。

（2）当多段线是开放且宽度为 0 时不能转换。当多段线宽度不一致时不能转换。

11.3.12　提取边

功能：通过从三维实体、面域或曲面中提取边来创建线框几何体。

命令执行方式：

菜单栏："修改" — "三维操作" — "提取边"。

功能区："实体" — "实体编辑" — "提取边" 。

命　令：XEDGES。

操作过程：

命令：XEDGES　✓

选择对象：

注　意

1. 提取的对象可以是实体、面域或曲面。当直接选择时对象上的所有边都被提取。

2. 若只希望提取单个边和面。可以按住 CTRL 键来选择要提取边和面。

11.3.13　干涉检查

功能：检查两个或多个实体间的干涉。

命令执行方式：

菜单栏："修改" — "三维操作" — "干涉检查"。

功能区："实体" — "实体编辑" — "干涉" 。

命　令：INTERFERE。

操作过程：

命令：INTERFERE　✓

选择第一组对象或 [嵌套选择(N)/设置(S)]：

选择第一组对象或 [嵌套选择(N)/设置(S)]：

选择第二组对象或 [嵌套选择(N)/检查第一组(K)] <检查>：

以上各项含义如下：

（1）嵌套选择（N）：使用户可以选择嵌套在块和外部参照中的单个实体对象。

（2）设置（S）：系统将显示"干涉设置"对话框，如图 11-43 所示。

（3）检查：系统将显示"干涉检查"对话框，如图 11-44 所示。

图 11-43 "干涉设置"对话框   图 11-44 "干涉检查"对话框

注 意

　　INTERFERE 是通过从两个或多个实体的公共部分创建临时组合三维实并进行亮显。如果只定义了单个选择集，INTERFERE 将对比检查集合中的全部实体。如果定义了两个选择集，INTERFERE 将对比检查第一个选择集中的实体与第二个选择集中的实体。如果在两个选择集中都包括了同一个三维实体，INTERFERE 将此三维实体视为第一个选择集中的一部分，而在第二个选择集中忽略它。

【例 11-18】 请根据图 11-45 画出其立体效果图。

图 11-45 平面三视图

操作过程：

1. 由平面图形想象空间立体图

由平面图形可看出该立体如图 11-46 所示。

2. 分析空间立体图

从平面图可以看出，该实体可由三个长方体和两个圆柱体组合而成，如图 11-47 所示。

图 11-46　平面三视图

图 11-47　分析空间立体图

3. 绘制基本体

（1）设置当前视图为西南等轴测。

（2）绘制长方体一，长为 100，宽为 60，高为 20。

结果如图 11-48（a）所示。将视口缩放到适当大小，并将长方体一移到适当位置。

（3）绘制长方体二，长为 60，宽为 60，高为 5。

结果如图 11-48（b）所示。将视口缩放到适当大小，并将长方体二移到适当位置。

（4）绘制长方体三，长为 50，宽为 20，高为 40。

结果如图 11-48（c）所示。将视口缩放到适当大小，并将长方体三移到适当位置。

（5）绘制圆柱体一，底圆半径为 25，高度为 20。

结果如图 11-48（d）所示。将视口缩放到适当大小，并将圆柱体一移到适当位置。

（6）绘制圆柱体二，底圆半径为 15，高度为 20。

结果如图 11-48（e）所示。将视口缩放到适当大小，并将圆柱体二移到适当位置。

(a)　　　　　　　(b)　　　　　　　(c)　　　　　　　(d)　　　　　　　(e)

图 11-48　基本体

（a）长方体一；（b）长方体二；（c）长方体三；（d）圆柱体一；（e）圆柱体二

4. 组合基本体

（1）移动长方体二至长方体一下方适当位置（将图 11-47 中的点 A 和 A′对齐），并用长方体一减去长方体二形成组件 1。结果如图 11-49（a）所示。

（2）用对齐命令将圆柱体一与长方体三对齐（将图 11-47 中的圆柱一两圆心与点 B 和 B′对齐），并将二基本体求并，形成组件 2。结果如图 11-49（b）所示。

（3）将圆柱体二旋转 90°，移到组件 2 上。用组件 2 减去圆柱体二，形成组件 3。结果如图 11-49（a）所示。

(a)   (b)   (c)

图 11-49　分析空间立体图

（a）组件 1；（b）组件 2；（c）组件 3

（4）将组件三移到组件一上，求并，形成最后组合体。

5. 消隐

结果如图 11-46 所示。

11.4　由三维实体模型创建正交视图

在绘图过程中，我们除了通过平面图形绘制三维实体图之外，还希望能够将三维实体模型转化成三视图。在 AutoCAD 中最常采用的方法是利用 SOLVIEW 命令创建基本视图、辅助视图和剖视图。然后用 SOLDRAW 命令创建视口中表示实体轮廓和边的可见线和隐藏线。

11.4.1　设置视图命令（SOLVIEW）

功能：在布局中用正投影法生成三维实体对象的投影视图和剖视图

命令执行方式：

菜单栏："绘图"—"建模"—"设置"—"视图"。

功能区："常用"—"建模"—"实体视图"。

命　令：SOLVIEW。

操作过程：

命令：SOLVIEW

输入选项 [UCS(U)/正交(O)/辅助(A)/截面(S)]：

1. 设置视图 [UCS（U）]

执行 SOLVIEW 命令后，选择"UCS（U）"选项后，AutoCAD 将以所选坐标系 XY 平面作为投影面，并利用正投影法将三维实体向该平面进行投影，生成所需视图。SOLVIEW 命令的其他选项都是以该选项为基础执行。执行过程如下：

命令：SOLVIEW

输入选项 [UCS(U)/正交(O)/辅助(A)/截面(S)]：U ✓

输入选项 [命名(N)/世界(W)/?/当前(C)] <当前值>：

以上各选项含义如下：

（1）命名（N）。

使用已命名 UCS 的 *XY* 平面创建轮廓视图。执行该选项后，AutoCAD 提示：

输入要恢复的 UCS 名称：　　　（输入现有的 UCS 名称）

输入视图比例<1.0>：　　　（输入视图的比例；输入的比例等价于用相对于图纸空间的比例缩放视口）

指定视图中心：　　　（指定点并在完成后按 ENTER 键）

中心取决于当前模型空间的范围。可以尝试多次，直到确定满意的视图位置。

指定视口的第一个角点：

指定视口的另一角点:

通过指定两点确定一个矩形区域，用于存放视图。

输入视图名:(输入视图名称)

由用户命名并输入视图名称以便区分或调用。

（2）世界（W）。

使用 WCS 的 *XY* 平面创建轮廓视图。执行该选项后，AutoCAD 提示:

输入视图比例<1.0>:

指定视图中心:

指定视口的第一个角点:

指定视口的对角点:

输入视图名:

（3）?。

列出已经存在的用户坐标系名称。由输入的组合通配符过滤列表（UCS 命令接受的通配符在此处都有效）。执行该选项后，AutoCAD 提示:

输入要列出的 UCS 名<*>:　　（输入名称或按 ENTER 键列出所有的 UCS）

（4）当前（C）。

使用当前 UCS 的 XY 平面创建轮廓视图。执行该选项后，AutoCAD 提示:

输入视图比例<1.0>:

指定视图中心:

指定视口的第一个角点:

指定视口的对角点:

输入视图名:

2. 生成正交投影视图

执行 SOLVIEW 命令"UCS（U）"选项后，选择"正交 （O）"选项可以根据现有视图创建正交视图。执行过程如下:

命令: SOLVIEW ✓

输入选项 [UCS(U)/正交(O)/辅助(A)/截面(S)]:O ✓

指定视口要投影的一侧:　　（选择投影一侧方任意一点）

指定视图中心:

指定视口的第一个角点:

指定视口的对角点:

输入视图名:

3. 生成辅助视图

执行 SOLVIEW 命令"UCS（U）"选项后，选择"辅助（A）"选项可以根据现有视图创建辅助视图。辅助视图投影和已有视图正交并倾斜于相邻视图的平面。执行过程如下:

命令: SOLVIEW ✓

输入选项 [UCS(U)/正交(O)/辅助(A)/截面(S)]:A ✓

指定斜面的第一个点:

指定斜面的第二个点:

由两点定义用作辅助投影的倾斜平面。这两点必须在同一视口中。

指定要从哪一侧查看:　　（指定观察侧任一点）

指定视图中心:

指定视口的第一个角点:

指定视口的对角点:

输入视图名:

4. 生成剖视图

执行 SOLVIEW 命令"UCS（U）"选项后，选择"截面（S）"选项可以根据现有视图创建实体图形的剖视图。执行过程如下:

命令: SOLVIEW ✓
输入选项 [UCS(U)/正交(O)/辅助(A)/截面(S)]:S ✓
指定修剪平面的第一个点:
指定修剪平面的第二个点:
在现有视口中指定两点来定义剖切平面。
指定要从哪一侧查看:
输入视图比例<当前比例>:
指定视图中心:
指定视口的第一个角点:
指定视口的对角点:
输入视图名:

执行 SOLDVIEW 命令过程中，AutoCAD 将自动创建一些为每个视图放置可见线和隐藏线的图层。这些图层的默认名称及其可控制的对象类型如表 11-1 所示。

表 11-1　　　　　　　　　　　　　由 SOLVIEW 创建的图层

图层名	对象类型
视图名 -VIS	可见线
视图名 -HID	隐藏线
视图名 -DIM	标注
视图名 -HAT	填充图案（用于截面）

11.4.2　设置图形命令（SOLDRAW）

功能: 在用 SOLVIEW 命令创建的视口中生成轮廓图和剖视图。

命令执行方式:

菜单栏:"绘图"—"建模"—"设置"—"图形"。

功能区:"常用"—"建模"—"实体图形" 。

命　令: SOLDRAW。

操作过程:

命令: SOLDRAW
选择要绘图的视口...
选择对象:

SOLDRAW 命令只能用于由 SOLVIEW 创建的视口中。在选择对象提示下，可以直接选择欲绘图的视口，也可以直接输入 ALL 选择全部视口。选定视口中的所有轮廓图和剖视图都将被删除，然后由 SOLDRAW 命令创建视口中表示实体轮廓和边的可见线和隐藏线，并投影到垂直视图方向的平面上。

> **注**
>
> 请勿在视图名-VIS、视图名-HID 和视图名-HAT 的图层中放置永久图形信息，因为运行 SOLDRAW 时将删除和更新存储在这些图层上的信息。

【例 11-19】 将［例 11-18］生成的三维实体模型转为三维正交视图，要求：主视图、俯视图为视图，左视图为全剖视图。另外再作一轴测视图配置在图幅右下角，如图 11-50 所示。

图 11-50　由三维实体转化成三视图

1．分析

由图 11-50 可看出该三维实体的表达是以三维实体底面所平行的平面作为俯视图投影面，以正面作为主视图投影面，以三维实体的左右对称面为剖切平面表达左视图。在作图过程中我们可以先设置 UCS 中 *XY* 平面在底面上，首先利用"UCS（U）"选项完成俯视图的设置；然后利用"正交（O）"选项，完成主视图的设置；利用"截面（S）"选项完成对左视图的设置；返回模型空间，将三维实体设置为"西南等轴测图"，并利用 UCS 命令"视图（V）"选项将 *XY* 平面设置为当前视口方向，最后再利用 SOLVIEW 命令"UCS（U）"选项完成对轴测图的设置。

2．操作准备

（1）装入 HIDDEN 线型，关闭状态行上的极轴、正交和对象追踪。

（2）选择菜单栏"工具"—"选项"，激活"选项"对话框，在"显示"选项卡"布局元素"区中，取消"在新布局中创建视口（N）"项。

（3）设置用户坐标系如图 11-51 所示。

3．操作过程

（1）抽出视图。

观察用户坐标位置（一般将当前 X-Y 坐标面作为当前视图面）。XY 平面在底平面上，因此，可以先设置俯视图，然后依次完成主视图和左视图，结果如图 11-52 所示。

1）生成俯视图。

命令：SOLVIEW ✓
正在重生成布局。
输入选项［UCS（U）/正交（O）/辅助（A）/截面（S）］：U ✓
输入选项［命名的（N）/世界（W）/？/当前（C）］＜当前＞：✓
输入视图比例＜1＞：✓
指定视图中心：(在图纸空间中俯视图大致位置选取一点,若位置不合适可以再点直至合适为止)

指定视口的第一个角点：   (通过两个角点设置一矩形框,将视图包围其中)

指定视口的对角点：

输入视图名：俯视图 ✓

UCSVIEW = 1UCS 将与视图一起保存

输入选项 [UCS(U)/正交(O)/辅助(A)/截面(S)]： ✓

图 11-51   设置用户坐标系   图 11-52   抽出视图

2）生成主视图。

命令：SOLVIEW ✓

输入选项 [UCS(U)/正交(O)/辅助(A)/截面(S)]：O ✓

指定视口要投影的那一侧： (选择如图 11-52 所示 A 点,注意 A 点在俯视图下边框的中点处)

指定视图中心： (在图纸空间中主视图大致位置选取一点)

指定视图中心<指定视口>： ✓

指定视口的第一个角点：(通过两个角点设置一矩形框,将视图包围其中)

指定视口的对角点：

输入视图名：主视图 ✓

UCSVIEW = 1UCS 将与视图一起保存

输入选项 [UCS(U)/正交(O)/辅助(A)/截面(S)]： ✓

3）生成左视图（剖视图）。

命令：SOLVIEW

输入选项 [UCS(U)/正交(O)/辅助(A)/截面(S)]:S ✓

指定修剪平面的第一个点： (选择如图 11-52 所示 C 点,注意 C 点在主视图内图形上的中点处)

指定修剪平面的第二个点： (选择如图 11-52 所示 D 点,注意 D 点在主视图内图形上的圆心点处)

指定要从哪侧查看： (选择如图 11-52 所示 B 点,注意 B 点在主视图左边框的中点处)

输入视图比例<1>： ✓

指定视图中心： (在图纸空间中左视图大致位置选取一点)

指定视图中心<指定视口>： ✓

指定视口的第一个角点： (通过两个角点设置一矩形框,将视图包围其中)

指定视口的对角点：

输入视图名：左视图 ✓

UCSVIEW = 1UCS 将与视图一起保存

输入选项 [UCS(U)/正交(O)/辅助(A)/截面(S)]： ✓

（2）建立等轴测视图。

返回模型空间。

确定当前视窗为西南等轴测视图。用 UCS 命令（新建\视窗选项）设置当前视窗为 X-Y 平面。

1） 设置用户坐标系

命令:UCS ✓

当前 UCS 名称:*世界*

输入选项

[新建(N)/移动(M)/正交(G)/上一个(P)/恢复(R)/保存(S)/删除(D)/应用(A)/?/世界(W)] <世界>: N ✓

指定新 UCS 的原点或 [Z 轴(ZA)/三点(3)/对象(OB)/面(F)/视图(V)/X/Y/Z] <0,0,0>: V ✓

2） 执行 SOLVIEW 开始抽图操作，生成等轴测视图。

命令: SOLVIEW ✓

正在重生成布局。正在重生成模型。

输入选项 [UCS(U)/正交(O)/辅助(A)/截面(S)]: U ✓

输入选项[命名的(N)/世界(W)/?/当前(C)] <当前>: ✓

输入视图比例<1>: ✓

指定视图中心:　　(在图纸空间中轴测视图大致位置选取一点)

指定视图中心<指定视口>: ✓

指定视口的第一个角点: (设置一矩形框,尽量将视图包围其中)

指定视口的对角点:

输入视图名: 轴测视图 ✓

UCSVIEW = 1UCS 将与视图一起保存

输入选项 [UCS(U)/正交(O)/辅助(A)/截面(S)]: ✓

注 意

① 若轴测视图不能完全包含在所设置的矩形中,可双击轴测图视口,将它变为模型空间,然后,利用缩放命令 ZOOM 中的选项"范围（E）"进行缩放。

② 在执行以上命令过程中,为了保证视图符合投影规律,尽量不要对正交视图中的图形进行缩放。用户可以通过拾取视窗边界,右击鼠标,选择"显示锁定","是"的方法,来锁定视窗避免无意中缩放图纸空间视窗中的图像,如图 11-53 所示。

图 11-53 视窗锁定

③ 生成轴测图的除了上面的方法以外，还可以通过先在轴测图的位置生成一基本视图如俯视图，再激活该视图并设置视角为轴测图方向的方法来完成。

（3）用 SOLDRAW 命令生成二维视图。

命令：SOLDRAW ✓

选择要绘制的视口..

选择对象：ALL ✓

找到 116 个

（4）将轴测视图中的虚线去掉。

1）双击激活轴测视图。

2）激活"图层特性管理器"对话框。

3）冻结虚线层"轴测视图-HID"。

（5）设置剖面线。

1）双击击活左视图。

2）用 HATCHEDIT 命令打开"图案填充编辑"对话框。

3）设置"图案"为"ANSI31"；"比例"为"2"；其他不变。

（6）关闭矩形视图外框。

关闭 VPORTS 图层，使屏幕上只显示视图，矩形视图外框不显示。

（7）绘制中心线、标注尺寸。

参照以前章节，步骤从略。

最后结果如图 11-54 所示。

图 11-54　由三维实体转化成三视图结果

【例 11-20】 将图 11-55 所示实体用视图表达出来。

图 11-55 由三维实体生成视图原图

区中，取消"在新布局中创建视口（N）"项。

（3）设置用户坐标系：如图 11-55 所示。

3. 操作过程

（1）抽出视图：

1）生成主视图。

命令：SOLVIEW ↙

正在重生成布局。

输入选项 [UCS(U)/正交(O)/辅助(A)/截面(S)]：U ↙

输入选项[命名的(N)/世界(W)/?/当前(C)] <当前>： ↙

输入视图比例<1>： ↙

指定视图中心：　(在图纸空间中主视图大致位置选取一点)

指定视口的第一个角点：　(通过两个角点设置一矩形框,将视图包围其中)

指定视口的对角点：

输入视图名：主视图 ↙

UCSVIEW = 1UCS 将与视图一起保存

输入选项[UCS(U)/正交(O)/辅助(A)/截面(S)]： ↙

2）生成斜视图，如图 11-56 所示。

命令：SOLVIEW ↙

正在重生成布局。

输入选项[UCS(U)/正交(O)/辅助(A)/截面(S)]:A ↙

指定斜面的第一个点：　(选择端点 A)

指定斜面的第二个点：　(选择端点 B)

指定要从哪侧查看：　(选择端点 C 方向一点)

指定视图中心：　(选择 D 点附近一点)

指定视口的第一个角点：　(通过两个角点设置一矩形框,将视图包围其中)

指定视口的对角点：

输入视图名：斜视图 ↙

UCSVIEW = 1UCS 将与视图一起保存

输入选项[UCS(U)/正交(O)/辅助(A)/截面(S)]： ↙

（2）用 SOLDRAW 命令生成二维视图。

命令：SOLDRAW ↙

选择要绘制的视口..

选择对象：ALL ↙

找到 2 个

1. 分析

由图 11-55 可以看出，该三维实体的表达可以用一个主视图和一个斜视图完成。设置 UCS 如图所示，利用 SOLVIEW 命令"UCS（U）"选项完成主视图的设置；然后利用"辅助（A）"选项，完成斜视图的设置；

2. 操作准备

（1）装入 HIDDEN 线型，关闭状态行上的极轴、正交和对象追踪。

（2）选择菜单栏"工具"—"选项"，激活"选项"对话框，在"显示"选项卡"布局元素"

图 11-56 抽出视图

（3）关闭矩形视图外框。

关闭 VPORTS 图层，使屏幕上只显示视图，矩形视图外框不显示。

结果如图 11-56 所示。

11.4.3　设置轮廓命令（SOLPROF）

功能：显示当前视图下实体的曲面轮廓线和边。

命令执行方式：

菜单栏："绘图"—"实体"—"设置"—"轮廓"。

功能区："常用"—"建模"—"实体轮廓" ▢。

工具栏："实体" ▢。

命　令：SOLPROF。

操作过程：

命令：SOLPROF ✓

选择对象：

是否在单独的图层中显示隐藏的轮廓线？[是(Y)/否(N)] <是>：

是否将轮廓线投影到平面？[是(Y)/否(N)] <是>：

是否删除相切的边？[是(Y)/否(N)] <是>：

以上各选项含义如下：

（1）选择对象：选择欲进行设置轮廓的实体对象。

（2）是否在单独的图层中显示隐藏的轮廓线？[是（Y）/否（N）]：确定是否将不可见轮廓线用单独的图层表示。

1）是：系统将自动创建两个图层，分别用于可见图线和不可见图线。绘制其中可见轮廓块时使用的线型为 BYLAYER，绘制隐藏轮廓块时使用的线型为 HIDDEN（需事先调入 HIDDEN 线形）。命名两个图层的规则为：

PV-视口句柄（用于可见的轮廓图层）

PH-视口句柄（用于隐藏的轮廓图层）

其中视口句柄可以用 LIST 命令查询得到。

2）否：把所有轮廓线当作可见线，并且为每个选定实体的轮廓线创建一个块。

（3）是否将轮廓线投影到平面？[是（Y）/否（N）]：确定使用二维还是三维的对象来表示轮廓的可见线和隐藏线。

1）是：AutoCAD 将用二维对象创建轮廓线。三维轮廓被投射到一个与视图方向垂直并且通过用户坐标系原点的平面上。通过消除平行于视图方向的线，以及由转换圆弧和圆观察到的轮廓素线，AutoCAD 可以清理二维投影。

2）否：用三维对象创建轮廓线。

（4）是否删除相切的边？[是（Y）/否（N）]：确定是否显示过渡曲面。

1）是：删除相切的边，不显示过渡曲面。

2）否：不删除相切的边，显示过渡曲面。

注　意

设置轮廓命令（SOLPROF）只能在布局选项卡上的活动视口中使用。若布局选项卡上没有活动视口，应用视口命令（VPORTS）创建活动视口后再使用。

【例11-21】　利用设置轮廓命令（SOLPROF）将图 11-57 所示实体用视图表达出来，结果如图 11-62 所示。

图 11-57　立体图

1. 分析

若想利用设置轮廓命令（SOLPROF）将图 11-57 所示立体转换成视图，必须先在布局视图中创建相应的视口，因此创建完立体后，需用视口命令（VPORTS）在布局 1 中创建四个视口，并将相应的视口转换为相应的视图。另外由于立体转换成视图后会产生不可见线，因此在执行设置轮廓命令之前，还应装载 HIDDEN 线型。完成这些准备操作后，就可以分别激活各视口执行设置轮廓命令了。

2. 操作过程

（1）创建立体。（过程略）

（2）装载虚线线型。（过程略）

（3）在布局 1 中创建四个视口。

命令：_VPORTS ✓

指定视口的角点或

[开(ON)/关(OFF)/布满(F)/着色打印(S)/锁定(L)/对象(O)/多边形(P)/恢复(R)/2/3/4] <布满>：4 ✓

指定第一个角点或 [布满(F)] <布满>：✓

正在重生成模型。

（4）激活各视口并将其转换成相应视图。

1）设置第一个视口为主视图：双击第一个视口，并选择菜单栏：视图→三维视图→主视。

2）设置第二个视口为俯视图：双击第二个视口，并选择菜单栏：视图→三维视图→俯视。

3）设置第三个视口为左视图：双击第三个视口，并选择菜单栏：视图→三维视图→左视。

4）设置第四个视口为西南等轴测视图：双击第四个视口，并选择菜单栏：视图→三维视图→西南等轴测。

（5）对四个视口分别进行设置轮廓操作。

1）激活主视图视口，对主视图图视口进行设置轮廓操作

命令：SOLPROF ✓

选择对象：　　　(选择立体)

找到 1 个

选择对象：✓

是否在单独的图层中显示隐藏的轮廓线?[是(Y)/否(N)] <是>：✓

是否将轮廓线投影到平面?[是(Y)/否(N)] <是>：✓

是否删除相切的边？[是(Y)/否(N)] <是>：✓

以下操作由系统自动完成：

输入选项 [?/冻结(F)/解冻(T)/重置(R)/新建冻结(N)/视口默认可见性(V)]：_N

输入在所有视口中都冻结的新图层的名称：PV-6D6

输入选项 [?/冻结(F)/解冻(T)/重置(R)/新建冻结(N)/视口默认可见性(V)]：_T

输入要解冻的图层名：PV-6D6

输入选项 [全部(A)/选择(S)/当前(C)] <当前>：

输入选项 [?/冻结(F)/解冻(T)/重置(R)/新建冻结(N)/视口默认可见性(V)]：

命令：_.VPLAYER

输入选项 [?/冻结(F)/解冻(T)/重置(R)/新建冻结(N)/视口默认可见性(V)]：_NEW

输入在所有视口中都冻结的新图层的名称：PH-6D6

输入选项 [?/冻结 (F) /解冻 (T) /重置 (R) /新建冻结 (N) /视口默认可见性 (V)]: _T

输入要解冻的图层名：PH-6D6

输入选项 [全部 (A) /选择 (S) /当前 (C)] <当前>:

输入选项 [?/冻结 (F) /解冻 (T) /重置 (R) /新建冻结 (N) /视口默认可见性 (V)]:

命令：　_.-LAYER

当前图层：　0

输入选项 [?/生成 (M) /设置 (S) /新建 (N) /开 (ON) /关 (OFF) /颜色 (C) /线型 (L) /线宽 (LW) /打印 (P) /冻结 (F) /解冻 (T) /锁定 (LO) /解锁 (U) /状态 (A)]: _LTYPE

输入已加载的线型名或 [?] <Continuous>: HIDDEN

图 11-58　由设置轮廓命令转换而成的视图

视图、斜视图；表达机件内部结构时可以采用全剖视图、半剖视图和局部剖视图（按剖切内容的多少区分），也可以采用单一剖、几个相交的平面剖、几个平行的平面剖、复合剖和斜剖（按剖切平面的多少剖切位置分）等。利用前面所学习的三个命令设置视图（SOLVIEW）、设置图形（SOLDRAW）和设置轮廓（SOLPROF）可以完成基本视图、斜视图全剖视图的创建，而要创建其他的视图则需要在基本视图的基础上进行修改而完成。

当我们完成设置视图（SOLVIEW）和设置图形（SOLDRAW）或设置轮廓（SOLPROF）命令后，若我们再返回到模型空间，会发现在模型空间多了一些图形对象，而这些平面图形对象正是我们生成的那些视图（如果是基本视图新生成的图形将产生于 *XOY* 平面、*XOZ* 平面和 *YOZ* 平面上）。由于基本视图生成的是平面图形对象我们就可以对其进行修改，以达到我们需要达到的要求。下面以一个例子进行说明修改的方法和步骤。

【例 11-22】　创建如图 11-59 所示的图形。

1. 分析

该图由两个视图构成，其中主视图采用了半剖和局部剖，俯视图采用的是半剖视图。我们前

输入使用线型 "HIDDEN" 的图层名列表<0>: PH-6D6

输入选项 [?/生成 (M) /设置 (S) /新建 (N) /开 (ON) /关 (OFF) /颜色 (C) /线型 (L) /线宽 (LW) /打印 (P) /冻结 (F) /解冻 (T) /锁定 (LO) /解锁 (U) /状态 (A)]:

2）分别对俯视图视口、左视图视口、轴测图视口进行设置轮廓操作。

具体过程与前面相似，过程略。

（6）关闭立体所在图层。结果如图 11-58 所示。

11.4.4　机件的其他表达方法

在表达机件的外部结构时可以采用基本视图、局部

图 11-59　平面图

面所学的知识中没有直接生成半剖视图和局剖剖视图的方法和命令，只能通过间接的方法完成。

我们可以先创建实体，再根据实体生成基本视图主视图和俯视图。再在已生成的视图基础上进行修改而形成现有的视图。

2. 操作过程

（1）创建立体（过程略），结果如图 11-60 所示。

图 11-60　立体图

（2）装载虚线线型。（过程略）

（3）利用设置视图（SOLVIEW）和设置图形（SOLDRAW）命令生成主视图和俯视图（过程略），结果如图 11-61 所示。

（4）修改主视图。

1）激活主视图，删除多余线（参照图 11-59 主视图）。

2）将可见虚线变为粗实线。

3）绘制波浪线。

4）绘制剖面线。

结果如图 11-62 所示。

（5）修改俯视图。（过程略）

过程同（4），结果如图 11-63 所示。

（6）隐藏边框线，关闭 VPORT 层。（过程略）

图 11-61　主视图和俯视图

（7）标注尺寸（过程略）结果如图 11-59 所示。

图 11-62　绘制剖面线

图 11-63　修改俯视图

> 注　意
>
> 在进行操作过程中不要对活动视口内部进行缩放，否则生成的视图将可能不会对齐。

【例 11-23】　创建如图 11-64 所示的图形。

> 注　意
>
> 由于生成视图和生成图形的操作前面已经介绍清楚，因此本例仅介绍重要的操作过程。

1. 分析

该图由五个视图构成，其中主视图中有三处局部剖，另外还有三个断面图和一个局部视图。完成这些视图的方法是先生成相应的基本视图再由基本视图修改成我们所需要的视图。

图 11-64　断面图、局部视图和局部放大视图

图 11-65　立体图

2. 操作过程

（1）创建立体。

创建过程与方法请参照以前内容，结果如图 11-65 所示，过程略。

（2）设置当前 UCS 的 *XOY* 面为主视图所在面。（过程略）

（3）利用设置视图（SOLVIEW）命令生成主视图。（过程略）

（4）生成局部视图。

1）利用设置视图（SOLVIEW）命令中的"正交"生成俯视图。

2）利用设置图形命令（SOLDRAW）将该视图生成图形。结果如图 11-66（a）所示。

3）击活该视图，删除多余的图线，保留所需要的图线。

4）双击视口边框外侧（关闭视口激活状态），选择视口边框，利用夹点功能调整视口边框的大小至合适大小。

5）移动视口边框至视图所需放置位置。

结果如图 11-66（b）所示。

（5）生成断面图 A-A。

1）利用设置视图（SOLVIEW）命令中的"截面"生成所需断面视图，如图 11-67（a）所示。

图 11-66　局部视图的生成

（a）生成俯视图；（b）修改成局部视图

2）利用设置图形命令（SOLDRAW）将该视图生成图形。

3）击活该视图，删除多余的图线，保留所需要的图线。

4）编辑剖面线的型式。

5）双击视口边框外侧（关闭视口激活状态），调整视口边框的大小至合适大小。

6）移动视口边框至视图所需放置位置。

7）在生成的断面图上方标注 A-A，如图 11-67（b）所示。

图 11-67　断面图的生成

（a）生成断面图；（b）对断面图进行编辑和修改

（6）其他断面图的生成。

过程与（5）相似，请读者自行完成。结果如图 11-68 所示。

（7）利用设置图形命令（SOLDRAW）将主视图生成图形。

（8）激活主视图，对主视图进行编辑，结果如图 11-69 所示。

在对主视图进行编辑操作时应注意：

1）根据需要对主视图进行缩放，但缩放不能不能在主视图视口内进行，必须在关闭主视图激活状态后才能进行，否则将会出现不对正的情况。

2）绘制的波浪线最好使用主视图的－dim 层，否则新添的这些线在其他视图可能会出现投影。

图 11-68　其他断面图的生成　　　　　　　　　图 11-69　主视图的生成

3）进行图案填充时，若使用"拾取点"的方法不能正确选择边界时，可以使用"选择"的方法进行边界的选择，如图 11-70（a）所示。但应用"选择"的方法前应将某些线先断开（使用"打断于点"命令），使整个填充区域能够形成串联（首尾相连），断点位置如图 11-70（b）所示。

（a）

（b）

图 11-70　断点与图案填充设置
（a）图案填充设置；（b）断点位置

（9）　关闭 VPORT 层，隐藏视图边框。

（10）　对视图进行尺寸标注和文本标注（过程略），结果如图 11-64 所示。

11.5　机械产品造型实例

本节将通过两个典型的机械产品齿轮和起重螺杆来练习一下实体的综合造型方法。进行造型前需要读者具备一定的识图能力。

11.5.1　齿轮

齿轮是一种常用件，在机器或部件中应用较广泛。主要用来传递动力、改变转速及旋转方向。齿轮的种类很多，常用的有：圆柱齿轮、圆锥齿轮、蜗轮蜗杆、齿轮齿条等。圆柱齿轮的轮齿有直齿、斜齿和人字齿之分。齿型又有渐开线、摆线、圆弧等形状。其中以渐开线齿轮最为常见。

1. 造型任务

图 11-71 所示为一渐开线圆柱齿轮零件图，根据零件图进行该齿轮的实体造型。

2. 分析

该齿轮为渐开线式直齿圆柱齿轮，结构上主要包括轮齿、轮身、孔、键槽和一些倒角。齿轮整体结构比较简单，只是轮齿两侧为渐开线，而 AutoCAD 没有渐开线命令，绘制起来比较困难，可以考虑采用逐点逼近法绘制（即先获取渐开线上若干点坐标，再用样条曲线把这些点连接起来的方法），计算各点坐标可以借助 Excel 软件完成。

图 11-71　齿轮零件图

3. 造型准备

（1）标准直齿圆柱齿轮参数及计算。

标准直齿圆柱齿轮参数及计算如表 11-2 所示。

表 11-2　　　　　　　　　　　　　　标准直齿圆柱齿轮参数及计算

名称	符号	计算公式
分度圆直径	d	$d = m \cdot z$
齿顶高	h_a	$h_a = m$
齿根高	h_f	$h_f = 1.25m$
全齿高	h	$h = h_a + h_f = 2.25m$
齿顶圆直径	d_a	$d_a = d + 2h_a = m(z+2)$
齿根圆直径	d_f	$d_f = d - 2h_f = m(z-2.5)$
压力角	α	标准齿轮 $\alpha = 20$
基圆直径	d_b	$d_b = m \cdot z \cdot \cos(\alpha)$
中心距	a	$a = (d_1 + d_2)/2 = m(z_1 + z_2)/2$

（2）渐开线参数方程。

$$x = r_b\,[\cos(t)+t\sin(t)]$$
$$y = r_b\,[\sin(t)-t\cos(t)]$$

其中：

基圆半径：r_b

变量：$t\,(0 \leqslant t \leqslant 1)$

由图 11-71 可知齿轮的模数 $m=2$，齿数 $z=25$，压力角 $\alpha=20$。

可以根据表 11-2 的公式计算出基圆半径的值为：

$$r_b = d_b/2 = m \cdot z \cdot \cos(\alpha)/2 = 2\times25\times\cos(20) = 23.492\ 315\ 52$$

（3）渐开线坐标计算。

1）新建 Excel。

新建一个 Excel 表格，命名为"渐开线参数.xls"，输入如表 11-3 所示。其中 t 占 A1 单元格，其值 0 和 0.005 由手工输入（t 的步进值为 0.005）；x 占 b1 单元格，其值由公式计算得出；y 占 c1 单元格，其值由公式计算得出；x，y 表示渐开线上的点坐标，其值由公式计算得出。

表 11-3　　　　　　　　　　　　　　　渐 开 线 参 数 表

t	$x = r_b[\cos(t)+t\sin(t)]$	$y = r_b[\sin(t)-t\cos(t)]$	x, y
0	=23.492 315 52*[cos(t)+t*sin(t)]	=23.492 315 52*[sin(t)-t*cos(t)]	=B2&","&C2
0.005			

2）选中 B2、C2、D2，向下填充一行。

3）选中 A2 至 D3 两行数据向下填充至第 120 行（只要 X 值超过 27 就可以了，原因请读者自行分析），此时数表格数据如图 11-72 所示。

图 11-72　输入数据

4) 复制 D2～D120 单元格数据。

4. 造型

（1）新建文件。

点击菜单栏"文件"—"新建"，新建文件，文件名为：齿轮造型.dwg。

（2）建立图层。

点击菜单栏"格式"—"图层"，建立图层如表 11-4 所示。

表 11-4　　　　　　　　　齿 轮 图 层 设 置

层名	线型	线宽
粗实线层	continous	0.35
点画线层	Center2	默认

（3）设置线型比例。

点击菜单栏"格式"→"线型"，设置"全局比例因子（G）："为 0.25。

（4）绘制中心线。

图层：点画线层

命令：LINE ✓

指定第一点：-31,0 ✓

指定下一点或 [放弃(U)]：31,0 ✓

指定下一点或 [放弃(U)]：✓

命令:LINE ✓

指定第一点：0,-31 ✓

指定下一点或 [放弃(U)]：0,31 ✓

指定下一点或 [放弃(U)]：✓

（5）绘制分度圆。

图层：点画线层

命令：CIRCLE ✓

指定圆的圆心或 [三点(3P)/两点(2P)/切点、切点、半径(T)]:0,0 ✓

指定圆的半径或 [直径(D)] <25.0000>: 25 ✓

（6）绘制齿顶圆。

图层：粗实线层

命令：CIRCLE ✓

指定圆的圆心或 [三点(3P)/两点(2P)/切点、切点、半径(T)]:0,0 ✓

指定圆的半径或 [直径(D)] <25.0000>: 27 ✓

（7）绘制齿根圆。

图层：粗实线层

命令：CIRCLE ✓

指定圆的圆心或 [三点(3P)/两点(2P)/切点、切点、半径(T)]:0,0 ✓

指定圆的半径或 [直径(D)] <27.0000>: 22.5 ✓

（8）绘制渐开线。

命令:spline ✓

指定第一个点或 [方式(M)/节点(K)/对象(O)]:　(粘贴"渐开线参数.xls"中 D2~D120 单元格数据)

······
输入下一点或 [起点切向(T)/公差(L)]：✓
输入下一个点或[端点切向(T)/公差(L)/放弃(U)]：✓
输入下一个点或[端点切向(T)/公差(L)/放弃(U)/闭合(C)]：✓
结果如图 11-73 所示。
（9）阵列渐开线。
点击菜单栏"修改"—"阵列"，将上一步绘制的渐开线绕原点环形阵列 50 次。设置如图 11-74
所示。

图 11-73　绘制渐开线　　　　　　　　　　　图 11-74　阵列渐开线

（10）镜像渐开线。
命令：MIRROR　✓
选择对象：找到 1 个　　（选择如图 11-75 所示镜像对象）
选择对象：✓
指定镜像线的第一点：0,0　✓
指定镜像线的第二点：(选择如图 11-75 所示分度圆与渐开线交点)
要删除源对象吗?[是(Y)/否(N)] <N>:Y　✓
结果如图 11-76 所示。

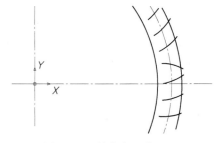

图 11-75　镜像端点与镜像对象　　　　　　　图 11-76　镜像渐开线

（11）绘制辅助线并修整。
连接渐开线端点与原点并修整结果如图 11-77 所示。
（12）旋转并修整。
对图形旋转并修整结果如图 11-78 所示。
（13）面域。
将图 11-78 所示齿形对象制作成面域。

图 11-77　绘制辅助线并修整

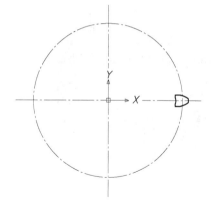

图 11-78　旋转并修整

（14）　重新绘制齿根圆和齿顶圆。

图层：粗实线层

命令：CIRCLE　✓

指定圆的圆心或 [三点(3P)/两点(2P)/切点、切点、半径(T)]:0,0　✓

指定圆的半径或 [直径(D)] <22.5000>: 22.5　✓

命令：CIRCLE　✓

指定圆的圆心或 [三点(3P)/两点(2P)/切点、切点、半径(T)]:0,0　✓

指定圆的半径或 [直径(D)] <22.5000>: 27　✓

（15）　拉伸。将齿根圆和齿形对象面域向上拉伸 16，如图 11-79 所示。

视图：西南等轴测视图

命令：EXTRUDE　✓

当前线框密度：ISOLINES=4,闭合轮廓创建模式=实体

选择要拉伸的对象或[模式(MO)]:　　　(选择齿根圆)

找到 1 个

选择要拉伸的对象或[模式(MO)]:　　　(选择齿形对象面域)

找到 1 个,总计 2 个

选择要拉伸的对象或[模式(MO)]:　✓

图 11-79　拉伸

指定拉伸的高度或 [方向(D)/路径(P)/倾斜角(T)/表达式(E)] <15.0000>: 16　✓

（16）　阵列轮齿。

点击菜单栏"修改"—"三维操作"—"三维阵列"，将上一步生成的轮齿绕原点环形阵列 25 次。设置如图 11-74 所示。

命令：3DARRAY　✓

选择对象：　　　(选择轮齿)

找到 1 个

选择对象：✓

输入阵列类型 [矩形(R)/环形(P)] <矩形>:p　✓

输入阵列中的项目数目：25　✓

指定要填充的角度 (+=逆时针，-=顺时针) <360>:　✓

旋转阵列对象？[是(Y)/否(N)] <Y>:　✓

指定阵列的中心点：0,0,0　✓

图 11-80　阵列轮齿

指定旋转轴上的第二点：0,0,10　√

结果如图 11-80 所示。

（17）　布尔运算。

点击菜单栏"修改"—"实体编辑"—"并集（U）"，将上一步生成的所有轮齿和齿根圆圆柱合并在一起。

命令：UNION　√

选择对象：(选择所有轮齿和齿根圆圆柱)

找到 26 个

选择对象：　√

（18）　拉伸齿顶圆并倒角。

将齿顶圆向上拉伸 16。再将拉伸出的齿顶圆圆柱上、下两圆边倒角，倒角距离为 1×1。

视图：西南等轴测视图

命令：EXTRUDE　√

当前线框密度：ISOLINES＝4，闭合轮廓创建模式＝实体

选择要拉伸的对象或[模式(MO)]：　　(选择齿顶圆)

找到 1 个

选择要拉伸的对象或[模式(MO)]：　√

指定拉伸的高度或 [方向(D)/路径(P)/倾斜角(T) 表达式(E)] <16.0000>：16　√

命令：CHAMFER　√

（"修剪"模式) 当前倒角距离 1 ＝ 0.0000,距离 2 ＝ 0.0000

选择第一条直线或 [放弃(U)/多段线(P)/距离(D)/角度(A)/修剪(T)/方式(E)/多个(M)]：(选择齿顶圆圆柱上面的圆边)

基面选择...

输入曲面选择选项 [下一个(N)/当前(OK)] <当前(OK)>：　√

指定基面的倒角距离：1　√

指定其他曲面的倒角距离<1.0000>：　√

选择边或 [环(L)]：　　(选择齿顶圆圆柱上面的圆边)

选择边或 [环(L)]：　　(选择齿顶圆圆柱下面的圆边)

选择边或 [环(L)]：　√

着色后结果如图 11-81 所示。

（19）　布尔运算。

将齿顶圆圆柱与步骤（17）生成的实体进行交集运算。

命令：INTERSECT　√

选择对象：(选择齿顶圆圆柱与步骤(17)生成的实体)

找到 2 个

选择对象：　√

结果如图 11-82 所示。

图 11-81　拉伸齿顶圆并倒角

图 11-82　布尔运算

（20）绘制轴孔与键槽。

绘制如图 11-83 所示轴孔与键槽。

（21）将轴孔与键槽生成面域。

命令：REGION ✓

选择对象：　（选择如图 11-83 所示轴孔与键槽）

找到 4 个

选择对象：✓

（22）拉伸。

将轴孔与键槽生成的面域向上拉伸 16。

视图：西南等轴测视图

命令：EXTRUDE ✓

当前线框密度：ISOLINES=4

选择要拉伸的对象：　（选择轴孔与键槽生成的面域）

找到 1 个

选择要拉伸的对象：✓

指定拉伸的高度或 [方向(D)/路径(P)/倾斜角(T)] <16.0000>：16 ✓

（23）布尔运算。

从步骤（19）生成的实体中挖切掉步骤（22）生成的实体。

视图：西南等轴测视图

命令：SUBTRACT ✓

选择要从中减去的实体、曲面和面域...

选择对象：（选择(19)生成的实体）

找到 1 个

选择对象：✓

选择要减去的实体、曲面和面域...

选择对象：（选择(22)生成的实体）

找到 1 个

选择对象：✓

结果如图 11-84 所示。

图 11-83　轴孔与键槽

图 11-84　倒角边

（24）倒角。

对步骤（19）生成的实体倒角。

命令：CHAMFER　✓

（"修剪"模式）当前倒角距离 1 = 0.0000, 距离 2 = 0.0000

选择第一条直线或 [放弃(U)/多段线(P)/距离(D)/角度(A)/修剪(T)/方式(E)/多个(M)]：(选择轴孔上面的圆边)

基面选择...

输入曲面选择选项 [下一个(N)/当前(OK)] <当前(OK)>：N　✓

（选择轴孔作为基面）

输入曲面选择选项 [下一个(N)/当前(OK)] <当前(OK)>：　✓

指定基面的倒角距离：1　✓

指定其他曲面的倒角距离<1.0000>：　✓

选择边或 [环(L)]：　　(选择轴孔上面的圆边)

选择边或 [环(L)]：　　(选择轴孔下面的圆边)

选择边或 [环(L)]：　✓

图 11-85　齿轮

齿轮最后结果如图 11-85 所示。

11.5.2　起重螺杆

1. 造型任务

图 11-86 所示为一起重螺杆零件图，根据零件图进行该起重螺杆的实体造型。

图 11-86　齿轮零件图

2. 造型

（1）新建文件。

点击菜单栏"文件"—"新建"，新建文件，文件名为：起重螺杆造型.dwg。

（2）建立图层。

点击菜单栏"格式"—"图层"，建立图层如表 11-5 所示。

表 11-5	起 重 螺 杆 图 层 设 置	
层　　名	线　　型	线　　宽
粗实线层	continous	0.35
点画线层	Center2	默认

（3）设置线形比例。

点击菜单栏"格式"—"线型"，设置"全局比例因子（G）："为 0.25。

（4）绘制起重螺杆截面。

图层：粗实线层

绘制超重螺杆截面如图 11-87 所示。（过程略）

图 11-87　起重螺杆截面

（5）面域。

将如图 11-87 所示起重螺杆截面转换成面域，并旋转成实体。

命令：REGION　↙

选择对象：　　　（选择起重螺杆截面）

找到 14 个

选择对象：　↙

已提取 1 个环。

已创建 1 个面域。

（6）旋转。

将如图 11-87 所示起重螺杆截面旋转成实体。

命令：REVOLVE　↙

当前线框密度：ISOLINES＝4

选择要旋转的对象：（选择起重螺杆截面）

找到 1 个

选择要旋转的对象：　↙

指定轴起点或根据以下选项之一定义轴 [对象(O)/X/Y/Z] <对象>:(选择如图 11-87 所示旋转轴上一端点)

指定轴端点:(选择如图 11-87 所示旋转轴另一端点)

指定旋转角度或 [起点角度(ST)] <360>:　↙

结果如图 11-88 所示。

（7）圆柱。

创建一个半径为 5，长度为 50 的圆柱。

命令：CYLINDER　↙

指定底面的中心点或 [三点(3P)/两点(2P)/切点、切点、半径(T)/椭圆(E)]:(在绘图窗口上任意选择一点)

指定底面半径或 [直径(D)]: 5　↙

指定高度或 [两点(2P)/轴端点(A)]: 50　↙

结果如图 11-89 所示。

图 11-88　旋转

图 11-89　圆柱

（8）旋转圆柱。

点击菜单栏"修改"—"三维操作"—"三维旋转（R）"，将圆柱绕过圆柱上一个圆心且与 X 轴平行的轴线旋转 90°。

命令：3DROTATE　✓
UCS 当前的正角方向：ANGDIR＝逆时针 ANGBASE＝0
选择对象：　　　（选择圆柱）
找到 1 个
选择对象：　✓
指定基点：　　　（选择圆柱下面圆的圆心）
拾取旋转轴：　　（选择红色与 X 轴平行的轴）
指定角的起点或键入角度：90　✓
结果如图 11-90 所示。

（9）移动圆柱。

点击菜单栏"修改"—"移动（V）"，将圆柱以如图 11-90 所示"圆 1"和"圆 2"圆心间的中点为基准点移动到"圆 3"和"圆 4"圆心间的中点。

命令：MOVE　✓
选择对象：　　　（选择圆柱）
找到 1 个
选择对象：　✓
指定基点或 [位移(D)] <位移>：_m2p　✓
中点的第一点：（选择如图 11-90 所示圆 1 的圆心）
中点的第二点：（选择如图 11-90 所示圆 2 的圆心）
指定第二个点或<使用第一个点作为位移>：_m2p　✓
中点的第一点：（选择如图 11-90 所示圆 3 的圆心）
中点的第二点：（选择如图 11-90 所示圆 4 的圆心）
结果如图 11-91 所示。

图 11-90　旋转

图 11-91　移动

（10）　布尔运算。

点击菜单栏"修改"—"实体编辑"—"差集（S）"，从螺杆主体上挖掉圆柱。

命令：SUBTRACT　✓

选择要从中减去的实体、曲面和面域...

选择对象：　（选择螺纹主体）

找到 1 个

选择对象：　✓

选择要减去的实体、曲面和面域...

选择对象：　（选择圆柱）

找到 1 个

选择对象：　✓

结果如图 11-92 所示。

（11）　建立用户坐标系。

将坐标系移动到螺杆主体右端面圆圆心处。

视图：东南等轴测视图

命令：UCS　✓

当前 UCS 名称：*俯视*

图 11-92　布尔运算

指定 UCS 的原点或 [面 (F) /命名 (NA) /对象 (OB) /上一个 (P) /视图 (V) /世界 (W) /X/Y/Z/Z 轴 (ZA)]

<世界>：(选择螺杆主体右端面圆圆心)

指定 X 轴上的点或<接受>：　✓

（12）　绘制螺旋线。

点击菜单栏"绘图" → "螺旋（I）"，绘制螺纹线。

命令：HELIX　✓

圈数 = 3.0000 扭曲 =CCW

指定底面的中心点：9,0　✓

指定底面半径或 [直径 (D)] <1.0000>：9.3　✓

指定顶面半径或 [直径 (D)] <9.3000>：　✓

指定螺旋高度或 [轴端点 (A) /圈数 (T) /圈高 (H) /扭曲 (W)] <1.0000>：H　✓

指定圈间距<0.2500>：6　✓

指定螺旋高度或 [轴端点 (A) /圈数 (T) /圈高 (H) /扭曲 (W)] <1.0000>：70　✓

结果如图 11-93 所示。

（13）　旋转螺旋线。

点击菜单栏"修改"—"三维操作"—"三维旋转（R）"，将螺旋线绕过（9，0）点且与 Y 轴平行的轴线旋转 90°。

命令：3DROTATE　✓

UCS 当前的正角方向：ANGDIR=逆时针 ANGBASE = 0

选择对象：　　　（选择螺旋线）

找到 1 个

选择对象：　✓

指定基点：9,0　✓

拾取旋转轴：　　　（选择与 Y 轴平行的轴）

指定角的起点或键入角度：90　✓

结果如图 11-94 所示。

图 11-93   螺旋线   图 11-94   螺旋线

（14）绘制矩形。

点击菜单栏"绘图"—"矩形（G）"，在前视图上绘制一个宽为 3，高为 4 的矩形。

视图：前视图

命令：RECTANG ✓

指定第一个角点或 [倒角(C)/标高(E)/圆角(F)/厚度(T)/宽度(W)]：(在绘图窗口任选点击一点)

指定另一个角点或 [面积(A)/尺寸(D)/旋转(R)]：@3,4 ✓

（15）移动矩形。

点击菜单栏"修改"—"移动（V）"，将矩形移动到螺旋线右侧尾端端点。

视图：前视图

命令：MOVE ✓

选择对象：   (选择矩形)

找到 1 个

选择对象：✓

指定基点或 [位移(D)] <位移>：   (选择矩形上边中点)

指定第二个点或<使用第一个点作为位移>：   (选择螺旋线右侧尾端端点)

结果如图 11-95 所示。

（16）扫掠。

点击菜单栏"绘图"—"建模"—"扫掠（P）"，将矩形沿螺旋线进行扫掠。

视图：东南等轴测

命令：SWEEP ✓

当前线框密度：ISOLINES=4

选择要扫掠的对象：(选择矩形)

找到 1 个

选择要扫掠的对象：✓

选择扫掠路径或 [对齐(A)/基点(B)/比例(S)/扭曲(T)]：A ✓

扫掠前对齐垂直于路径的扫掠对象 [是(Y)/否(N)] <是>：N ✓

选择扫掠路径或 [对齐(A)/基点(B)/比例(S)/扭曲(T)]：(选择螺旋线)

结果如图 11-96 所示。

图 11-95   移动矩形   图 11-96   扫掠

（17）布尔运算。

点击菜单栏"修改"—"实体编辑"—"差集（S）"，从起重螺杆主体上将扫掠实体挖切掉。

视图：东南等轴测

命令：SWEEP ✓

当前线框密度：ISOLINES＝4

选择要扫掠的对象：（选择矩形）

（18）删除螺旋线。

点击菜单栏"修改"—"删除（E）"，将螺旋线删除。

视图：前视图

命令：ERASE ✓

选择对象：（选择螺旋线）

找到 1 个

选择对象： ✓

结果如图 11-97 所示。

11.5.3 滚动轴承

1. 造型任务

已知型号为 6208 的深沟球轴承图形如图 11-98 所示，钢球数为 6 个，请对该轴承进行实体造型。

图 11-97 起重螺杆

图 11-98 深沟球轴承 6208

2. 造型

（1）新建文件。

单击菜单栏"文件"—"新建"，新建文件，文件名为：深沟球轴承 6208.dwg。

（2）建立图层。

点击菜单栏"格式"—"图层"，建立图层如表 11-6 所示。

表 11-6　　　　　　　　　　起重螺杆图层设置

层名	线型	线宽
粗实线层	continous	0.35
点画线层	Center2	默认

（3）设置线形比例。

点击菜单栏"格式"—"线型"，设置"全局比例因子（G）:"为0.25。

（4）绘制轴承截面。

图层：粗实线层

绘制轴承截面如图11-99所示。（过程略）

（5）面域。

将如图11-99所示轴承截面转换成面域。

命令：REGION ✓

选择对象：　　　　（选择轴承截面）

找到13个

选择对象：✓

已提取2个环。

已创建2个面域。

（6）创建滚动体。

以图11-99所示两中心线交点为球心创建半径为5的球体。

命令：SPHERE ✓

指定中心点或 [三点(3P)/两点(2P)/切点、切点、半径(T)]:　　（选择图11-99所示两中心线交点）

指定半径或 [直径(D)]: 5 ✓

结果如图11-100所示。

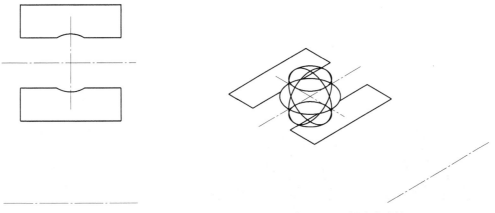

图11-99　轴承截面　　　　　　　　　　　　图11-100　创建滚动体

（7）阵列滚动体。

将滚动体以轴承回转轴为轴线进行环形阵列，数量为7个。

命令：3DARRAY ✓

选择对象：（选择如图11-100中的球体）

找到1个

选择对象：✓

输入阵列类型 [矩形(R)/环形(P)] <矩形>:p ✓

输入阵列中的项目数目：7 ✓

指定要填充的角度 (+=逆时针, -=顺时针) <360>:　✓

旋转阵列对象？[是(Y)/否(N)] <Y>:　✓

指定阵列的中心点:(选择如图11-100轴承回转轴线上一点)

指定旋转轴上的第二点: (选择如图 11-100 轴承回转轴线上另一点)

结果如图 11-101 所示。

（8） 旋转轴承截面。

将如图 11-99 所示轴承面旋转成实体。

命令:REVOLVE ✓

当前线框密度: ISOLINES=4

选择要旋转的对象: (选择如图 11-99 所示上面轴承外圈截面)

找到 1 个

选择要旋转的对象: (选择如图 11-99 所示下面轴承内圈截面)

找到 1 个,总计 2 个

选择要旋转的对象: ✓

指定轴起点或根据以下选项之一定义轴 [对象(O)/X/Y/Z] <对象>:(选择如图 11-100 轴承回转轴线上一点)

指定轴端点:(选择如图 11-100 轴承回转轴线上另一点)

指定旋转角度或 [起点角度(ST)] <360>: ✓

调整观察角度并着色后，结果如图 11-102 所示。

图 11-101 阵列滚动体

图 11-102 轴承

思 考 题

1. 用拉伸的方法生成三维实体时，有哪些注意事项。

2. 用旋转的方法生成三维实体时，有哪些注意事项。

3. 三维实体有几种创建方法。各有什么特点？

4. 如何得到剖视立体图和剖视断面图？

5. 立体的倒直角、倒圆角与二维图形的倒直角、倒圆角有何不同？

6. 三维实体编辑有何特点？

7. 由三维实体模型生成正交视图的方法是什么？

8. 由三维实体模型生成正交视图要先进行哪些设置？

9. 由三维实体模型生成正交视图的步骤有哪些？

10. 由三维实体模型生成正交视图应注意哪些问题？

第12章 曲面造型

在三维造型中，如果仅需要表达形体的空间结构和消隐、着色和渲染功能，但又不需要实体提供的物理特性（质量、重量、重心等），那么一般采用三维曲面来进行造型。三维曲面常常用于创建不规则的几何图形，如山脉的三维地形模型。

三维曲面一般用网格状镶嵌平面表示。网格的密度（或镶嵌平面的数目）由网格的列数（M）和行数（N）决定。在二维和三维中都可以创建三维曲面，但主要在三维中使用。

三维曲面可以是开放的也可以是闭合的。如果在某个方向上三维曲面的起始边和终止边没有接触，则三维曲面就是开放的，若接触则是闭合的。

 学习目标

（1）了解标高与厚度的设置、使用方法。
（2）掌握图元、曲面的创建方法。
（3）掌握网格转换及编辑方法。

 学习内容

（1）标高与厚度的设置方法。
（2）图元、三维面、旋转网格、平移网格、直纹网格、边界网格和平面曲面的创建方法。
（3）转换为曲面、平滑曲面、网格锐化和分割网格面的方法。

12.1 标 高 与 厚 度

标高指三维对象基准点的Z坐标值，该值可正可负；厚度指三维对象本身的绝对高度。在绘制三维对象时，可以通过标高命令（ELEV）设置对象的标高和厚度方法来确定二维对象的Z坐标高度和厚度。AutoCAD将当前标高在模型空间和图纸空间分别保存。在一个视口中指定一个标高设置将使该标高在所有视口中置为当前，而不考虑这些视口是否设置为保留自己的用户坐标系（UCS）。无论何时，当改变了坐标系时，AutoCAD将把标高重置为0。

12.1.1 标高

功能：设置二维对象基准点相对于当前坐标系的Z坐标值和二维对象被拉伸后与标高的距离。
命令执行方式：
命令：ELEV
操作过程：
命令：ELEV ✓
指定新的默认标高<0.0000>：
指定新的默认厚度<0.0000>：
标高命令各选项含义为：
（1）指定新的默认标高：设置二维对象基准点相对于当前坐标系的Z坐标值。
（2）指定新的默认厚度：设置二维对象被拉伸后与标高的距离。该选项还可以通过命令

THICKNESS 来设置。

【例 12-1】 设置当前标高为 0，厚度为 50。再分别绘制直线、构造线、多段线、正多边形、矩形、圆、圆弧、样条曲线和椭圆，观察各二维对象的变化情况。

1. 分析

在观察设置标高和厚度后，各二维对象的变化情况时，应先将二维图形绘制在同一视图上，并将视角设置为等轴测视图。

2. 操作过程

（1）设置标高为 0，厚度为 50。

命令：ELEV ↙
指定新的默认标高<0.0000>：↙
指定新的默认厚度<0.0000>：50 ↙

（2）绘制各二维对象。（过程略）

结果如图 12-1 所示。

图 12-1　标高的应用（一）
（a）标高为 0，厚度为 0；（b）标高为 0，厚度为 50

说明：由此例可以看出，直线、多段线、圆弧、圆均可被设置厚度，而构造线、矩形、样条曲线和椭圆不可以通过标高命令设置厚度，但其中矩形命令可以通过其命令选项中的标高选项和厚度选项来设置其标高和厚度。

【例 12-2】 利用标高命令绘制如图 12-2 所示图形。

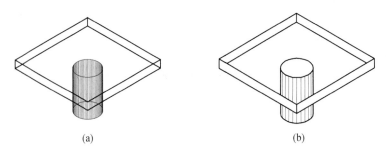

图 12-2　标高的应用（二）
（a）未消隐的图形；（b）消隐后的图形

1. 分析

矩形的标高和厚度需要从其命令的选项中完成，不能使用标高（ELEV）命令。因此在执行矩形命令时应注意其选项的设置。

2. 操作过程

（1）设置标高为 0，厚度为 50。

命令：ELEV ✓

指定新的默认标高<0.0000>：✓

指定新的默认厚度<0.0000>:50 ✓

（2）绘制一半径为 15 的圆。

命令：CIRCLE ✓

指定圆的圆心或 [三点(3P)/两点(2P)/相切、相切、半径(T)]：0,0 ✓

指定圆的半径或 [直径(D)] <25.0000>：15 ✓

（3）绘制标高为 50，厚度为 10 的矩形。

命令：RECTANG ✓

当前矩形模式： 厚度=50.0000

指定第一个角点或 [倒角(C)/标高(E)/圆角(F)/厚度(T)/宽度(W)]：E ✓

指定矩形的标高<0.0000>：50 ✓

指定第一个角点或 [倒角(C)/标高(E)/圆角(F)/厚度(T)/宽度(W)]：T ✓

指定矩形的厚度<50.0000>：10 ✓

指定第一个角点或 [倒角(C)/标高(E)/圆角(F)/厚度(T)/宽度(W)]：-50,-50 ✓

指定另一个角点或 [尺寸(D)]：50,50 ✓

结果如图 12-2（a）所示。

（4）消隐。

命令：HIDE ✓

正在重生成模型。

结果如图 12-2（b）所示。

12.1.2　修改对象的厚度

标高命令（ELEV）只对该命令执行后创建的新对象起作用，而不影响该命令执行前创建的现有对象。若欲修改已生成的二维对象的标高和厚度，读者可以使用"特性"管理器或使用修改命令（CHANGE）。

（1）利用"特性"管理器修改二维对象的标高和厚度。

功能：控制现有对象的特性

命令执行方式：

菜单栏："修改"—"特性"。

功能区："视图"—"选项板"—"特性" 。

工具栏："标准" 。

命令：PROPERTIES。

图 12-3　"对象特性"对话框

操作过程：（1）选择欲修改的对象。

（2）选择标准工具栏上的 ，在出现的"特性"对话框中修改对象的标高和厚度，如图 12-3 所示。

【例 12-3】 绘制一圆环，圆环内径为 30，外径为 40。利用"特性"对话框修改圆环厚度为 10，结果如图 12-4（b）所示。

1. 分析

圆环命令（DONUT）所创建的图形，也可以具有厚度的特性，但其有厚度的部分仅仅是其内

图 12-4 修改圆环的厚度

（a）圆环；（b）修改厚度为 10 并消隐

径和外径之间的部分。

2. 操作过程

（1）绘制圆环。

命令：DONUT

指定圆环的内径<0.5000>：30

指定圆环的外径<1.0000>：40

指定圆环的中心点或<退出>：

（2）利用特性工具修改对象的标高和厚度。选择圆环，并选择标准工具栏上的![icon]，在出现的"特性"对话框中修改对象的标高和厚度，如图 12-3 所示。

（3）消隐。

命令：HIDE ✓

正在重生成模型。

结果如图 12-4（b）所示。

（4）利用"修改"命令（CHANGE）修改二维对象的标高和厚度。

功能：控制现有对象的特性

命令执行方式：

命 令：CHANGE

操作过程：

命令：CHANGE

选择对象：

指定修改点或 [特性(P)]：P

输入要修改的特性

[颜色(C)/标高(E)/图层(LA)/线型(LT)/线型比例(S)/线宽(LW)/厚度(T)/透明度(TR)/材质(M)/注释性(A)]：

指定新厚度<0.0000>：

通过选择选项中的"标高（E）"和"厚度（T）"就可以修改二维对象的标高和厚度了。

【例 12-4】 绘制一矩形，矩形的宽度为 5，长为 50，宽为 50。并利用"修改"命令（CHANGE）修改其厚度为 20。结果如图 12-5（b）所示。

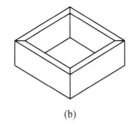

图 12-5 修改矩形的厚度

（a）宽度为 5 的矩形；（b）修改厚度为 20 并消隐

1. 分析

在绘制矩形时，可以通过其选项中的"宽度（W）"来设置矩形的线宽；通过其选项中的"标高（E）"和"厚度（T）"来确定矩形的标高和厚度。注意矩形不可以通过标高（ELEV）命令来确定其标高和厚度。

2. 操作过程

（1）绘制矩形。

命令：RECTANG ✓

指定第一个角点或 [倒角 (C) /标高 (E) /圆角 (F) /厚度 (T) /宽度 (W)]：W ✓

指定矩形的线宽<0.0000>：5 ✓

指定第一个角点或 [倒角 (C) /标高 (E) /圆角 (F) /厚度 (T) /宽度 (W)]：0,0 ✓

指定另一个角点或 [尺寸 (D)]：50,50 ✓

（2）修改矩形的厚度为 20。

命令：CHANGE ✓

选择对象：找到 1 个

选择对象：✓

指定修改点或 [特性 (P)]：P ✓

输入要修改的特性

[颜色 (C) /标高 (E) /图层 (LA) /线型 (LT) /线型比例 (S) /线宽 (LW) /厚度 (T) /透明度 (TR) /材质 (M) /注释性 (A)]：T ✓

指定新厚度<0.0000>：20 ✓

输入要修改的特性

[颜色 (C) /标高 (E) /图层 (LA) /线型 (LT) /线型比例 (S) /线宽 (LW) /厚度 (T) /透明度 (TR) /材质 (M) /注释性 (A)]：✓

（3）消隐。

命令：HIDE ✓

正在重生成模型。

结果如图 12-5（b）所示。

12.2 图　元

标准的网格形状称之为图元。创建图元的命令可从菜单栏"绘图"—"建模"—"网格"或功能区"网格"—"图元"中选取，如图 12-6 所示。

12.2.1 网格基本体

1. 网格图元选项

利用 MESHPRIMITIVEOPTIONS 命令可以打开如图 12-7 所示"网格图元选项"对话框，利用该对话框可以对所创建的曲面基本体的参数进行设置。

图 12-6 "网格"菜单

2. 网格图元

功能：

创建网格基本体。

命令执行方式：

菜单栏："绘图"—"建模"—"网格"—"图元"。

功能区："网格"—"图元"。

工具栏："平滑网格图元"。

命　令：MESH。

图 12-7 "网格图元选项"对话框

图 12-8 "平滑网格图元"工具栏

操作过程：

命令：MESH

当前平滑度设置为：0

输入选项 [长方体(B)/圆锥体(C)/圆柱体(CY)/棱锥体(P)/球体(S)/楔体(W)/圆环体(T)/设置(SE)] <长方体>：

网格基本体的创建方法与实体基本体的创建方法基本相同。"平滑网格图元"工具栏如图 12-8 所示。

12.2.2　三维面

功能：构造空间任意位置的平面，平面的顶点可以有不同的坐标，但不能超过 4 个顶点，除非第 4 个顶点在前面三点所确定的平面内。

命令执行方式：

菜单栏："绘图" — "建模" — "网格" — "三维面"。

命　　令：3DFACE。

操作过程：

命令：3DFACE

指定第一点或 [不可见(I)]：

指定第二点或 [不可见(I)]：

指定第三点或 [不可见(I)] <退出>：

指定第四点或 [不可见(I)] <创建三侧面>：

指定第三点或 [不可见(I)] <退出>：

指定第四点或 [不可见(I)] <创建三侧面>：

AutoCAD 将重复提示输入第三点和第四点，直到按 ENTER 键为止。

提示：

（1）第一个点、第二点、第三点、第四点：定义三维面的各点。在输入第一点后，可按顺时针或逆时针方向输入其余的点，以创建普通三维面。如果四个顶点在同一个平面上，那么 AutoCAD 将创建一个类似于面域对象的未填充平面，可以被拉伸（EXTRUDE）。当着色或渲染对象时，该平面将被填充。若第四点与前三点不在同一平面内，则第四点与前面三点形成一个新的空间面，但该面不能被拉伸。

（2）创建三侧面：在提示"指定第四点或 ［不可见（I）］ <创建三侧面>："时直接按 Enter

键，系统将前三个指定点创建成一个平面。

（3）不可见（I）：控制当前边界的可见性，事实上是确定该边界周围网格的可见性。一般在提示"指定第几点"后设置不可见性，则第几条边就不可见，如在提示"指定第二点或［不可见（I）］："后输入"I"后按 Enter 键，则绘制的三维面的第二条边变为不可见。

【**例 12-5**】　先绘制长方体，长方体长、宽、高分别为 100、80、60，再利用三维面命令绘制如图 12-9 所示各三维面。

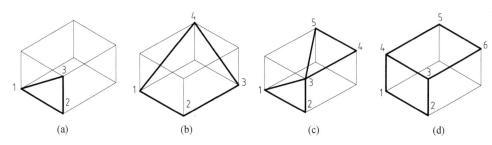

图 12-9　三维面

（a）三点三维面；（b）四点三维面；（c）五点三维面；（d）六点三维面

1. 分析

创建如图 12-9 所示三维面，长方体的作用仅用于帮助读者确定各点的位置，在创建过程中应注意使三维面的边界线宽或颜色与长方体的边界线宽或颜色有所区别。

2. 操作过程

（1）绘制长方体，长方体长为 100，宽为 80，高为 60。（过程略）

（2）绘制如图 12-9（a）所示三维面。

命令：3DFACE ✓
指定第一点或 ［不可见(I)］：　　　（选择图 12-9(a)所示点 1）
指定第二点或 ［不可见(I)］：　　　（选择图 12-9(a)所示点 2）
指定第三点或 ［不可见(I)］ <退出>：　　　（选择图 12-9(a)所示点 3）
指定第四点或 ［不可见(I)］ <创建三侧面>：　✓

（3）绘制如图 12-9（b）所示三维面。

命令：3DFACE ✓
指定第一点或 ［不可见(I)］：　　　（选择图 12-9(b)所示点 1）
指定第二点或 ［不可见(I)］：　　　（选择图 12-9(b)所示点 2）
指定第三点或 ［不可见(I)］ <退出>：　　　（选择图 12-9(b)所示左端面点 3）
指定第四点或 ［不可见(I)］ <创建三侧面>：　　　（选择图 12-9(b)所示点 4）
指定第三点或 ［不可见(I)］ <退出>：　✓

（4）绘制如图 12-9（c）所示三维面。

命令：3DFACE ✓
指定第一点或 ［不可见(I)］：　　　（选择图 12-9(c)所示点 1）
指定第二点或 ［不可见(I)］：　　　（选择图 12-9(c)所示点 2）
指定第三点或 ［不可见(I)］ <退出>：　　　（选择图 12-9(c)所示点 3）
指定第四点或 ［不可见(I)］ <创建三侧面>：　✓
指定第三点或 ［不可见(I)］ <退出>：　　　（选择图 12-9(c)所示点 4）
指定第四点或 ［不可见(I)］ <创建三侧面>：　　　（选择图 12-9(c)所示点 5）
指定第三点或 ［不可见(I)］ <退出>：　✓

（5）绘制如图 12-9（d）所示三维面。

命令：3DFACE ✓

指定第一点或 [不可见(I)]：   （选择图 12-9(d)所示点 1）

指定第二点或 [不可见(I)]：   （选择图 12-9(d)所示点 2）

指定第三点或 [不可见(I)] <退出>：   （选择图 12-9(d)所示点 3）

指定第四点或 [不可见(I)] <创建三侧面>：   （选择图 12-9(d)所示点 4）

指定第三点或 [不可见(I)] <退出>：   （选择图 12-9(d)所示点 5）

指定第四点或 [不可见(I)] <创建三侧面>：   （选择图 12-9(d)所示点 6）

指定第三点或 [不可见(I)] <退出>：   ✓

🔊 注 意

若图 12-9（d）中点 5 与点 6 位置颠倒，则结果如图 12-10 所示。

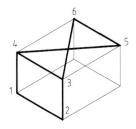

图 12-10   点 5、点 6 位置颠倒

【**例 12-6**】 先绘制长方体，长方体长、宽、高分别为 100、80、60，再利用三维面命令绘制如图 12-11 所示各三维面。

1. 分析

创建如图 12-11 所示三维面，长方体的作用仅用于帮助读者确定各点的位置，在创建过程中应注意使三维面的边界线宽或颜色与长方体的边界线宽或颜色有所区别。另外，在创建三维面时应注意若想使哪一个边界不可见，应先在哪一个顶点后设置其不可见性。

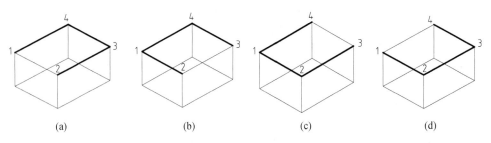

(a)   (b)   (c)   (d)

图 12-11   含不可见边的三维面

（a）线段一不可见；（b）线段二不可见；（c）线段三不可见；（d）线段四不可见

2. 操作过程

（1）绘制长方体。（过程略）

（2）绘制如图 12-11（a）所示三维面。

命令：3DFACE ✓

指定第一点或 [不可见(I)]：I　✓

指定第一点或 [不可见(I)]：　　（选择图 12-11 (a) 所示点 1）

指定第二点或 [不可见(I)]：　　（选择图 12-11 (a) 所示点 2）

指定第三点或 [不可见(I)] <退出>：　　（选择图 12-11 (a) 所示点 3）

指定第四点或 [不可见(I)] <创建三侧面>：　　（选择图 12-11 (a) 所示点 4）

指定第三点或 [不可见(I)] <退出>：　✓

（3）绘制如图 12-11（b）所示三维面。

命令：3DFACE　✓

指定第一点或 [不可见(I)]：　　（选择图 12-11 (b) 所示点 1）

指定第二点或 [不可见(I)]：I　✓

指定第二点或 [不可见(I)]：　　（选择图 12-11 (b) 所示点 2）

指定第三点或 [不可见(I)] <退出>：　　（选择图 12-11 (b) 所示点 3）

指定第四点或 [不可见(I)] <创建三侧面>：　　（选择图 12-11 (b) 所示点 4）

指定第三点或 [不可见(I)] <退出>：　✓

（4）绘制如图 12-11（c）所示三维面。

命令：3DFACE　✓

指定第一点或 [不可见(I)]：　　（选择图 12-11 (c) 所示点 1）

指定第二点或 [不可见(I)]：　　（选择图 12-11 (c) 所示点 2）

指定第三点或 [不可见(I)] <退出>：I　✓

指定第三点或 [不可见(I)] <退出>：　　（选择图 12-11 (c) 所示点 3）

指定第四点或 [不可见(I)] <创建三侧面>：　　（选择图 12-11 (c) 所示点 4）

指定第三点或 [不可见(I)] <退出>：　✓

（5）绘制如图 12-11（d）所示三维面。

命令：3DFACE　✓

指定第一点或 [不可见(I)]：　　（选择图 12-11 (d) 所示点 1）

指定第二点或 [不可见(I)]：　　（选择图 12-11 (d) 所示点 2）

指定第三点或 [不可见(I)] <退出>：　　（选择图 12-11 (d) 所示点 3）

指定第四点或 [不可见(I)] <创建三侧面>：I　✓

指定第四点或 [不可见(I)] <创建三侧面>：　　（选择图 12-11 (d) 所示点 4）

指定第三点或 [不可见(I)] <退出>：　✓

12.2.3　旋转网格

功能：通过绕轴旋转轮廓生成网格。

命令执行方式：

菜单栏："绘图"—"建模"—"网格"—"旋转网格"。

功能区："网格"—"图元"—"旋转网格"。

命　令：REVSURF。

操作过程：

命令：REVSURF

当前线框密度：SURFTAB1=6SURFTAB2=6

选择要旋转的对象：

选择定义旋转轴的对象：

指定起点角度<0>：

指定包含角 (+=逆时针,-=顺时针) <360>：

以上各选项含义为：

（1）要旋转的对象：确定要旋转的平面对象，该对象可以是直线、圆、圆弧、椭圆、椭圆弧、闭合多段线、多边形、闭合样条曲线或圆环。

（2）旋转轴：确定平面回转中心轴，用户在旋转轴上选取点的位置会影响轨迹曲线的旋转方向。可以用右手定则判断旋转方向，方法是：大拇指沿着旋转轴用指向轴上远离选取点的端点，弯曲四指，四指所指的方向就是轨迹曲线的旋转方向。旋转轴只能是直线、二维多段线、三维多段线等。

（3）起点角度：设置平面绕旋转轴旋转的起始角度。

（4）包含角：指定平面绕旋转轴旋转的角度。

📢 **注 意**

由旋转网格（REVSURF）命令生成三维曲面的密度由 SURFTAB1 和 SURFTAB2 两个系统变量控制。轨迹曲线的旋转方向称为 M 方向，旋转轴线方向称为 N 方向。M 方向的分段数由系统变量 SURFTAB1 确定，N 方向的分段数由系统变量 SURFTAB2 确定。两系统变量的控制效果如图 12-12 所示。

SURFTAB1=6　　　　　　SURFTAB1=5　　　　　　SURFTAB1=6
SURFTAB2=3　　　　　　SURFTAB2=3　　　　　　SURFTAB2=6

图 12-12　旋转网格（REVSURF）命令生成网格的密度

系统变量 SURFTAB1 和 SURFTAB2 定义好以后保持不变，除非下次再对其重新进行设定。对该系统变量的设定并不影响以前绘制好的曲面，只对以后绘制曲面有效，用 REGEN 命令也无法修改已绘制好曲面的网格显示，除非删除以后重新生成曲面。

【例 12-7】 绘制如图 12-13 所示旋转网格。

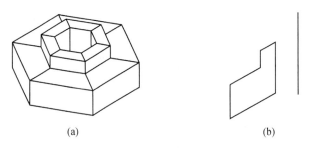

(a)　　　　　　　　　　　　　　　(b)

图 12-13　旋转网格
（a）原图；（b）截面与旋转轴

1. 分析

由图 12-13（a）可以看出该网格可由图 12-13（b）所示封闭图形绕旋转轴而生成，且系统变量 SURFTAB1＝6。

2. 操作过程

（1）设置当前视图为主视图。

选择菜单栏"视图"—"三维视图"—"主视"。

（2）绘制截面图形和旋转轴。

用多段线命令（PLINE）绘制截面图形和旋转轴如图 12-14 所示。

（3）设置系统变量 SURFTAB1=6。

命令：SURFTAB1　✓

输入 SURFTAB1 的新值<5>：6　✓

图 12-14　截面与旋转轴

（4）设置当前视图为西南等轴测视图。

选择菜单栏"视图"—"三维视图"—"西南等轴测"。

（5）绕旋转轴旋转截面图形。

命令：REVSURF　✓

当前线框密度：SURFTAB1=6SURFTAB2=3

选择要旋转的对象：　　（选择截面）

选择定义旋转轴的对象：　（选择旋转轴）

指定起点角度<0>：　✓

指定包含角（+=逆时针,-=顺时针）<360>：　✓

结果如图 12-13（a）所示。

12.2.4　平移网格

功能：从沿直线路径扫掠的直线或曲线生成网格。

命令执行方式：

菜单栏："绘图"—"建模"—"网格"—"平移网格"。

功能区："网格"—"图元"—"平移网格"。

命　令：TABSURF。

操作过程：

命令：TABSURF

当前线框密度：SURFTAB1=6

选择用作轮廓曲线的对象：

选择用作方向矢量的对象：

以上各选项含义为：

（1）用作轮廓曲线的对象：轮廓曲线定义多边形网格的曲面。它可以是直线、圆弧、圆、椭圆、样条曲线、正多边形、二维或三维多段线。AutoCAD 从轮廓曲线上离选定点最近的点开始绘制曲面。轮廓曲线必须事先绘出。

（2）用作方向矢量的对象：该对象可以是直线或多段线，若为多段线则 AutoCAD 只考虑多段线的第一点和最后一点，忽略中间的顶点。方向矢量指出形状的拉伸方向和长度。多段线或直线上选定的端点决定了拉伸的方向。

注　意

（1）平移网格（TABSURF）构造一个 2×n 的多边形网格，其中 n 由系统变量 SURFTAB1 决定。网格的 M 方向始终为 2 并且沿着方向矢量的方向。N 方向沿着轮廓曲线的方向。

（2）方向矢量与截面线不能在同一个平面内。

【例 12-8】 在俯视图上绘制如图 12-15（a）所示的直线、样条曲线、圆、多段线、矩形、椭圆、正多边形、样条曲线作为轮廓曲线，在主视图绘制一条直线段作为方向矢量，并将所绘制的轮廓曲线沿方向适量进行平移网格操作，结果如图 12-15（b）所示。

1. 分析

因在利用平移网格命令创建曲面时，要求作为"轮廓曲线的对象"和作为"方向矢量的对象"不能在同一个平面内（一般为垂直方向），因此可以先在俯视图上绘制各"轮廓曲线的对象"，在主视图上绘制"方向矢量的对象"，然后再利用平移移网格命令创建网格。

图 12-15　平移网格
（a）原图；（b）结果

2. 操作过程

（1）设置当前视图为俯视图。

选择菜单栏"视图"—"三维视图"—"俯视"。

（2）绘制轮廓曲线。（过程略）

（3）设置当前视图为主视图。

选择菜单栏"视图"—"三维视图"—"主视"。

（4）绘制方向矢量。（过程略）

（5）设置 SURFTAB1=6。

命令：SURFTAB1 ✓

输入 SURFTAB1 的新值<5>：6 ✓

（6）对直线进行平移网格操作。

命令：TABSURF ✓

当前线框密度：SURFTAB1=6

选择用作轮廓曲线的对象：　　（选择如图 12-15(a)所示作为轮廓曲线的直线）

选择用作方向矢量的对象：　　（选择如图 12-15(a)所示作为方向矢量的直线）

（7）对其他轮廓曲线进行平移操作。

过程与步骤（6）相似，过程略。

结果如图 12-15（b）所示。

12.2.5　直纹网格

功能：在两条直线或曲线之间创建表示曲面的网格。

命令执行方式：

菜单栏："绘图"—"建模"—"网格"—"直纹网格"。

功能区："网格"—"图元"—"直纹网格"。

命　令：RULESURF。

操作过程：

命令：RULESURF

当前线框密度：SURFTAB1=6

选择第一条定义曲线：

选择第二条定义曲线：

在使用直纹网格时应注意以下几个问题：

（1）用来确定直纹面的曲线必须事先绘出，它们可以是：直线、点、圆弧、圆、椭圆、椭圆弧、二维多段线、三维多段线或样条曲线等。

（2）作为直纹网格网格"轨迹"的两个对象必须都开放或都闭合。

（3）点对象可以与开放或闭合对象成对使用，但一对对象中只能有一个对象是点。

（4）可以在闭合曲线上指定任意两点来完成平移网格。

（5）对于开放曲线，AutoCAD 基于曲线上指定点的位置的最近一端构造直纹网格。若选择两边界的起点位置不同，所创建的曲面也将不同，如图 12-16 所示。

（6）若曲线是封闭的曲线或圆时，直纹面从圆的零度位置开始画起。当曲线是闭合多段线时，则从该多段线的最后一个顶点开始画。

（7）直纹面的分段数由系统变量 SURFTAB1 确定，它的缺省值为 6。

【例 12-9】　创建正六棱台曲面如图 12-17 所示，正六棱台底面正六边形外接圆直径为 40，顶面正六边形外接圆直径为 20，高度为 30。

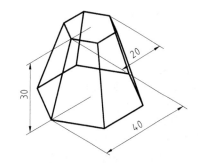

图 12-16　不同选择点构建的曲面不同　　　　　图 12-17　正六棱台

1. 分析

该曲面立体是一个正六棱台，要想创建这样的曲面立体，可以采用直纹网格的方法完成（为何不用平移网格命令或三维面命令？请读者自行分析）。采用直纹网格时所需的两个边界曲线可以是正六边形，也可以是两个圆，但都需要将系统变量 SURFTAB1 的值设置为 6。

2. 操作过程

（1）设置当前视图为西南等轴测视图。

选择菜单栏"视图"—"三维视图"—"西南等轴测"。

（2）绘制底面正六边形外接圆。

命令：CIRCLE ✓

指定圆的圆心或 [三点(3P)/两点(2P)/相切、相切、半径(T)]:0,0 ✓

指定圆的半径或 [直径(D)] <30.0000>: 20 ✓

（3）设置当前标高为 30。

命令：ELEV ✓

指定新的默认标高<0.0000>：30 ✓

指定新的默认厚度<0.0000>：✓

（4）绘制顶面正六边形外接圆。

命令：CIRCLE ✓

指定圆的圆心或 [三点(3P)/两点(2P)/相切、相切、半径(T)]:0,0✓

指定圆的半径或 [直径(D)] <20.0000>：10 ✓

（5）设置 SURFTAB1=6。

命令：SURFTAB1 ✓

输入 SURFTAB1 的新值<5>：6 ✓

（6）以两圆为边界制作直纹网格。

命令：RULESURF ✓

当前线框密度：SURFTAB1=6

选择第一条定义曲线:(选择底面圆)

选择第二条定义曲线:(选择顶面圆)

结果如图 12-17 所示。两边界为正六边形的情况，请读者自行完成。

12.2.6　边界网格

功能：在四条彼此相连的边或曲面之间创建网格。

命令执行方式：

菜单栏："绘图"—"建模"—"网格"—"边界网格"。

功能区："网格"—"图元"—"边界网格"。

命　令：EDGESURF。

操作过程：

命令：EDGESURF

当前线框密度：SURFTAB1=6SURFTAB2=3

选择用作曲面边界的对象 1：

选择用作曲面边界的对象 2：

选择用作曲面边界的对象 3：

选择用作曲面边界的对象 4：

在绘制边界网格时应注意以下几个问题：

（1）作为曲面边界的四个对象必须是首尾相连的邻接边。邻接边可以是直线、圆弧、样条曲线或开放的二维或三维多段线。四个对象可以在同一平面内，也可以不在同一平面内。

（2）在选择曲面边界对象时，可以用任何次序选择这四条边。第一条边（SURFTAB1）决定了生成网格的 M 方向，该方向是从距选择点最近的端点延伸到另一端。与第一条边相接的两条边形成了网格的 N（SURFTAB2）方向的边。

【例 12-10】　如图 12-18 所示，绘制长方体，长、宽、高分别为 100、80、60。在长方体四个侧面上各绘制一条样条曲线，并使其首尾相连，利用边界网格命令将四条样条曲线围成一边界网格。在长方体的上表面上绘制四条首尾相连的样条曲线，并使其首尾相连，利用边界网格命令将四条样条曲线围成一边界网格。

1．分析

创建如图 12-18 所示边界网格，应先创建曲面所要求的图形边界，因此应先创建长方体，再分别以长方体的四个侧面和顶面为当前用户坐标系的 *XOY* 平面创建如图 12-18（a）所示的首尾相连的样条曲线，最后再以样条曲线为边界创建边界曲线。

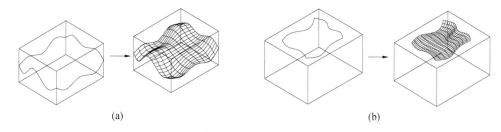

(a)　　　　　　　　　　　　　　　　　　　(b)

图 12-18　边界网格

（a）侧面边界网格；（b）顶面边界网格

2. 操作过程

（1）绘制长方体（过程略）。

（2）分别以长方体的四个侧面为当前用户坐标系的 XOY 平面，绘制样条曲线，并保证其首尾相连。（过程略）

（3）设置当前用户坐标系的 XOY 平面为长方体的顶面。（过程略）

（4）在长方体的顶面绘制四条首尾相连的样条曲线。

（5）设置 SURFTAB1=20，SURFTAB2=12。（过程略）

（6）创建侧面边界网格。

命令：EDGESURF ✓

当前线框密度：SURFTAB1=20SURFTAB2=12

选择用作曲面边界的对象 1：　　（选择如图 12-18(a)所示侧面边界）

选择用作曲面边界的对象 2：　　（选择如图 12-18(a)所示侧面边界）

选择用作曲面边界的对象 3：　　（选择如图 12-18(a)所示侧面边界）

选择用作曲面边界的对象 4：　　（选择如图 12-18(a)所示侧面边界）

结果如图 12-18（a）所示。

（7）创建顶面边界网格。

命令：EDGESURF ✓

当前线框密度：SURFTAB1=20SURFTAB2=12

选择用作曲面边界的对象 1：　　（选择如图 12-18(b)所示顶面边界）

选择用作曲面边界的对象 2：　　（选择如图 12-18(b)所示顶面边界）

选择用作曲面边界的对象 3：　　（选择如图 12-18(b)所示顶面边界）

选择用作曲面边界的对象 4：　　（选择如图 12-18(b)所示顶面边界）

结果如图 12-18（b）所示。

12.2.7　平面曲面

功能：创建平面曲面。

命令执行方式：

菜单栏："绘图"—"建模"—"曲面"—"平面"。

功能区："曲面"—"创建"—"平面" ▨。

工具栏："建模" ▨。

命　令：PLANESURF。

操作过程：

命令：PLANESURF ✓

指定第一个角点或［对象(O)］<对象>:(在屏幕上指定一点)

指定其他角点:

使用平面曲面（PLANESURF）命令创建曲面时有如下两种方式:

（1）选择构成一个或多个封闭区域的一个或多个对象。有效对象包括: 直线、圆、圆弧、椭圆、椭圆弧、二维多段线、平面三维多段线和平面样条曲线。DELOBJ 系统变量控制创建曲面后，自动删除所选对象，还是提示删除所选对象。

（2）通过命令指定矩形的对角点。通过该方法创建的平面曲面将平行于工作面。

12.3　网　　格

12.3.1　转换网格

1. 转换为曲面

功能: 将二维实体、面域、开放的、具有厚度的零宽度多段线、具有厚度的直线、具有厚度的圆弧、网格对象和三维平面转换为曲面。

命令执行方式:

菜单栏: "修改" — "三维操作" — "转换为曲面"。

功能区: "常用" — "实体编辑" — "转换为曲面"图。

命　　令: CONVTOSURFACE。

操作过程:

命令: CONVTOSURFACE　✓

选择对象:

2. 转换选项

功能: 设置是对转换为三维实体或曲面的网格对象进行平滑处理还是进行镶嵌，以及是否合并它们的面。

命令执行方式:

命令: SMOOTHMESHCONVERT

操作过程:

命令: SMOOTHMESHCONVERT　✓

输入 SMOOTHMESHCONVERT 的新值<3>:

SMOOTHMESHCONVERT 命令是一个系统变量，其值及值的含义如表 12-1 所示。

表 12-1　　　　　　　　　　SMOOTHMESHCONVERT 变量参数表

参数值	说　　明
0	创建平滑模型。优化或合并共面的面。
1	创建平滑模型。原始网格面将保留在转换后的对象中。
2	创建具有经平整处理的面的模型。优化或合并共面的面。
3	创建具有经平整处理的面的模型。原始网格面将保留在转换后的对象中。

【例 12-11】利用 THICKNESS 命令设置厚度为 50，绘制面域、开放的、具有厚度的零宽度多段线、具有厚度的直线、具有厚度的圆弧。将 SMOOTHMESHCONVERT 设置成不同的值，再利用 CONVTOSURFACE 将这些图形转换成曲面。

操作过程：

1. 设置厚度

命令：THICKNESS　✓

输入 THICKNESS 的新值<0.0000>：50　✓

2. 绘制面域、开放的、具有厚度的零宽度多段线、具有厚度的直线、具有厚度的圆弧（过程略）

3. 设置转换选项

命令：SMOOTHMESHCONVERT　✓

输入 SMOOTHMESHCONVERT 的新值<3>：0　✓

4. 转换

命令：CONVTOSURFACE　✓

选择对象：(选择所绘制的图形)　✓

观察完效果后，使用撤销命令 UNDO 取消转换。将 SMOOTHMESHCONVERT 设置成 1、2、3 后进行转换，观察效果。

12.3.2　平滑网格

1. 平滑对象

功能：将三维实体、三维曲面、三维面、面域、闭合多段线等对象转换为网格。

命令执行方式：

菜单栏："绘图" — "建模" — "网格" — "平滑网格"。

功能区："网格" — "网格" — "平滑对象" 🔳。

工具栏："平滑网格" 🔳。

命　令：MESHSMOOTH。

操作过程：

命令：MESHSMOOTH　✓

选择对象：

2. 提高平滑度

功能：将网格对象的平滑度提高一级。平滑处理会增加网格中镶嵌面的数目，从而使对象更加圆滑。网格的平滑度分五级，平滑度 0 表示最低平滑度，平滑度 4 表示最高平滑度。

命令执行方式：

菜单栏："修改" — "网格编辑" — "提高平滑度"。

功能区："网格" — "网格" — "提高平滑度" 🔳。

工具栏："平滑网格" 🔳。

命　令：MESHSMOOTHMORE。

操作过程：

命令：MESHSMOOTHMORE　✓

选择要提高平滑度的网格对象：

3. 降低平滑度

功能：将网格对象的平滑度降低一级。仅可以降低平滑度为 1 或大于 1 的对象的平滑度。不能降低已优化的对象的平滑度。

命令执行方式：

菜单栏："修改" — "网格编辑" — "降低平滑度"。

功能区："网格" — "网格" — "降低平滑度" 🔳。

工具栏："平滑网格" 🔳。

命　令：MESHSMOOTHLESS。

操作过程：

命令：MESHSMOOTHLESS ✓

选择要降低平滑度的网格对象：

4. 优化网格

功能：优化网格对象可成倍增加选定网格对象或面中的可编辑面的数目，从而提供对精细建模细节的附加控制。

命令执行方式：

菜单栏："修改"—"网格编辑"—"优化网格"。

功能区："网格"—"网格"—"优化网格" 。

工具栏："平滑网格" 。

命　令：MESHREFINE。

操作过程：

命令：MESHREFINE ✓

选择要优化的网格对象或面子对象：

12.3.3　网格锐化

1. 增加锐化

功能：锐化网格对象的边。锐化可使与选定子对象相邻的网格面和边变形。为不具有平滑度的网格添加的锐化在对网格进行平滑处理之前不会显现。

命令执行方式：

菜单栏："修改"—"网格编辑"—"锐化"。

功能区："网格"—"网格"—"增加锐化" 。

工具栏："平滑网格" 。

命　令：MESHCREASE。

操作过程：

命令：MESHCREASE ✓

选择要锐化的网格子对象：

指定锐化值 [始终(A)] <始终>：

以上各选项含义如下：

（1）指定锐化值：设置保留锐化的最高平滑级别。如果平滑级别超过此值，则还会对锐化进行平滑处理。输入值 0 以删除现有的锐化。

（2）始终：指定始终保留锐化（即使对对象或子对象进行了平滑处理或优化）。锐化值设为 −1 与"始终"效果相同。

2. 删除锐化

功能：恢复已锐化的边的平滑度。

命令执行方式：

菜单栏："修改"—"网格编辑"—"取消锐化"。

功能区："网格"—"网格"—"删除锐化" 。

工具栏："平滑网格" 。

命　令：MESHUNCREASE。

操作过程：

命令：MESHUNCREASE　✓

选择要删除的锐化：

【例 12-12】创建二个半径为 30 的实体球。利用 MESHSMOOTH 命令将实体球转换为网格后，再对其中一个进行提高平滑度、降低平滑度、优化网格操作；对另一个进行增加锐化、删除锐化操作。

操作过程：

（1）创建两个半径为 30 的实体球。（过程略）

（2）将实体球转换为网格。

命令：MESHSMOOTH　✓

选择对象：(选择两个实体球)

（3）对球一进行提高平滑度、降低平滑度、优化网格操作。（过程略）

（4）对球二进行增加锐化、删除锐化操作。（过程略）

12.3.4　分割网格面

功能：将一个网格面拆分为两个面。

命令执行方式：

菜单栏："修改"—"网格编辑"—"分割面"。

功能区："网格"—"网格编辑"—"分割面" 🔳。

工具栏："平滑网格" 🔳。

命　令：MESHSPLIT。

操作过程：

命令：MESHSPLIT　✓

选择要分割的网格面：

指定面边缘上的第一个分割点或[定点(V)]：

指定面边缘上的第二个分割点或[定点(V)]：

【例 12-13】 创建长度为 100，宽度为 60 的矩形，先将其转换为网格，再将该网格分割成两个网格。

操作过程：

（1）创建长度为 100，宽度为 60 的矩形。（过程略）

（2）"平滑曲面"命令将矩形转换为网格。

命令：MESHSMOOTH　✓

选择要转换的对象：(选择矩形)

系统出现如图 12-19 所示"平滑网格—选定了非图元对象"对话框，选择其中的"创建网格"选项。

（3）分割网格。

命令：MESHSPLIT

选择要分割的网格面：(选择上面转换成网格的矩形)

指定面边缘上的第一个分割点或[定点(V)]：(指定矩形上的一个端点)

指定面边缘上的第二个分割点或[定点(V)]：(指定矩形上的另一个端点)

结果如图 12-20 所示（选择点不同可能分割效果有所不同）。

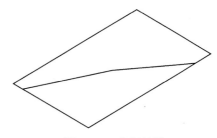

图 12-19　"平滑网格—选定了非图元对象"对话框　　　　图 12-20　分割结果

思 考 题

1. 标高命令是什么？哪些二维图形可以利用该命令设置厚度？哪些不可以？

2. 如何修改对象的厚度？

3. 图元包括哪些内容？如何设置图元选项？

4. 旋转网格、平移网格、直纹网格、边界网格、平面曲面如何创建？

5. "转换为曲面"命令与"平滑网格"命令有什么区别？

第 13 章　三维图形的消隐、视觉样式和渲染

创建出三维实体或网格后，为了能更形象的显示给用户，往往需要对其进行消隐、视觉样式或渲染操作。

 学习目标

（1）掌握消隐命令的使用方法和与消隐相关的几个系统变量的使用方法。
（2）掌握视觉样式的设置方法和各种视觉样式间的区别。
（3）掌握渲染对象的方法。

学习内容

（1）消隐命令和与消隐相关的三个系统变量 DISPSILH、HIDETEXT、INTERSECTIONDISPLAY 的使用方法。
（2）视觉样式的设置方法。
（3）渲染的方法与步骤。主要包括光源的设置、材质的设置、材质贴图的使用方法和渲染背景的设置方法等。

13.1 消　　隐

13.1.1 消隐命令

功能：重生成不显示隐藏线的三维线框模型。
命令执行方式：
菜单栏："视图"—"消隐"。
功能区："视觉样式"—"隐藏"。
工具栏："渲染"—"隐藏"。
命　令：HIDE。

执行消隐操作时，AutoCAD 将对当前视窗内的所有圆、实体、宽线、文字、面域、宽多段线线段、三维面、多边形网格和非零厚度对象的拉伸边自动发生作用，不需进行目标选择。执行消隐命令后，若想解除消隐，可通过移动当前视窗或执行重生成（REGEN）命令来完成。

【例 13-1】 创建一个长、宽、高分别为 100、40、60 的长方体，并分别设置长方体所在图层属性为冻结、关闭、锁定。执行消隐操作后再解除冻结、关闭、锁定设置并观察其结果如何。

操作过程：
（1）创建长方体。
（2）观察冻结图层对对象的影响。
1）设置当前图层为冻结（过程略）。
2）对当前视图进行消隐操作（过程略）。
命令：HIDE ✓
正在重生成模型。
3）取消当前图层的冻结设置，观察冻结图层对对象的影响。（过程略）

结果如图 13-1（b）所示。

（3） 观察关闭图层对对象的影响。

过程与步骤（2）相似，过程略，结果如图 13-1（c）所示。

（4） 观察锁定图层对对象的影响。

过程与步骤（2）相似，过程略，结果如图 13-1（d）所示。

　　　　　　（a）　　　　　　　　　　（b）　　　　　　　　　（c）　　　　　　　　　（d）

图 13-1　图层设置对消隐的影响

（a）未消隐效果；（b）冻结图层；（c）关闭图层；（d）锁定图层

由本例可以看出消隐命令（HIDE）不可以用于图层被冻结的对象，但可以用于图层被关闭或锁定的对象。

13.1.2　与消隐操作有关的几个系统变量

1. 系统变量 DISPSILH

如果系统变量 DISPSILH 设置为开，则 HIDE 命令只显示三维实体对象的轮廓边。它不显示由具有镶嵌面的对象产生的内部边，否则将会显示由具有镶嵌面的对象产生的内部边。

【例 13-2】　先设置系统变量 DISPSILH 为 0 或 1，对生成的三维实体进行消隐操作，观察消隐后的结果如何。

操作过程：

（1） 创建或调出欲消隐的实体（过程略）。

（2） 设置系统变量 DISPSILH=0

命令：DISPSILH ✓

输入 DISPSILH 的新值 <0>：✓

（3） 执行消隐操作并观察消隐后的效果。

命令：HIDE ✓

正在重生成模型。

结果如图 13-2（b）所示。

（4） 设置系统变量 DISPSILH=1。（过程略）

（5） 执行消隐操作并观察消隐后的效果。（过程略）

结果如图 13-2（c）所示。

　　　　　　（a）　　　　　　　　　　（b）　　　　　　　　　（c）

图 13-2　消隐

（a）消隐前的实体；（b）DISPSILH=0；（c）DISPSILH=1

2. 系统变量 HIDETEXT

为了隐藏用 DTEXT、MTEXT 或 TEXT 创建的文字，必须将系统变量 HIDETEXT 设为开。如果 HIDETEXT 系统变量设置为关，生成消隐视图时，HIDE 将忽略文字对象。系统始终显示文字对象（无论是否被其他对象遮盖），同时文字对象遮盖的对象也不受影响。

【例 13-3】 创建一个长、宽、高分别为 100、40、60 的长方体，并在长方体底面上输入文字"HIDETEXT"，设置系统变量"HIDETEXT"值为 0 或 1 并观察消隐后的结果。

操作过程：

（1）创建一个长、宽、高分别为 100、40、60 的长方体，并在长方体底面上输入文字"HIDETEXT"（过程略）。

（2）设置系统变量 HIDETEXT＝0。

命令：HIDETEXT ✓

输入 HIDETEXT 的新值 <开(on)>：0 ✓

（3）消隐并观察消隐后的结果。

命令：HIDE ✓

正在重生成模型。

结果如图 13-3（b）所示。

（4）设置系统变量 HIDETEXT＝1。（过程略）

（5）消隐并观察消隐后的结果。（过程略）

结果如图 13-3（c）所示。

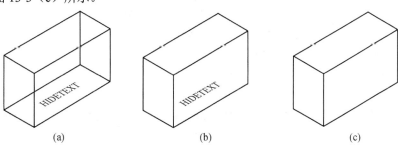

(a)　　　　　　　　　　(b)　　　　　　　　　　(c)

图 13-3　系统变量 HIDETEXT 对文本消隐的影响

(a) 原图；(b) HIDETEXT=0；(c) HIDETEXT=1

3. 系统变量 INTERSECTIONDISPLAY

使用消隐命令（HIDE）命令时，如果 INTERSECTIONDISPLAY 系统变量设置为打开，则三维表面的面与面的交线显示为多段线，否则将不显示三维表面的面与面的交线。

【例 13-4】 创建长、宽、高分别为 40、140、60 的长方体一，基准点为（0，0，0）；长、宽、高分别为 140、40、60 的长方体二，基准点为(−50,50,30)；设置系统变量"INTERSECTIONDISPAY"值为 0 或 1 并观察消隐后的结果。

操作过程：

（1）创建长、宽、高分别为 40、140、60 的长方体一，基准点为（0，0，0）。

（2）创建长、宽、高分别为 140、40、60 的长方体二，基准点为（−50，50，30）。

（3）设置系统变量 INTERSECTIONDISPAY＝0 并观察消隐后的结果（过程略）。

结果如图 13-4（a）所示。

（4）设置系统变量 INTERSECTIONDISPAY＝1 并观察消隐后的结果（过程略）。

结果如图 13-4（b）所示。

（a）   （b）

图 13-4   系统变量 INTERSECTIONDISPAY 对消隐的影响

（a）INTERSECTIONDISPAY=0；（b）INTERSECTIONDISPAY=1

13.2   视   觉   样   式

视觉样式用于设置三维对象的显示方式。一般习惯上将这种操作称为着色。着色操作效果比消隐要好，而且着色后不会因为对立体的缩放而消失，但占用系统资源比消隐要多。

13.2.1   应用视觉样式

视觉样式是一组设置，用来控制视口中边和着色的显示。

对视图应用视觉样式的方式：

菜单栏："视图" —"视觉样式"。

功能区："视觉样式"。

图 13-5   "视觉样式"工具栏

工具栏："视觉样式"，如图 13-5 所示。

在 AutoCAD 中，有以下几种默认的视觉样式：

（1）二维线框。

使用直线和曲线表示对象边界。光栅和 OLE 对象、线型及线宽均为可见。UCS 图标为默认状。

（2）三维线框。

使用直线和曲线表示对象边界。光栅和 OLE 对象、线型及线宽不可见。UCS 图标变为被着色后的三维图标。

（3）三维隐藏。

隐藏屏幕上被遮挡住的线条。

（4）真实。

着色多边形平面间的对象，并使对象的边平滑化。将显示已附着到对象的材质。

（5）概念。

着色多边形平面间的对象，并使对象的边平滑化。着色使用古氏面样式，一种冷色和暖色之间的过渡而不是从深色到浅色的过渡。效果缺乏真实感，但是可以更方便地查看模型的细节。

13.2.2   管理视觉样式

对视觉样式进行管理与设置，如图 13-6 所示。

打开"视觉样式管理器"面板的方式：

图 13-6   "视觉样式管理器"面板

菜单栏："视图"—"视觉样式"—"视觉样式管理器"。

功能区："视觉样式"—"视觉样式管理器按钮" ⬃。

工具栏："视觉样式"—"视觉样式管理器" 🔁。

【例 13-5】　对一个颜色为青色，底圆半径为 30，高为 80 的圆柱体进行各种着色渲染，观察着色后的效果。

操作过程：

（1）颜色为青色，底圆半径为 30，高为 80 的圆柱体。（过程略）

（2）对圆柱体进行各种着色渲染。（过程略）

结果如图 13-7 所示。

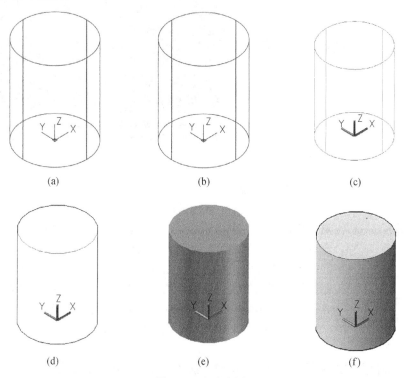

（a）　　　　　　　　　（b）　　　　　　　　　（c）

（d）　　　　　　　　　（e）　　　　　　　　　（f）

图 13-7　视觉样式

（a）圆柱体；（b）二维线框；（c）三维线框；（d）三维线框隐藏；（e）真实；（f）概念

13.3　渲　染

利用隐藏和视觉样式，可以使立体具有一定的形象感，但距离真正的真实感还有一定的差距。用户可以通过对三维对象使用光源和材质，使图形的渲染效果更加完美，渲染可以使三维对象的表面显示出明暗色彩和光照效果，以形成逼真的图像。

13.3.1　渲染

默认情况下，渲染过程为渲染图形内当前视图中的所有对象。如果没有打开命名视图或相机视图，则渲染当前视图。虽然在渲染关键对象或视图的较小部分时渲染速度较快，但渲染整个视图可以让用户看到所有对象之间是如何相互定位的。

对立体进行渲染操作的方式：

菜单栏："视图"—"渲染"。

功能区："渲染"。

工具栏："渲染"，如图 13-8 所示。

执行命令后，根据系统定义的光源、材质等设置对当前视口中的对象进行渲染，如图 13-9 所示。

图 13-8 "渲染"工具栏　　　　　　　图 13-9 "渲染"图形

图 13-10 "光源"子菜单

13.3.2　光源

在渲染过程中，光源的应用非常重要，它由强度和颜色两个因素决定。选择如图 13-10 所示菜单栏"视图"—"渲染"—"光源"中的子命令，可以创建和管理光源。利用交互式光源工具用户可以快捷准确地在图形中放置光源。放置光源后，可以使用光源目标夹点使其准确地照亮所希望的位置。放置光源后，不需要进行渲染图像就可以实时显示光源产生的阴影效果，从而能够更快的观察渲染效果。

在 AutoCAD 中，有三类光源。

1. 默认光源

在具有三维视觉样式视图的视口中绘图时，默认光源来自两个平行光源，在模型中移动时该光源会跟随视口。模型中所有的面均被照亮，以使其可见。您可以控制亮度和对比度，但不需要自己创建或放置光源。若希望显示用户创建的光源或阳光，必须关闭默认光源。

2. 用户创建的光源

用户可以创建点光源、聚光灯和平行光以达到希望的效果。对于已经创建好的光源可以使用夹点工具进行移动、旋转、打开、关闭以及更改其特性（例如颜色）。更改的效果将立即显示在视口中。聚光灯和点光源用不同的光线轮廓表示。平行光和阳光不使用轮廓表示。默认情况下，不打印光线轮廓。

3. 阳光

阳光是一种类似于平行光的特殊光源。用户为模型指定的地理位置以及指定的日期和当日时间定义了阳光的角度。可以更改阳光的强度和太阳光源的颜色。

13.3.3　光源列表

光源列表用于显示当前模型中的光源，单击此光源可在模型中显示它，如图 13-11 所示。

打开光源列表的方式：

菜单栏："视图"—"渲染"—"光源"—"光源列表"。

功能区："光源"—"模型中的光源按钮" 。

工具栏："渲染"—"光源列表" 。

13.3.4　材质浏览器

材质用于指定所渲染对象的材料和贴图。准确地为对象指定材质可以更加真实地模拟真实世界的各种效果。打开材质浏览器选项板，用户可以快速访问和使用预设材质，如图 13-12 所示。

打开"材质浏览器"选项板的方式：

菜单栏："视图"—"渲染"—"材质浏览器"。

功能区："材质"—"材质浏览器按钮" 。

工具栏："渲染"—"材质浏览器" 。

图 13-11　"光源列表"对话框

单击左下角的"在文档中创建新材质"按钮 ，可以创建新材质。用户可以将材质应用到单个的面或对象，或将其附着到一个图层上的对象。要将材质应用到对象或面，可以将材质从工具选项板拖动到对象。材质将添加到图形中，并且也将作为样例显示在"材质"中。

13.3.5　材质编辑器

在 AutoCAD 中用户可以为要创建的新材质选择材质类型和样板。材质编辑器对话框如图 13-13 所示。

图 13-12　"材质浏览器"对话框

图 13-13　"材质编辑器"对话框

打开"材质编辑器"选项板的方式：

菜单栏："视图 "—"渲染"—"材质编辑器"。

功能区："材质"—"材质编辑器按钮" 。

工具栏："渲染"—"材质编辑器" 。

编辑材质时可以使用滑块设置以下特性：

反射率。材质的反射质量定义了反光度或粗糙度。

若要模拟有光泽的曲面，材质应具有较小的高亮区域，并且其镜面颜色较浅，甚至可能是白色。较粗糙的材质具有较大的高亮区域，并且高亮区域的颜色更接近材质的主色。

透明度。透明对象可以传递光线，但也会散射对象内的某些光线，例如玻璃。透明值的百分比为0.0时，材质不透明，为100.0时，材质完全透明。

剪切。对选择的贴图进行裁剪，只选择需要用到的区域。

自发光。对象本身发光的外观。当设置为大于0的值时，可以使对象自身显示为发光而不依赖于图形中的光源。（不适用于金属样板。）

13.3.6　材质贴图

材质贴图用于显示材质贴图器夹点工具以调整面或对象上的贴图。按住平面贴图按钮将会显示出平面贴图、长方体贴图、球面贴图和柱面贴图。其实它们都是材质贴图命令（MaterialMap）的一个选项。该命令操作过程为：

命令：MATERIALMAP ✓
选择选项 [长方体(B)/平面(P)/球面(S)/柱面(C)/复制贴图至(Y)/重置贴图(R)] <长方体>：P ✓
选择面或对象：
找到 1 个
选择面或对象：
接受贴图或 [移动(M)/旋转(R)/重置(T)/切换贴图模式(W)]：
正在重生成模型。

以上各项含义为：

（1）长方体（B）/平面（P）/球面（S）/柱面（C）：这是四种材质贴图器夹点工具，工具不同其夹点显示方法也不同。

（2）复制贴图至（Y）：应用到原始对象或面的贴图将应用到选定对象。

（3）重置贴图（R）：将 UV 坐标重置为贴图的默认坐标。

（4）选择面或对象：选择集必须至少包含以下对象类型之一：三维实体、三维曲面、面或具有厚度的二维对象。

（5）移动：显示"移动"夹点工具以移动贴图。

（6）旋转：显示"旋转"夹点工具以旋转贴图。

图 13-14　"高级渲染设置"对话框

（7）重置：将 UV 坐标重置为贴图的默认坐标。

（8）切换贴图模式：重新显示主提示。

13.3.7　高级渲染设置

高级渲染技术使用户可以渲染出具有照片级真实感的图像。它使用已设置的光源、已应用的材质和环境设置，为场景的几何图形着色。高级渲染设置对话框如图 13-14 所示。

打开"高级渲染设置"对话框的方式：

菜单栏："视图"—"渲染"—"高级渲染设置"。

功能区："渲染"—"高级渲染设置按钮" 。

工具栏："渲染"—"高级渲染设置" 。

13.3.8　渲染背景的设置

背景主要是显示在模型后面的背景幕。背景可以是单色、多色渐变色或位图图像。可以从视图管理器中设置背景。设置以后，背景将与命名视图或相机相关联，并且与图形一起保存。从视图管理器中设置背景步骤如下：

（1）在命令提示下，输入"view"或点击菜单栏"视图"—"命名视图"。

（2）从"模型视图"列表中选择现有的命名视图。

（3）打开"背景替代"菜单，然后选择"纯色""渐变色"或"图像"。

（4）设置颜色或选择要用作背景的位图图像。单击"确定"。

（5）单击"确定"关闭视图管理器。

（6）从面板的"三维导航"面板上，选择命名视图。

（7）渲染场景。

【例 13-6】　请对图 13-15 所示的三维实体进行渲染操作。要求：背景为砖墙；高脚杯的材质为竹木；矮口杯材质为玻璃；桌面（长方体）材质为木头。添加一点光源使杯子能够产生阴影。桌面尺寸长为 250，宽为 230，高为 3。杯子截面图如图 13-16 所示。

图 13-15　原型

图 13-16　杯子截面图

操作过程：

（1）创建长方体。

长方体的尺寸长为 250，宽为 230，高为 3。且令长方体上表面中心为坐标原点。

（2） 创建杯子。

使用旋转实体命令创建两个杯子，令高脚杯下表面中心坐标为（-50，30，0）；矮口杯下表面中心坐标为（-50，-50，0）。创建过程略。

（3） 创建点光源。

点光源的插入点坐标为（-300，40，160）。

（4） 为两个杯子和桌子赋材质。

1） 打开材质浏览器，选择一种材质。

2） 打开材质编辑器对桌子和两个杯子的材质进行编辑。如图 13-17 所示。

图 13-17　材质设置

3） 将材质赋给对象。材质如表 13-1 所示。

表 13-1   对 象 材 质 表

对象	材质
桌子	木材，白蜡木
高脚杯	地板材料，竹木
矮口杯	玻璃，透明

（5） 插入背景。

1） 选择菜单栏"视图"—"命名视图"，打开视图管理器。如图 13-18（a）所示。

2） 选择"查看"中的"模型视图"，并选择右侧的新建按钮。

3） 在出现的"新建视图"对话框中输入视图名称"USER"，如图 13-18（b）所示。

4） 点击"背景"栏中的"图像"。点击"图像"下面的"浏览"按钮，如图 13-18（c）所示。选择背景图像文件并打开。

5） 点击"调整图像"按钮，对图像进行调整，如图 13-18（d）所示。

6） 点击"确定"按钮退出。

（6） 渲染调整图形在绘图窗口中的大小和位置，选择工具栏的"渲染"按钮。

渲染后的对象结果如图 13-19 所示。

(a)　　　　　　　　　　　　　　　　(b)

(c)　　　　　　　　　　　　　　　　(d)

图 13-18　背景

（a）视图管理器；（b）新建视图；（c）背景；（d）背景图像调整

图 13-19　渲染结果

思 考 题

1. 消隐、视觉样式和渲染各有什么特点？
2. 视觉样式有几个选项？各有什么特点？
3. 渲染的内容有哪些？
4. 渲染的步骤是什么？

第 14 章 图 形 打 印

一张图纸完成之后，一般要将它打印出来。AutoCAD 为用户提供了完善的图形打印功能。用户可以对打印设备、打印样式、打印方向、打印比例、图纸尺寸等内容进行设置。

学习目标

（1）掌握由模型空间出图和由图纸空间出图的方法及打印参数的设置。
（2）掌握创建电子图纸的方法。

学习内容

（1）打印参数的设置与打印。
（2）由模型空间出图和由图纸空间出图的方法与步骤。
（3）电子图纸的创建。

14.1 打印参数的设置与打印

在通过 AutoCAD 输出图形文件之前一般需要对打印的样式进行设置，而这些设置一般通过"页面设置管理器"进行。

14.1.1 页面设置管理器

打开"页面设置管理器"对话框的方法可以通过菜单栏"文件"—"页面设置管理器"或通过命令窗口命令"Pagesetup"进行。"页面设置管理器"对话框如图 14-1 所示。

图 14-1 "页面设置管理器"对话框

"页面设置管理器"对话框各选项说明如下：

1. 当前布局

显示当前布局的名称，若在模型空间进行则显示"模型"。

2. 页面设置

（1）当前页面设置：显示应用于当前布局的页面设置名称，若没有则显示"无"。

图 14-2 "新建页面设置"对话框

（2）页面设置列表：显示已经建立的页面设置名称。

（3）置为当前：将所选页面设置为当前布局的当前页面设置。

（4）新建：显示如图 14-2 所示"新建页面设置"对话框，建立新的页面设置。

（5）修改：显示"页面设置"对话框，对已经建立的页面设置进行修改。

（6）输入：显示"从文件选择页面设置"对话框，从中可以选择图形格式或图形交换格式文件，从这些文件中输入一个或多个页面设置。

3. 选定页面设置的详细信息

显示所选页面设置的信息，如设备名（打印设备的名称）、绘图仪（打印设备的类型）、打印大小（打印大小和方向）、位置（输出设备的物理位置）、说明（输出设备的说明文字）。

4. 创建新布局时显示

指定当选中新的布局选项卡或创建新的布局时，显示"页面设置"对话框。

14.1.2 新建页面设置

在如图 14-2 所示"新建页面设置"对话框中输入一个新"页面设置"名称后选择"确定"，系统将进入页面设置，如图 14-3 所示。"页面设置"各选项含义如下：

图 14-3 "页面设置"对话框

1. 页面设置

该栏主要用于显示当前页面设置的名称。后面显示的 DWG 图标表示该"页面设置"对话框是从模型空间或某个布局打开的，若"页面设置"对话框是从图纸集管理器打开将会显示 SSM 图标。

　　2. 打印机/绘图仪

　　该栏主要用于指定已配置的打印设备，一般该设备是需要输出图形的打印机或绘图仪。通过点击名称后面的下拉列表可以选择已经安装好的打印名称，若没所需要的打印机名称，则需要安装相应的打印机驱动程序。下面的"绘图仪"和"位置"是对所选打印机的名称进行显示和对打印机所占端口的说明。若读者对打印机的设置不满意可以选择"特性"按钮对打印进行设置。

　　3. 图纸尺寸

　　该栏主要用于显示、设置所选打印设备可用的标准图纸尺寸。

　　4. 打印区域

　　该栏主要用于指定要打印的图形区域。在"打印范围"下，可以选择要打印的图形区域。该下拉列表各选项含义如下：

　　（1）布局/图形界限：打印布局时，将打印可打印区域内的所有内容，其原点从布局中的原点（0，0）点计算得出。从"模型"选项卡打印时，将打印栅格界限定义的整个图形区域。如果当前视口不显示平面视图，该选项与"范围"选项效果相同。

　　（2）范围：将当前空间内的所有几何图形进行打印。

　　（3）显示：打印"模型"选项卡当前视口中的视图或布局选项卡上当前图纸空间视图中的视图。

　　（4）视图：打印以前使用 VIEW 命令保存的视图。可以从列表中选择命名视图。如果图形中没有已保存的视图，此选项不可用。

　　（5）窗口：打印指定的图形部分。选择该项时系统将返回绘图界面，要求用户指定打印区域的两个角点，指定后界面将出现"窗口"按钮，通过该按钮可以对打印区域进行修改。

　　5. 打印偏移

　　通过在"X 偏移"和"Y 偏移"框中输入正值或负值，可以偏移图纸上的几何图形。以使需打印的图形放置在用户需要的位置，也可以通过"居中打印"项让系统自动计算以使图形放置在图纸的正中央。

　　6. 打印比例

　　该栏主要用于控制图形单位与打印单位之间的相对尺寸。

　　（1）布满图纸：缩放打印图形以布满所选图纸尺寸。

　　（2）比例：选择系统定义的打印比例。

　　（3）自定义：指定用户定义的比例。

　　（4）缩放线宽：与打印比例成正比缩放线宽。线宽通常指定打印对象的线的宽度并按线宽尺寸打印，而不考虑打印比例。

　　7. 打印样式表

　　该栏主要用于设置、编辑打印样式表，或者创建新的打印样式表。一般情况下用户可以选择常用的 ACAD.CTB。

　　（1）名称：显示并提供当前可用的打印样式表的列表。如果选择"新建"，将显示"添加打印样式表"向导，可用来创建新的打印样式表。显示的向导取决于当前图形是处于颜色相关模式还是处于命名模式。

　　（2）编辑：显示打印样式表编辑器，从中可以查看或修改当前指定的打印样式表的打印样式。

　　（3）显示打印样式：控制是否在屏幕上显示指定给对象的打印样式的特性。

　　8. 着色视口选项

　　该栏主要用于指定着色和渲染视口的打印方式，并确定它们的分辨率级别和每英寸点数

（DPI）。

（1）着色打印：指定视图的打印方式。要为布局选项卡上的视口指定此设置，请选择该视口，然后在"工具"菜单中单击"特性"。在"模型"选项卡上，可以从下列选项中选择：

1）按显示：按对象在屏幕上的显示方式打印。

2）线框：在线框中打印对象，不考虑其在屏幕上的显示方式。

3）消隐：打印对象时消除隐藏线，不考虑其在屏幕上的显示方式。

4）三维隐藏：打印对象时应用三维隐藏视觉样式，不考虑其在屏幕上的显示方式。

5）三维线框：打印对象时应用三维线框视觉样式，不考虑其在屏幕上的显示方式。

6）概念：打印对象时应用概念视觉样式，不考虑其在屏幕上的显示方式。

7）真实：打印对象时应用真实视觉样式，不考虑其在屏幕上的显示方式。

8）渲染：按渲染的方式打印对象，不考虑其在屏幕上的显示方式。

（2）质量：指定着色和渲染视口的打印分辨率。可从下列选项中选择：

1）草稿：将渲染和着色模型空间视图设置为线框打印。

2）预览：将渲染和着色模型空间视图的打印分辨率设置为当前设备分辨率的四分之一，DPI最大值为150。

3）常规：将渲染和着色模型空间视图的打印分辨率设置为当前设备分辨率的二分之一，DPI最大值为300。

4）演示：将渲染和着色模型空间视图的打印分辨率设置为当前设备的分辨率，DPI最大值为600。

5）最大：将渲染和着色模型空间视图的打印分辨率设置为当前设备的分辨率，无最大值。

6）自定义：将渲染和着色模型空间视图的打印分辨率设置为"DPI"框中指定的分辨率设置，最大可为当前设备的分辨率。

（3）DPI：指定渲染和着色视图的每英寸点数，最大可为当前打印设备的最大分辨率。只有在"质量"框中选择了"自定义"后，此选项才可用。

9. 打印选项

该栏主要用于指定线宽、打印样式、着色打印和对象的打印次序等选项。

（1）打印对象线宽：指定是否打印为对象或图层指定的线宽。

（2）按样式打印：指定是否打印应用于对象和图层的打印样式。如果选择该选项，也将自动选择"打印对象线宽"。

（3）最后打印图纸空间：首先打印模型空间几何图形。通常先打印图纸空间几何图形，然后再打印模型空间几何图形。

（4）隐藏图纸空间对象：指定 HIDE 操作是否应用于图纸空间视口中的对象。此选项仅在布局选项卡中可用。此设置的效果反映在打印预览中，而不反映在布局中。

10. 图形方向

该栏主要用于为支持纵向或横向的绘图仪指定图形在图纸上的打印方向。通过选择"纵向""横向"或"反向打印"可以更改图形方向以获得 0°、90° 或 180° 的旋转图形。图纸图标代表所选图纸的介质方向。字母图标代表图形在图纸上的方向。

（1）纵向：放置并打印图形，使图纸的短边位于图形页面的顶部。

（2）横向：放置并打印图形，使图纸的长边位于图形页面的顶部。

（3）反向打印：上下颠倒地放置并打印图形。

11. 预览

该栏主要用于根据"页面设置"或"打印"对话框中的设置定义的当前打印配置。显示当前图形的全页预览。此时光标变为带加号（+）和减号（-）的放大镜。在按下拾取键的同时向屏幕顶端拖动光标将放大预览图像。向屏幕底部拖动将缩小预览图像。通过预览窗口上方按钮或单击右键可以进行如下操作：

（1）打印 ：打印整张预览中显示的图形，然后退出"打印预览"。

（2）平移 ：显示平移光标，即手形光标，可以用来平移预览图像。按住拾取键并在任意方向上拖动光标。平移光标将保持活动状态，直到单击另一个按钮。

（3）缩放 ：显示缩放光标，即放大镜光标，可以用来放大或缩小预览图像。要放大图像，请按下拾取键并向屏幕顶部拖动光标。要缩小图像，请按下拾取键并向屏幕底部拖动光标。

（4）窗口缩放 ：缩放以显示指定窗口。"窗口缩放"适用于缩放光标和平移光标。

（5）缩放为原窗口 ：恢复初始整张浏览。"缩放为原窗口"可与缩放光标和平移光标一起使用。

（6）关闭预览窗口 ：关闭"预览"窗口。

14.1.3　打印

进行完"页面设置"以后，选择菜单栏"文件"—"打印"或通过命令窗口命令"Plot"进行打印设置。"打印"对话框如图 14-4 所示。

图 14-4　"打印"对话框

"打印"对话框各含义如下：

1. 页面设置

（1）名称：显示当前页面设置的名称。若已经从"页面设置管理器"中设置了页面设置并已经保存，则可以从下拉列表中选择使用。

（2）添加：显示"添加页面设置"对话框，从中可以将"打印"对话框中的当前设置保存到命名页面设置。

2. 打印机/绘图仪

指定打印布局时使用已配置的打印设备。

（1）名称：列出可用的 PC3 文件或系统打印机，可以从中进行选择，以打印当前布局。

（2）特性：显示绘图仪配置编辑器（PC3 编辑器），从中可以查看或修改当前绘图仪的配置、端口、设备和介质设置。

（3）绘图仪：显示当前所选页面设置中指定的打印设备。

（4）位置：显示当前所选页面设置中指定的输出设备的物理位置。

（5）说明：显示当前所选页面设置中指定的输出设备的说明文字。可以在绘图仪配置编辑器中编辑这些文字。

（6）打印到文件：打印输出到文件而不是绘图仪或打印机。

（7）局部预览：精确显示相对于图纸尺寸和可打印区域的有效打印区域。工具栏提示显示图纸尺寸和可打印区域。

3．打印份数

指定要打印的份数。打印到文件时，此选项不可用。

对话框其他选项含义与"页面设置管理器"相同。当各部分设置完成以后点击确定就可以从打印机输出了。

14.1.4　可打印区域的设置方法

在进行打印过程中，经常会出现有些边界上的图形打印不出来的情况，尤其在图纸空间出图时，当插入一个标准图框时，总发现插入的图框跑到了打印范围之外了，如何解决这个问题呢？这主要涉及可打印区域的设置方法问题，下面为设置的方法与步骤。

（1）打开页面设置对话框，选择一种经常使用的打印机名称。点击打印机名称后面的"特性"按钮。如图 14-5 所示。

图 14-5　页面设置对话框

（2）打开"绘图仪配置管理器"—"设备和文档设置"—"修改标准图纸尺寸（可打印区域）"。并在"修改标准图纸尺寸"栏中选择一个标准的图纸类型，如 A3、A4、A5 等。并点击其后面的"修改"按钮。如图 14-6 所示。

（3）在可打印区域对话框中设置上、下、左、右四个框中的打印边界预留量值（该值是可打印边界与图纸边界的距离）。可以均设置为 0。如图 14-7 所示。设置完成后，点击"下一步"按钮。

图 14-6　绘图仪配置编辑器

图 14-7　可打印区域设置

> **注　意**
>
> 　　四个边界预留量值的设置应比国家标准中边框余量值要小，否则会导致图框线打印不出来。例如：国家标准规定 A3 和 A4 图纸中的图框左边界线距离图纸左边界为 25mm，其他图框边界线距离相应图纸边界为 5mm。因此四个余量值中左值应小于 25mm，其他应小于 5mm。另外，系统设定可打印区域的左下角点为坐标原点，那么当将图框插入时的插入点就需计算好其插入点坐标为多少。若定义 A3 图框为块时的插入点是以图纸的左下角点为插入点且四个边界余量值均设置为 0 的情况下，其插入点坐标则为（0，0）。

　　（4）设置保存图纸尺寸的 PMP 文件名，该名称一般默认与打印机名相同，也可以自己设置，如图 14-8 所示。点击"下一步"按钮。

　　（5）单击"完成"按钮，返回如图 14-6 所示的"绘图仪配置管理器"。点击"完成"按钮，如图 14-9 所示。

　　（6）在出现的"修改打印机配置"对话框中显示修改的文件名和路径，如图 14-10 所示，单击"确定"按钮完成设置。

图 14-8　文件名

图 14-9　完成　　　　　　　　　　　　　图 14-10　修改打印机配置文件

14.2　打 印 图 形 实 例

14.2.1　在模型空间出图

一般说来，AutoCAD 建议用户在模型空间完成图样的绘制，在图纸空间进行图形的打印输出。但为了照顾一些老用户，它还保留着模型空间出图功能。模型空间出图的一般方法和步骤如下：

（1）按 1:1 比例绘制原图；

（2）标注尺寸；

（3）进行页面设置；

（4）打开"打印"对话框，进行打印设置；

（5）设置打印比例；

（6）确定。

【例 14-1】请完成图 14-11 所示零件图，并在 A4 的图纸中打印输出。

（1）按 1:1 比例绘制原图。

绘制方法参考以前章节，过程从略。

（2）标注尺寸。

标注方法参考以前章节，过程从略。

（3）进行页面设置。

1）通过菜单栏"文件"—"页面设置管理器"或通过命令窗口命令"Pagesetup"进行。"页面设置管理器"对话框如图 14-1 所示。

2）选择"新建"按钮，并在出现的"新建页面设置"对话框的"新页面设置名"中输入"设置 1"（此名称由用户自己确定）。并点击"确定"按钮。

3）在出现的"页面设置"对话框中对页面进行设置，如图 14-3 所示，其中打印机名应与读者的打印机相同。

4）确定，完成页面设置。

5）选择菜单栏"文件"—"打印"或通过命令窗口命令"Plot"进行打印设置。"打印"对话框设置如图 14-4 所示。

6）选择"预览"检查设置效果，若效果不理想可以对设置进行修正。效果如图 14-12 所示。

7）点击"确定"进行真正打印。

图 14-11　轴承座零件图

图 14-12　打印预览

14.2.2　在图纸空间出图

在图纸空间出图，用户可以不必考虑图形的输出比例。

在图纸空间出图步骤如下：

1. 在图纸空间显示欲打印的图形

（1）若该图形为在模型空间创建的图形，则可通过在图纸空间新建视口来显示。

（2）若该图形是通过设置视图（SOLVIEW）、设置图形（SOLDRAW）或设置轮廓（SOLPROF）获得的，则该图形就已经在图纸空间了。

2. 对图形进行页面设置

3. 设置打印选项并打印输出

【例 14-2】 请将［例 14-1］生成的图形从布局空间打印出来。

（1）在模型空间完成图形的绘制和尺寸标注。过程从略。

（2）点击"布局 1"选项卡，建立新的视口。

1）点击"布局 1"选项卡。

2）点击菜单栏"视图"—"视口"—"一个视口"—布满—按 Enter 键确定。

（3）对图形进行页面设置。

过程与在模型空间进行页面设置相似，只是不必设置打印比例，或设置打印比例为 1:1 即可。

（4）过程与在模型空间中打印相似，只是应选择在布局空间设置的页面设置名称。

【例 14-3】 请将［例 11-23］生成的图形从布局空间打印出来。

（1）对图形进行页面设置。设置过程参考［例 14-1］。

（2）设置图形的可打印区域。将所需图纸四周的不可打印余量均设置为 0。操作过程参照 14.1.4 可打印区域的设置。

（3）插入标准图框和标题栏，图框的插入点坐标为（0，0）。

（4）设置打印选项并打印输出。

14.3 创 建 电 子 图 纸

用 AutoCAD 的电子打印功能，可以将我们的图形发布到 INTERNET 上，所创建的文件以 Web 图形格式（DWF）保存。用户可以用 INTERNET 浏览器进行打开、查看或打印。

创建电子图纸的步骤如下：

（1）选择菜单栏"文件"—"网上发布"。

（2）开始：用户在该对话框设置创建方式，如图 14-13 所示。

图 14-13　开始

（3）创建 Web 页：用户可以在该项设置 Web 页名称和选择 Web 页文件夹的上一级目录，如图 14-14 所示。

图 14-14　创建 Web 页

（4）选择图像类型：用户可以在该项选择 Web 页中图像的格式，它有 DWFx、DWF、JPEG、PNG 四种。选择每种格式，下方将出现相应的解释，如图 14-15 所示。

（5）选择样板：在该项由用户选择 Web 网页上的外观布置形式，如图 14-16 所示。

图 14-15　选择图像类型

图 14-16　选择样板

（6）应用主题，如图 14-17 所示。

图 14-17　应用主题

（7）启用 i-drop：决定是否将图形文件与生成的图像一起发布，如图 14-18 所示。

图 14-18　启用 i-drop

（8）选择图形：选择要发布到 Web 的图形文件及布局，选择完成后，应点击"添加"按钮，将内容添加到"图像列表"中，如图 14-19 所示。

图 14-19　选择图形

（9）生成图像：决定是生成修改的图形，还是全部重新生成，如图 14-20 所示。

图 14-20　生成图像

（10）　预览并发布，如图 14-21 所示。

图 14-21　预览并发布

　　若单击"立即发布"按钮，将会出现如图 14-22 所示"发布 Web"对话框，用户选择 Web 页存放的文件夹并点击保存即可将图形文件的网页格式文件建于该目录中。其中ACWEBPUBLISH.HTM 是主文件，可以双击它查看效果。

图 14-22　发布 Web

若单击"预览按钮",将可以预览到该图形的网页效果,如图 14-23 所示。

图 14-23　预览

1. 页面设置有哪些内容?
2. 如何在模型空间出图?
3. 如何在图纸空间出图?
4. 如何将图形发布到网上?

参 考 文 献

［1］ 二代龙震工作室. AutoCAD 2002 中文版使用详解［M］. 北京：电子工业出版社，2002.

［2］ 老虎工作室. AutoCAD 三维造型实例详解［M］. 北京：人民邮电出版社，2000.

［3］ 林龙震. AutoCAD 2000/2000i/2002 程序设计基础教程［M］. 北京：科学出版社，2002.

［4］ 冯涛. AutoCAD 2002 机械设计实例教程［M］. 北京：人民邮电出版社，2002.

［5］ 甘登岱，李婷，王定. 跟我学 AutoCAD2002［M］. 北京：人民邮电出版社，2001.

［6］ 李香敏. AutoCAD 2000 从入门到精通［M］. 北京：西安电子科技大学出版社，2002.

［7］ 崔洪斌. AutoCAD 2002 绘图技巧与范例［M］. 北京：人民邮电出版社，2001.

［8］ 陈通，张跃峰，李梅，等. AutoCAD 2000 中文版入门与提高［M］. 北京：清华大学出版社，2000.

［9］ 及秀琴. AutoCAD 2007 中文版实用教程［M］. 北京：中国电力出版社，2007.

［10］ 及秀琴. AutoCAD 2007 上机指导与实训［M］. 北京：中国电力出版社，2007.

［11］ 及秀琴. 工程制图［M］. 北京：清华大学出版社，2007.

［12］ 崔英敏，刘鸣，赵洁，等. AutoCAD 基础与实例教程（AutoCAD 2009 版）［M］. 广州：研究出版社，2008.

［13］ 张日晶，胡仁喜，刘昌丽. AutoCAD 2010 中文版三维造型实例教程［M］. 北京：机械工业出版社，2009.

［14］ 倪鑫，姜雪. 中文版 AutoCAD 2017 基础教程［M］. 北京：清华大学出版社，2016.